高等卫生职业院校课程改革规划教材

供高职高专医学各相关专业使用

案例版™

无机化学

主　编　姜　斌

副主编　李炎武　刘晓瀛　吴小琼

编　者　(按姓氏汉语拼音排序)

姜　斌　(山东医学高等专科学校)

李炎武　(广州医科大学卫生职业技术学院)

刘　雅　(廊坊卫生职业学院)

刘晓瀛　(铁岭卫生职业学院)

吴小琼　(安顺职业技术学院)

张淑凤　(沧州医学高等专科学校)

科学出版社

北　京

内 容 简 介

《无机化学》是高等卫生职业院校课程改革规划教材之一。课程包括理论讲授和实践操作两部分。理论部分主要是按溶液理论、化学反应、速率理论、化学平衡(电离、沉淀溶解、氧化还原和配平平衡)理论、热力学基础知识、物质结构(原子、分子、配合物结构的顺序编写,主要讨论四大平衡及其变化规律;元素化学部分则以元素周期系为依据,结合检验专业特点,着重介绍各分区的重要元素及化合物的重要性质。

本书适用于应用性、技能型人才的培养目标,可作为三年制专科(高职)医学检验类专业、药学类相关专业的教科书,亦可作为从业人士的业务参考书及培训用书。

图书在版编目(CIP)数据

无机化学 / 姜斌主编 . —北京:科学出版社,2016. 1
高等卫生职业院校课程改革规划教材
ISBN 978-7-03-046546-7

Ⅰ. 无… Ⅱ. 姜… Ⅲ. 无机化学-高等职业教育-教材 Ⅳ. 061

中国版本图书馆 CIP 数据核字(2015)第 288286 号

责任编辑:邱 波 / 责任校对:桂伟利
责任印制:赵 博 / 封面设计:金舵手图文

科学出版社 出版
北京东黄城根北街 16 号
邮政编码:100717
http://www.sciencep.com
新科印刷有限公司 印刷
科学出版社发行 各地新华书店经销
*
2016 年 1 月第 一 版 开本:787×1092 1/16
2019 年 5 月第二次印刷 印张:14
字数:323 000
定价:54.80 元
(如有印装质量问题,我社负责调换)

前　言

为适应21世纪新形势下高职高专医学检验专业教育改革和发展的需要，坚持以培养高素质技能型专门人才为核心，以服务为宗旨、以就业为导向、以能力为本位、以学生为主体的指导思想的原则，按照专业的培养目标，确立了本课程的教学内容，编写了教学大纲和本教材，以培养符合医学检验事业发展、管理、服务第一线需要的高素质技术技能型专门人才。

无机化学是高等医学院校医学检验技术专业、病理检验专业、卫生检验与检疫专业等卫生类专业的一门重要基础课，它对后续化学课程和专业课程的学习起着至关重要的作用。本教材考虑到医学院校对本课程的要求及学生的实际水平，在内容选择和安排上保持了无机化学学科的科学性和系统性，避免了复杂的理论推导，文字叙述通俗易懂，便于自学。本教材的编写思路是以创新精神为主，突出基本知识、基础理论和基本技能，体现思想性、科学性、启发性和职业性，知识点明确，学生好学，教师好教；注重创新思维和实践能力的培养，为学生的素质和能力协调发展创造条件；将教学改革和教学经验融入教材中，使学生在尽可能短的时间内掌握所学课程内容。

本教材以高职高专教育培养应用型人才的总体目标为依据。教材的知识结构体系，体现了以人为本、按需为准、够用为度和实用为先的高职高专教育特色，紧扣专业培养目标。教材内容既满足了高职高专的知识与技能需求，又适当考虑了向本科层次的拓展与衔接。为了增强学生学习的目的性、自觉性及教材内容的可读性和趣味性，激发学生学习的主动性，突出培养学生分析问题和解决问题的能力，在教材中设立了“学习目标”、“案例”、“知识链接”和“目标检测”等模块，希望对教学有所裨益。同时，在各章末安排了实践教学的内容，供各院校在教学中选用。本教材共编写10章，计划总学时为72学时，其中理论56学时，实践16学时。全书采用国家颁布的法定计量单位。

本书由姜斌担任主编，李炎武、刘晓瀛和吴小琼担任副主编。具体分工如下：姜斌编写绪论和第1章及相应实践，刘晓瀛编写第2章和第5章，李炎武编写第3章和第7章及相应实践，张淑凤编写第4章和第10章及相应实践，刘雅编写第6章及相应实践，吴小琼编写第8章和第9章及相应实践。

本书在编写过程中，得到了科学出版社、各位编者所在院校及有关专家的大力支持和帮助，在此表示衷心感谢，并对本书所引用文献资料的原作者深表谢意。

鉴于编者水平所限及时间仓促，教材难免存在不足之处，望使用本教材的师生提出批评与修改意见。

编　者

2015年5月

目　　录

绪 论

学习目标

1. 掌握：无机化学的基本概念及研究内容。
2. 熟悉：无机化学的发展趋势和学习方法。
3. 了解：化学各分支学科间的关系，了解化学与医学检验的关系。

自然界是由物质构成的，物质世界是人类生存和生活的基础。化学是一门重要的自然学科，它主要研究物质的组成、结构、性质和变化规律。它是人类认识自然、改造自然的基础。随着整个社会的不断发展，化学现在已经深入到人类生活的各个领域，并在国民经济中起着极其重要的作用。

化学在发展和应用过程中，依照其研究对象和研究内容的不同，产生出许多分支。传统上分为无机化学、有机化学、分析化学和物理化学四大分支。随着科学的不断发展，化学与其他学科的延伸和交叉，形成了许多新的学科，如生物化学、临床化学检验、药物化学、放射化学、环境化学等。

同时，化学与医学检验密切相关。根据检验目的不同，形成了临床检验基础、血液学检验、临床生化检验、微生物学检验及临床免疫学检验等学科。无机化学是医学检验类各专业课程的重要基础学科之一。

第1节 无机化学的研究内容和发展过程

无机化学是研究无机物的组成、结构、性质、变化规律和变化过程中能量关系的学科，包括溶液化学、原子和分子结构、化学平衡、化学热力学、化学动力学、配合物化学、电化学、元素化学等基本理论知识内容。

无机化学是随着元素的发现而逐步发展起来的。从19世纪30年代起，无机化学家发现了多种新元素，合成了大量的已知元素的各种化合物。1893年，瑞士化学家A. Werner（维尔纳）奠定了配位化学的基础。20世纪50年代，无机化学研究进入了一个集中研究原子能量的崭新时代。20世纪50~60年代，配位化学是无机化学最活跃的领域，在有机化学、分析化学、生物化学、药物化学、化学工业等领域应用广泛。自20世纪70年代以来，由于蛋白质和其他生物分子高分辨率结构的迅速测定，以及分子生物学技术的应用，生物无机化学已成为化学与生物学交叉而形成的一个重要的分支。

无机化学是一门重要的化学学科，其各个前沿领域内容十分丰富，在化学科学的基础研究中占有重要地位。例如，稀有元素占元素总数的2/3，呈现出各种优良特性，在尖端技术的发展过程中起着重要的推动作用;配位化学理论在化工分析中日益广泛地被用作分离和提纯方法的理论基础,已成为无机化学的重要内容。目前,化学已渗入到人的生活、能源、信息、材料、国防、环境及医药卫生等领域中。它的研究范围极其广泛,可以说,化学是一门中心性的科学。

第2节 化学与医学检验

医学检验是在研究人在健康和疾病时,通过检测人的血液、尿液和体液等标本中的化学物质,为临床医生提供疾病诊断、病情检测、药物疗效观察和判断预后等信息的专业。

化学是医学检验的基础,研究和学习医学检验首先是从化学开始的,用化学的概念和方法研究和检测人的血液、尿液等标本中的各种生物化学物质,最终判断被检者是否患有或者排除某些疾病;揭示疾病变化及药物治疗对机体生物化学过程的影响。

知识链接

医学检验简介

医学检验的研究内容是寻找疾病发生发展过程中产生的特异性物质的检测方法,为诊断和治疗疾病提供最有力的证据;研究和改进检测方法,使检测技术操作更加简单、标本用量少,特异性强、灵敏度高、精密度和准确度好;持续改进实验室工作流程及与之配套的计算机管理系统,建立行之有效的实验室质量管理体系,加强流程化、过程化质量管理,保证监测结果准确、快速;向临床提供科学、合理、满意的解释服务,使检验资源得到充分利用。

无机化学与医学检验是相互关联的。目前以无机物为主的试剂也大量出现;人体内的20多种生命元素在体内各司其职,维持着生命体的正常活动和推动生命体的发展;金属及其配合物在生命体和药物中占有极为重要的地位。

第3节 无机化学的学习方法

无机化学是高职高专卫生职业教育医学检验类专业的一门重要的基础课程。本课程的任务是为学生今后学习相关专业知识和职业技能奠定基础,培养学生基本操作技能和良好的科学思维方式,从而使学生具备从事医学检验等必需的基本知识和技能。

后续的许多课与化学有着不可分割的联系。例如,学习生物化学、药物分析、药理学时,要了解药物在生物体内的代谢过程,涉及生命体内的酸碱平衡及各种代谢平衡,这些平衡均以化学平衡理论为基础;各种蛋白酶的作用则是催化剂原理的具体体现。学习无机化学应做到以下几点:

1. 课前预习 在每一章的教学之前,要浏览整章的教学内容,要求对本章内容的重点和知识的难点有一定的了解。争取主动,有的放矢地安排好学习计划,提高学习效率。

2. 认真听课 上课听讲十分关键,听课时要紧跟教师的思路,勤于思考,积极地参与教学活动,主动回答课堂教师提问;及时做笔记,记下重点、难点内容,以备课后复习。

3. 课后复习 复习是掌握所学新知识的重要过程。理论性强是无机化学课程的特点之一,有些概念比较抽象,需要经过反复思考并应用一些原理来说明或解决一些问题后,才能逐渐加深理解和掌握。在理解的基础上，强化记忆重要基本概念、基本原理和计算公式，做到熟练掌握，灵活运用，融会贯通，将知识系统化。学会善于运用分析对比和联系归纳的方法，分析相关概念、原理和方法的含义，归纳特点、联系和区别。

4. 重视实践能力的培养　无机化学是一门实践性强的学科，因此既要重视理论的掌握，更要重视实践技能的训练，对于在实践中观察到的各种化学现象，还要进行归纳，对实践结果进行科学分析。把应试学习变为创新、探索性学习，通过实践培养实事求是、严谨的科学态度。

5. 培养自学能力　提倡学生自主学习，培养自学能力。知识的创造速度非常快，仅在学校学习期间所获是远不能满足的。当今提倡终身教育理念，需要不断地学习、更新知识来适应社会的发展，创造性地解决实际问题，因此，培养自学能力是非常重要的。

对于无机化学的学习，不仅要学习基本知识、原理和方法，更主要的是培养科学的思维方式，提高分析问题、解决问题的能力与创新能力，为以后学习、工作打下牢固的基础。

第1章　溶液和胶体溶液

学习目标

1. 掌握：溶液组成标度的表示方法及换算、渗透压的基本概念；溶胶和高分子化合物溶液的组成。

2. 熟悉：溶胶的形成及胶粒带电的原因、溶胶的稳定性和聚沉、高分子化合物溶液和凝胶的基本性质。

3. 了解：稀溶液的依数性的基本内容及其计算。

溶液和胶体溶液是常见的物质形态，普遍存在于自然界中。在人体内，各种复杂的化学反应和酶促反应都在溶液中进行。例如，血液酸碱平衡的维持及糖类的代谢等。在日常生活中，有很多物质以溶液或胶体溶液的形式存在，而且在药物的研究生产领域和使用过程中，也有许多化学反应是在溶液和胶体溶液中进行。溶液和胶体溶液与人类的生活、医药科研及生命过程密切相关。本章主要介绍溶液组成标度的表示方法和胶体溶液的基本性质。

第1节　溶　液

溶液是指一种或几种物质以分子或离子状态均匀地分布在另一种物质中所形成的均匀的、稳定的、澄清的体系。其中被溶解的物质称为溶质，容纳溶质的物质称为溶剂。溶质和溶剂组成溶液。通常所说的溶液是指液态溶液，水溶液是最常见的溶液。人体内的水溶液称为体液，包括血液、尿液、细胞内液和组织间液等。

一、溶解

溶解(dissolve)是指一种或几种物质以分子、原子或离子状态均匀地分散于另一种物质中的过程。溶解过程总是伴随能量、体积及颜色的变化。溶液和溶解过程与溶质和溶剂的性质有关。

溶质在溶剂中的溶解包括两个过程：一是溶质的微粒在溶剂分子的作用下，克服相互之间的作用力，向溶剂中扩散的过程。这一需要吸收热量以克服原有质点间的吸引力的过程属于物理变化；二是溶质的微粒和溶剂分子作用形成溶剂化分子或溶剂化离子的过程，即溶剂分子与溶质质点发生溶剂化作用，当溶剂为水时称为水合作用(hydrated effect)，这一过程释放出热量，属于化学变化。水合作用不仅限于离子化合物，而且许多共价化合物也能与水发生水合作用。

通过大量实验验证,能为生成氢键所提供氢离子或接受氢离子的溶质分子,均与溶剂水"结构相似",即指溶质与溶剂在结构上相似,溶质与溶剂彼此相溶称为相似相溶原理(like dissolves like)。例如,乙醇(CH_3CH_2OH)和水(HOH)都可看做是羟基(—OH)与另一个基团连接而成的分子,它们之间结构相似因此可以彼此无限互溶。

二、溶液组成标度的表示方法

溶液的组成标度通常是指一定量的溶液或溶剂中所含溶质的量。习惯上称为溶液的浓度,将几种常用的表示方法介绍如下。

(一) 物质的量浓度

溶质 B 的物质的量(n_B)除以溶液的体积(V),称为溶质 B 的物质的量浓度(amount-of-substance concentration),用符号 c_B 表示。即:

$$c_B = \frac{n_B}{V} \tag{1-1}$$

物质的量浓度的 SI 单位为 mol/m^3,化学和医学上常用的单位是 mol/L、mmol/L 或 μmol/L。

例 1-1　正常人 100ml 血浆中含 Ca^{2+} 10mg,试计算正常人血浆中 Ca^{2+} 的物质的量浓度。

解:已知 $M(Ca^{2+}) = 40.00g/mol$

根据 $c_B = \frac{n_B}{V}$,得

$$c(Ca^{2+}) = \frac{n(Ca^{2+})}{V} = \frac{m/M(Ca^{2+})}{V} = \frac{0.01/40.00}{100/1000} = 0.0025(mol/L) = 2.5(mmol/L)$$

(二) 质量浓度

溶质 B 的质量(m_B)除以溶液的体积(V),称为溶质 B 的质量浓度(mass concentration),用符号 ρ_B 表示。即:

$$\rho_B = \frac{m_B}{V} \tag{1-2}$$

质量浓度的 SI 单位为 kg/m^3,实际常用单位是 g/L、mg/L 和 μg/L 等。

(三) 质量分数

溶液中溶质 B 的质量(m_B)与溶液的质量(m)之比,称为溶质 B 的质量分数(mass fraction),用符号 ω_B 表示,即:

$$\omega_B = \frac{m_B}{m} \tag{1-3}$$

(四) 体积分数

溶液中溶质 B 的体积(V_B)与溶液的体积 V 之比,称为溶质 B 的体积分数(volume fraction),用符号 φ_B 表示,即:

$$\varphi_B = \frac{V_B}{V} \tag{1-4}$$

（五）质量摩尔浓度

溶质 B 的物质的量（n_B）除以溶剂 A 的质量（m_A），称为 B 的质量摩尔浓度（molality），用符号 b_B 表示。即：

$$b_B = \frac{n_B}{m_A} \tag{1-5}$$

质量摩尔浓度 SI 单位为 mol/kg，对于较稀的水溶液来说，当质量摩尔浓度的单位为 mol/kg，物质的量浓度的单位为 mol/L 时，$b_B \approx c_B$。

例 1-2 将 7.00g 结晶草酸（$H_2C_2O_4 \cdot H_2O$）溶于 93.00g 水中，求草酸的质量摩尔浓度 $b(H_2C_2O_4)$。

解：已知结晶草酸的摩尔质量 $M(H_2C_2O_4 \cdot H_2O) = 126.0\text{g/mol}$，而 $M(H_2C_2O_4) = 90.00\text{g/mol}$，故 7.00g 结晶草酸中草酸的质量为：

$$m(H_2C_2O_4) = \frac{7.00 \times 90.00}{126.0} = 5.00(\text{g})$$

溶液中水的质量为：

$$m(H_2O) = 93.00 + (7.00 - 5.00) = 95.00(\text{g})$$

则

$$b(H_2C_2O_4) = \frac{5.00}{90.00 \times 95.00} \times \frac{1000}{1} = 0.5850(\text{mol/kg})$$

（六）摩尔分数

溶质 B 的物质的量（n_B）与溶液的总物质的量（n）之比，称为 B 的摩尔分数（mole fraction），用符号 x_B 表示，即：

$$x_B = \frac{n_B}{n} \tag{1-6}$$

三、溶液组成标度之间的换算

根据实际工作的需要，可选择不同的方法来表示同一溶液的组成，所以经常涉及溶液组成标度的换算。因此，掌握本节内容可以为以后学习生物化学检验中一些常用分析方法如电泳分析、电化学分析、光谱分析奠定基础。

1. 物质的量浓度（c_B）与质量浓度（ρ_B）之间的关系

$$c_B = \frac{\rho_B}{M_B} \text{ 或 } \rho_B = c_B M_B \tag{1-7}$$

式中，M_B 为 B 的摩尔质量。

例 1-3 生理盐水（NaCl）注射液的 $\rho_B = 9.0\text{g/L}$，求该注射液的物质的量浓度。

解：已知 $\rho_B = 9.0\text{g/L}$，$M(\text{NaCl}) = 58.44\text{g/mol}$

$$c(\text{NaCl}) = \frac{\rho(\text{NaCl})}{M(\text{NaCl})} = \frac{9.0}{58.44} = 0.154(\text{mol/L}) = 154(\text{mmol/L})$$

2. 物质的量浓度 c_B 与质量分数 ω_B 之间的关系

$$c_B = \frac{\rho\omega_B \times 1000}{M_B} \tag{1-8}$$

式中,ρ 为溶液的密度,单位为 g/ml。

例 1-4 实验室常用浓硫酸密度为 1.84 g/ml,H_2SO_4的质量分数为 98%,计算 H_2SO_4溶液的物质的量浓度。

解:已知 $\rho_B = 1.84g/ml$, $M(H_2SO_4) = 98.06g/mol$, $\omega_B = 98\%$

$$c_{H_2SO_4} = \frac{1.84 \times 98\% \times 1000}{98.06} = 18.4(mol/L)$$

四、溶液的配制与稀释

溶液的配制和稀释是化学和医学工作中常用的基本操作,在进行这些基本操作时都要遵循一条原则:"配制前后溶质的量不变"。配制一定浓度某物质的溶液,可由某纯物质直接配制,或可将其浓溶液稀释,还可用不同浓度的溶液相混合而成。

1. 溶液的配制 在配制溶液时,首先要了解溶液组成标度的表示方法、溶质的纯度(一般为分析纯或优级纯试剂)及所配制溶液的体积等。通过计算得出所需溶质的量,按计算量进行称取或量取后,置于适当的容器中,加溶剂溶解到一定的体积,混匀即可。以下通过实例说明溶液的配制方法。

例 1-5 如何配制 500ml 9.0g/L 的生理盐水溶液?

解:(1) 计算所需氯化钠的质量:

$$m_{NaCl} = 9.0 \times \frac{500}{1000} = 4.5(g)$$

(2) 配制:称取 4.5g 氯化钠置于烧杯中,加少量纯化水溶解后,转移至 500ml 量筒(或量杯)中,再用少量纯化水冲洗烧杯 2~3 次,冲洗液也全部转移至量筒(或量杯)中,此过程称为定量转移。最后加纯化水至刻度混匀即可。

配制溶液时,可用托盘天平称取物质的质量,用量筒量取液体的体积进行溶液的配制。若需配制精确浓度的溶液时,则要用到分析天平精密称量物质的质量,在容量瓶中配制溶液。

2. 溶液的稀释 在实际工作中常用比较稀的溶液,配制时向浓溶液中加入一定量的溶剂使溶液浓度降低的操作称为溶液的稀释。计算依据是稀释前后溶液中所含溶质的量不变。设稀释前溶液的浓度和体积分别为 c_1、V_1,稀释后溶液的浓度和体积分别为 c_2、V_2。则

$$c_1V_1 = c_2V_2 \tag{1-9}$$

式(1-9)称为稀释公式,使用时要注意等式两边单位一致。

例 1-6 如何使用市售体积分数为 95% 酒精配制体积分数为 75% 消毒酒精 1000ml?

解:根据稀释公式 $\varphi_{B_1}V_1 = \varphi_{B_2}V_2$

$$V_1 = \frac{75\% \times 1000}{95\%} = 790(ml)$$

用量筒量取 95% 酒精 790ml,加纯化水稀释至 1000ml 混匀即可。

第 2 节 稀溶液的依数性

溶质溶解在溶剂中形成溶液,溶液的性质通常由溶质的性质决定,如溶液的颜色、体

积、密度、导电性等。但是溶液的某些性质却与溶质的本性无关，而只与溶液中溶质粒子数目有关，称为溶液的依数性(colligative properties)。溶液的依数性只有在溶液的浓度很稀时呈现出明显规律。溶液的依数性有蒸气压下降、沸点升高、凝固点下降和渗透压。稀溶液的依数性在人们的生产生活中有很多的应用，对医学和药学都很重要，本节主要研究难挥发非电解质稀溶液的依数性。

一、溶液的蒸气压下降

(一) 溶剂的蒸气压

在一定温度下，将纯溶剂置于密闭的容器中，一部分动能较高的分子克服溶剂分子间的引力自液面逸出，扩散到液面上部的空间形成气相，这一过程称为蒸发(evaporation)。同时气相的水分子不断运动而被液体分子吸引进入液体中，这一过程称为凝结(condensation)。当液体的蒸发速率和凝结速率相等时，液体和它的蒸气就处于两相动态平衡状态，此时的气相压强称为饱和蒸气压，简称蒸气压(vapor pressure)，常用单位为 Pa 或 kPa。

蒸气压与物质的本性和温度有关，不同的物质具有不同的蒸气压，如在 293K 时，水的蒸气压为 2. 34kPa，乙醚的蒸气压为 57. 6kPa；同种物质的蒸气压随温度的升高而增大，如水在 273K 时的蒸气压为 0. 610kPa，在 373K 时的蒸气压为 101. 31kPa。一般情况下，固体的蒸气压都很小，如冰的蒸气压 263K 时为 0. 286kPa，在 273K 时为 0. 610kPa。

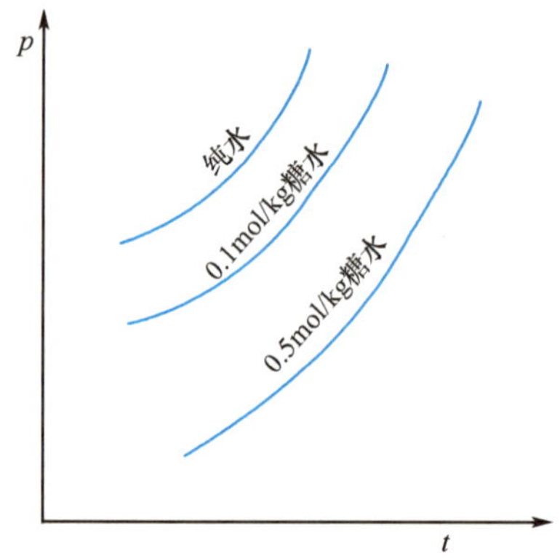

图 1-1　纯溶剂与溶液的饱和蒸气压曲线

(二) 溶液的蒸气压下降

在一定温度下，纯溶剂的蒸气压是个定值。由于在溶剂中溶解了难挥发的非电解质溶质(如蔗糖、甘油等)，因此溶液的蒸气压实际上是溶液中溶剂的蒸气压。溶液的蒸气压之所以低于纯溶剂的蒸气压(图 1-1)，是由于难挥发非电解质溶质溶于溶剂后，溶质分子占据了溶液表面的一部分，使溶液表面上溶剂分子数减少，单位时间内蒸发出来的溶剂分子数减少，产生的压力降低，因此溶液的蒸气压必然比相同温度下纯溶剂的蒸气压低，这种现象称为溶液的蒸气压下降(vapor pressure lowering)，如图 1-2 所示。显然溶液的浓度越大，溶液的蒸气压就越低。

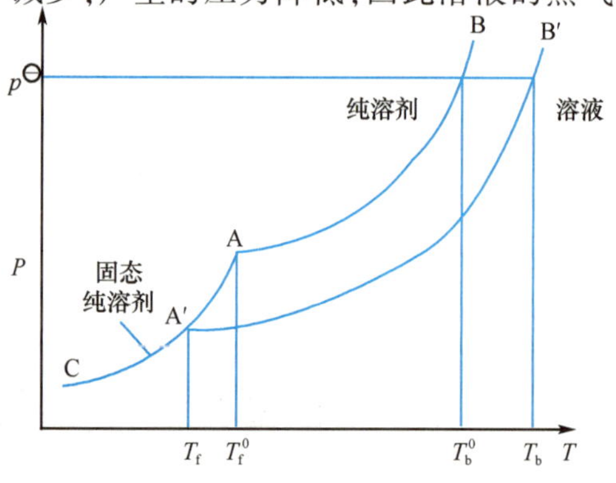

图 1-2　溶液的沸点升高和凝固点下降

若某温度下纯溶剂的蒸气压为 p_A^0，溶液的蒸气压为 p，p_A^0 与 p 的差值就称为溶液的蒸气压下降，用 Δp 表示：

$$\Delta p = p_A^0 - p$$

$$\Delta p = Kb_B \tag{1-10}$$

式中，Δp 为难挥发非电解质溶液的蒸气压下降值；K 为比例常数（$K = p_A^0 M_A$）；b_B 为溶质的质量摩尔浓度。

1887 年，法国物理学家拉乌儿（F. M. Raoult）根据一系列实验结果指出：在一定温度下，难挥发非电解质稀溶液的蒸气压下降（Δp）与溶质的质量摩尔浓度成正比，而与溶质的本性无关。这一结论称为 Raoult 定律

二、溶液的沸点升高

（一）液体的沸点

液体的蒸气压随着温度的升高而增大。液体的蒸气压与外界压力相等时的温度称为液体的沸点（boiling point）。当达到沸点时继续加热沸腾，液体形成大量气泡并逸出，液体的温度不再升高，直至液体蒸发完全。因此，在一定压力下纯液体的沸点是恒定的。液体的沸点与外界压强关系密切，外界压强越大，液体的沸点越高。液体的沸点是指在标准大气压（101. 3kPa）时的沸点，如水的沸点为 373K。

（二）溶液的沸点升高

实验表明，溶液的沸点总是高于纯溶剂的沸点，这一现象被称为溶液的沸点升高（boiling point elevation）。纯溶剂的沸点在一定压力下是恒定的，在外压为 101. 3kPa 时水的沸点为 373K。而在稀溶液中，由于加入难挥发的非电解质溶质，致使溶液的蒸气压下降，从图 1-2 中可见，在 T_b^0 时溶液的蒸气压小于外界的大气压（101. 3kPa），要使稀溶液中水的蒸气压等于外界压强而发生沸腾就必须升高温度，即大于 T_b^0 的某一温度 T_b 时才能相等，因此溶液的沸点要比纯溶剂的沸点高。显然，稀溶液沸点的升高与溶液的蒸气压下降有关，而蒸气压降低又与溶质的质量摩尔浓度成正比，由此可见沸点升高也与溶质的质量摩尔浓度成正比，而与溶质的本性无关。

$$\Delta T_b = T_b - T_b^0 = K_b b_B \tag{1-11}$$

式中，ΔT_b 为溶液沸点升高值；T_b^0 为纯溶剂的沸点；T_b 为溶液的沸点；b_B 为溶质的质量摩尔浓度；K_b 为溶剂的沸点升高常数，它只取决于溶剂的本性。K_b 可从理论推算，也可以实验测定，其单位是℃ · kg/mol 或 K · kg/mol。溶液的沸点总是高于纯溶剂的沸点，这种现象称为溶液的沸点升高。溶液浓度越大，蒸气压越低，其沸点越高。几种常见溶剂的 K_b 如表 1-1 所示。

表 1-1　常见溶剂的 K_b 和 K_f

溶剂	沸点（K）	K_b（K · kg/mol）	凝固点（K）	K_f（K · kg/mol）
水	373. 1	0. 512	273. 0	1. 86
苯	353. 1	2. 53	278. 5	5. 12
氯仿	334. 2	3. 63	209. 5	4. 90
乙醚	307. 7	2. 02	156. 8	1. 80
乙醇	351. 4	1. 22	115. 7	1. 99
乙酸	391. 0	3. 07	290. 0	3. 90

三、溶液的凝固点下降

（一）溶剂的凝固点

溶剂的凝固点(freezing point)是指在一定外界压力下，其液相蒸气压和固相蒸气压相等且能平衡共存时的温度。在外压为 101.3kPa 时，水和冰在 273.15K 时的蒸气压均为 0.610kPa，273.15K 即为水的凝固点，常称为冰点。

如图 1-3 是纯溶剂水和稀溶液的冷却曲线。曲线(A)为纯水的冷却曲线，从 a 点处无限缓慢地冷却至 b 点(273.15K)时，水开始结冰。在结冰过程中，体系的温度不变，曲线出现 bc 一段平台，此时水和冰平衡共存。若继续冷却，待全部的水都结成冰以后，温度会再下降。在冷却曲线上，不随时间而改变的平台相对应的温度 T_f^0，称为该液体的凝固点。

（二）溶液的凝固点降低

在图 1-3 中曲线(B)表示溶液的冷却曲线，与曲线(A)不同的是，当温度由 a 处冷却，达到 T_f 时溶液才开始结冰，此时 $T_f < T_f^0$。随着冰不断析出，溶液浓度逐渐增大，溶液的凝固点也随之降低，bc 段与曲线(A)相比不存在平台期为下降的斜线。因此，溶液的凝固点是指刚有溶剂固体析出时即 b 点的温度 T_f。

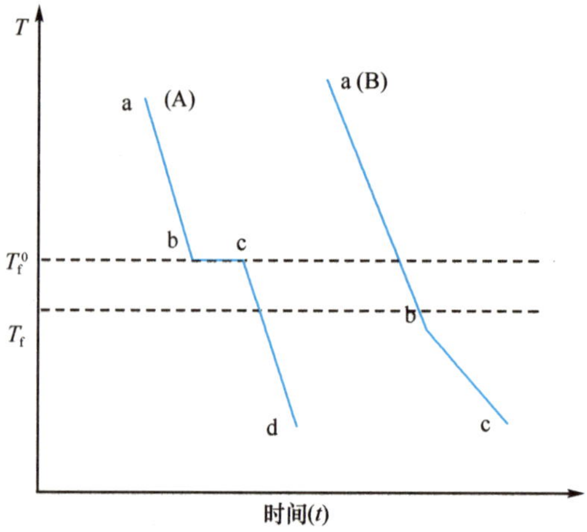

图 1-3　水和稀溶液的冷却曲线

稀溶液的凝固点总是低于纯溶剂的凝固点，这种现象称为溶液的凝固点降低(freezing point depression)。溶液浓度越大，溶液的凝固点越低。溶液的凝固点降低及沸点升高的根本原因在于溶液的蒸气压下降，所以凝固点降低也与溶质的质量摩尔浓度 b_B 成正比，而与溶质的本性无关。

$$\Delta T_f = T_f^0 - T_f = K_f b_B \tag{1-12}$$

式中，ΔT_f 为稀溶液的凝固点降低值；T_f^0 为溶剂的凝固点；T_f 为溶液的凝固点；K_f 为溶剂的凝固点降低常数，只与溶剂本性有关。与溶剂 K_b 相似，K_f 既可以从理论推算，也可以通过实验测定。其单位是 K·kg/mol。

一些常见溶剂的 K_f 见表 1-1。可见，K_b、K_f 分别是稀溶液的 ΔT_b、ΔT_f 与 b_B 的比值，不能将 K_b 和 K_f 简单地理解成质量摩尔浓度为 1mol/kg 时的沸点升高值 ΔT_b 和凝固点降低值 ΔT_f，而 1mol/kg 的溶液已不是稀溶液，溶剂化作用及溶质粒子之间的作用力已不能忽略，

ΔT_b、ΔT_f与 b_B之间的关系已不成正比。

溶液的凝固点降低的性质被广泛应用，如冬季在汽车水箱中加入适量的甘油或乙二醇可防止水结冰，在冰雪天路面上撒盐可使冰雪融化等。

通过溶液的沸点升高及凝固点降低两种方法可进行测定溶质的摩尔质量。在实际工作中，常用凝固点降低法的主要原因有：①对同一溶剂来说，K_f总是大于 K_b，所以凝固点降低法测定时的灵敏度高；②用沸点升高法测定摩尔质量时，会因实验温度较高引起溶剂挥发，使溶液变浓而引起误差；③某些生物样品在沸点时易被破坏。

在有机化学、临床生物化学检验、临床检验基础等学科中也常常用测定化合物的熔点或沸点的办法来检验化合物的纯度。把含有杂质的化合物看作溶液，则其熔点比纯化合物的低，沸点比纯化合物的高，而且熔点的降低值和沸点的升高值与杂质含量有关。

知识链接

植物的神奇抗旱能力

溶液的凝固点降低和蒸气压下降能解释植物的防寒抗旱功能。研究表明，当外界气温发生变化时，植物细胞内会强烈地生成可溶性碳水化合物，从而使细胞液浓度增大，凝固点降低，保证了在一定的低温条件下细胞液不致结冰，表现了其防寒功能；另外，细胞液浓度增大，有利于其蒸气压的降低，从而使细胞中水分的蒸发量减少，蒸发过程变慢，因此在较高的气温下能保持一定的水分而不枯萎，表现了其抗旱功能。

四、溶液的渗透压

（一）渗透现象和渗透压

在一定量的蔗糖溶液液面上加一层纯水，静置一段时间，由于分子的热运动，蔗糖分子向水层运动，而水分子同时向蔗糖溶液中运动，最后成为一种均匀的蔗糖溶液。这个过程称为扩散。

如果不让溶液与水直接接触，而用半透膜将它们隔开，会出现如图 1-4a 所示的现象。

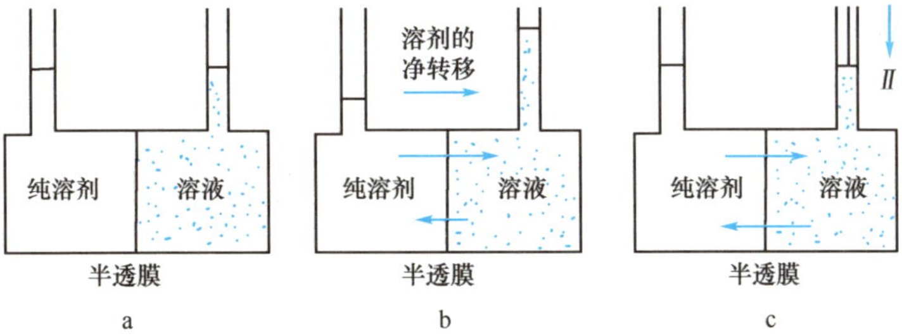

图 1-4　渗透现象和渗透压

a. 渗透发生前；b. 渗透现象；c. 渗透压

半透膜（semi-permeable membrane）是只允许某些物质透过，而不允许另一些大分子物质透过的特殊薄膜，如动物的肠衣、细胞膜、血管壁、玻璃纸、火棉胶、人工制得的羊皮纸等都属于半透膜。理想的半透膜只允许溶剂分子透过，而溶质分子不能透过。

把溶液（如氯化钠溶液）和纯溶剂（如水）用半透膜隔开，观察所知溶剂分子可以自由地透过半透膜，而溶质分子不能透过。由实验可知，溶剂分子通过半透膜的速率与单位体积溶液中所含溶剂的分子数成正比。由于溶液中单位体积内的溶剂分子数小于纯溶剂中单位体积内的溶剂分子数，所以纯溶剂中溶剂分子透过半透膜进入溶液中的速率大于溶液中溶剂分子透过半透膜进入纯溶剂中的速率。结果有一部分纯溶剂中的溶剂分子透过半透膜进入溶液，使溶液的体积增大，液面升高，如图 1-4b 所示。这种溶剂分子透过半透膜进入溶液的现象称为渗透现象，简称渗透(osmosis)。随着溶液液面的升高，其液柱产生的静水压力逐渐增大，从而使溶液中的溶剂分子透过半透膜速率增大，同时使纯溶剂向溶液的渗透速率减小。当静水压力增大到一定值后，两个方向的渗透速率相等，液柱高度不再变化，达到渗透平衡。

当稀溶液与浓溶液用半透膜隔开时，同样也会产生渗透现象，此时溶剂分子由稀溶液一侧向浓溶液一侧渗透。

由此可见，产生渗透现象必须具备两个条件：一是有半透膜存在；二是半透膜两侧的溶液单位体积内溶剂分子数目不相等，即存在浓度差。渗透方向总是溶剂分子从纯溶剂向溶液(或从稀溶液向浓溶液)方向渗透，以减小膜两侧溶液浓度差。

在一定温度下，将溶液与纯溶剂用半透膜隔开，恰好能够阻止渗透现象发生所施加的额外压力称为该溶液的渗透压(osmotic pressure)，如图 1-4c 所示。渗透压用符号 Π 表示，其单位是 Pa 或 kPa。

如果半透膜两侧是不同浓度的溶液，为了阻止渗透现象的发生，也需要在较浓溶液液面上施加额外压力 Π。此时 Π 是两种不同浓度的溶液的渗透压之差。

若在浓溶液一侧施加一个大于渗透压的压力时，浓溶液中的溶剂会向稀溶液渗透，此种溶剂的渗透方向与原来渗透的方向相反，这一过程称为反渗透。医学上用反渗透法的技术来进行血液透析。

反渗透膜法可以将重金属、农药、细菌、病毒、杂质等彻底分离；日常生活中，海水淡化、自来水净化也应用了反渗透原理，反渗透膜并不会分离溶解氧，其整个工作原理均采用物理方法，不添加任何杀菌剂和化学物质，因此不会发生化学变化。

(二) 渗透压与溶液浓度和温度的关系

1886 年，荷兰物理化学家范特霍夫(Van't Hoff)根据大量实验研究结果得出一条定律：难挥发非电解质稀溶液的渗透压与溶液的浓度和热力学温度的乘积成正比。

$$\Pi V = nRT \tag{1-13}$$

或

$$\Pi = cRT \tag{1-14}$$

式中，Π 为溶液的渗透压 kPa；c 为溶液的物质的量浓度 mol/L；T 为热力学绝对温度(T = 273.15+t)；R 为气体摩尔常数，R = 8.314J/(K · mol)。

范特霍夫定律表明：在一定温度下，稀溶液的渗透压只与单位体积溶液里溶质质点的数目成正比，而与溶质的本性无关。因此，渗透压也属于稀溶液的依数性。

在非电解质稀溶液中，其物质的量浓度近似地与质量摩尔浓度相等。即：

$$\Pi = b_B RT \tag{1-15}$$

通过实验测定出难挥发非电解质稀溶液的渗透压力和稀溶液的凝固点降低，均可计算出溶质的摩尔质量。

因为 $\Pi V = n_B RT = \dfrac{m_B}{M_B} RT$，即

$$M_B = \frac{m_B RT}{\Pi V} \tag{1-16}$$

例 1-7 将 1.00g 血红素溶于水配成 100mol 溶液，在 293.15K 时测得溶液的渗透压为 0.365kPa，求此溶液的凝固点降低值及血红素的摩尔质量。

解：已知 $\Pi=0.365\text{kPa}$，$m_B=1.00\text{g}$，$V=100\text{ml}=0.100\text{L}$，$T=293.15\text{K}$，查表得水的 $K_f=1.86\ \text{K}\cdot\text{kg/mol}$

根据公式 $\Pi=b_BRT$，得 $b_B=\dfrac{\Pi}{RT}$

$$\Delta T_f=K_fb_B=K_f\frac{\Pi}{RT}=1.86\times\frac{0.365}{8.314\times293.15}$$

$$=2.80\times10^{-4}(\text{K})$$

$$M_{血红素}=\frac{1.00\times8.314\times293.15}{0.365\times0.100}=6.65\times10^{4}(\text{g/mol})$$

即血红素溶液的凝固点降低了 2.80×10^{-4}K，血红素的摩尔质量是 6.65×10^{4}g/mol。

范特霍夫定律适用于非电解质稀溶液渗透压的计算。计算电解质溶液的渗透压时，必须要考虑电解质的解离微粒的数目。对电解质稀溶液，式(1-13)应引进校正系数 i（i 称为范特霍夫系数），即：

$$\Pi=icRT \tag{1-17}$$

在强电解质溶液中，i 可以近似取整数，表示为 1 个强电解质"分子"在溶液中解离出的粒子数。例如，NaCl 溶液、$NaHCO_3$溶液，$i=2$；$CaCl_2$溶液、Na_2SO_4溶液，$i=3$。

例 1-8 临床上常用的生理盐水是 9.0g/L 的 NaCl 溶液，求其在 37℃时的渗透压。

解：因 NaCl 溶液完全解离，$i=2$，$M(\text{NaCl})=58.50\ (\text{g/mol})$

$$\Pi=icRT=\frac{2\times9.0\times8.314\times310}{58.50}=790(\text{kPa})$$

（三）渗透压在医学上的意义

生命的存在与渗透现象有着极为密切的联系，下面进一步研究渗透压与生物的关系。

1. 渗透浓度 在人体体液中含有电解质解离产生的离子和非电解质分子，它们都能产生渗透效应。医学上将其定义为：溶液中能产生渗透效应的所有溶质粒子的总浓度。用符号 c_{os}表示，常用单位为 mol/L 或 mmol/L。正常人细胞内液、血浆和组织间液中各种溶质的浓度见表 1-2。

表 1-2 正常人血浆、组织间液和细胞内液中各种溶质的浓度

物质名称	细胞内液中浓度(mmol/L)	血液中浓度(mmol/L)	组织间液中浓度(mmol/L)
Na^+	10	144	137
K^+	141	5	4.7
Ca^{2+}		2.5	2.4
Mg^{2+}	31	1.5	1.4
Cl^-	4	107	112.7
HCO_3^-	10	27	28.3
HPO_4^{2-}、$H_2PO_4^-$	11	2	2
SO_4^{2-}	1	0.5	0.5

续表

物质名称	细胞内液中浓度 (mmol/L)	血液中浓度 (mmol/L)	组织间液中浓度 (mmol/L)
磷酸肌酸	45		
肌肽	14		
氨基酸	8	2	2
肌酸	9	0.2	0.2
乳酸盐	1.5	1.2	1.2
三磷腺苷	5		
一磷酸己糖	3.7		
葡萄糖		5.6	5.6
蛋白质	4	1.2	0.2
尿素	4	4	4
总量	302.2	303.7	302.2

2. 等渗、低渗和高渗溶液 稀溶液的渗透压的高低是相对的。如果两种溶液的渗透压(或渗透浓度)相等,则两种溶液互为等渗溶液(isotonic solution)。渗透压不同的溶液,渗透压较高的称为高渗溶液(hypertonic solution);渗透压较低的称为低渗溶液(hypotonic solution)。

医学上等渗、低渗和高渗溶液是以血浆的渗透压(渗透浓度)为标准确定的。正常人血浆的渗透浓度约为303.7mmol/L。临床上规定渗透浓度在280~320mmol/L的溶液为等渗溶液;渗透浓度低于280mmol/L的溶液为低渗溶液;渗透浓度高于320mmol/L的溶液为高渗溶液。通过计算,临床上常用到的0.154mol/L(9g/L)生理盐水、0.278 mol/L(50g/L)葡萄糖溶液、0.149 mol/L(12.5g/L) $NaHCO_3$溶液和0.167 mol/L(18.5 g/L)乳酸钠溶液均是等渗溶液。

渗透压与医学的关系密不可分,等渗溶液在医学临床上具有重要意义。临床上给患者大量补液时,通常要考虑溶液的渗透压。当红细胞置于3g/L NaCl溶液中时,溶液的渗透压低于细胞内液的渗透压,水透过细胞膜向细胞内渗透,红细胞逐渐膨胀,最后破裂,释放出红细胞内的血红蛋白,称为溶血(hemolysis),如图1-5a所示。当红细胞置于15g/L NaCl溶液中时,溶液的渗透压高于细胞内液的渗透压,水透过细胞膜向细胞外渗透,红细胞逐渐皱缩,称为胞质分离,如图1-5c所示。皱缩后的红细胞相互碰撞聚结成团形成血栓。当红细胞置于生理盐水溶液中,红细胞才能维持其正常形态和生理功能,如图1-5b所示。溶血现象和血栓的形成在临床上都可能会造成严重的后果。

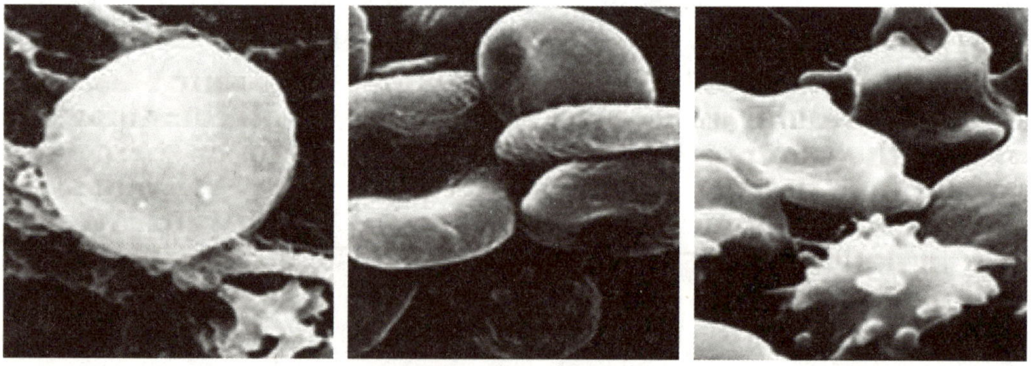

a　　b　　c

图 1-5　红细胞在不同浓度溶液中的形态

例 1-9 用实验方法测得某患者的血液的冰点为-0.48K,问此患者的血液为等渗、低渗或高渗溶液?

解:已知 $\Delta T_f = -0.48K$。查表得水的 $K_f = 1.86(K \cdot kg/mol)$

根据 $\Delta T_f = K_f b_B$,得

$$b_B = \frac{\Delta T_f}{k_f} = \frac{0.48}{1.86} = 0.260(mol/kg)$$

对于非电解质稀溶液中,其物质的量浓度近似地与质量摩尔浓度相等,因此该患者血液的渗透浓度为 0.260mol/L,低于正常人血浆的渗透浓度,属于低渗浓液。

3. 晶体渗透压与胶体渗透压 人体血浆中含有小分子物质(如 NaCl、葡萄糖)和高分子化合物(如蛋白质、脂质等)。其中由小分子物质产生的渗透压称为晶体渗透压;蛋白质等高分子化合物产生的渗透压称为胶体渗透压。37℃时正常人体血浆的总渗透压约为770kPa,人体血浆的渗透压主要来自晶体渗透压,约为 766kPa(占 99.5%),而组织液中蛋白质很少,因此胶体渗透压约为 3.85kPa(占 0.5%)。

由于人体内的生物半透膜(如细胞膜和毛细血管壁)的通透性不同,因此晶体渗透压和胶体渗透压具有不同的生理功能。细胞膜将细胞内液与细胞外液隔开,细胞与其外环境的交换必须通过细胞膜,细胞膜对离子(Na^+、K^+等)和蛋白质分子的通过具有选择性。只允许水分子可以自由透过细胞膜,所以细胞外液晶体渗透压对维持细胞内外的水盐平衡和细胞正常形态起重要作用。由于晶体渗透压远大于胶体渗透压,因此水分子的渗透方向主要取决于晶体渗透压。如果当人体由于某些原因缺水时,细胞外液中盐浓度将相对升高,使晶体渗透压增大,于是细胞内液水分子通过细胞膜向细胞外液渗透,造成细胞失水。如果大量饮水或输入过多的葡萄糖溶液,将使细胞外液的盐溶液浓度降低,晶体渗透压减小,细胞外液的水分子向细胞内液渗透,引起细胞肿胀,严重时产生水中毒。

毛细血管壁也是半透膜,它允许水分子、离子和小分子物质自由通过,而不允许蛋白质等高分子化合物的分子和离子透过。血浆中胶体渗透压对维持毛细血管内外的水、盐平衡起着重要作用。在正常情况下,血浆中的蛋白质浓度比组织间液高,如果人体由于某种原因导致血浆蛋白质含量减少,血浆胶体渗透压降低,血浆中的水和小分子物质就会过多地透过毛细血管壁进入组织间液,导致组织间液增多,而引起水肿。临床上对于大面积烧伤或由于失血过多而造成血容量降低的患者进行输液时,除输入生理盐水溶液外,还需要输入血浆或右旋糖酐等代血浆,以恢复血浆的胶体渗透压并增加血容量。

第3节 胶体溶液

分散系是指一种或几种物质的微粒,分散在另一介质中所形成的体系。其中被分散的微粒物质称为分散相或分散质,而容纳分散相的介质称为分散介质或分散剂。根据分散相粒子的直径大小,可将分散相分为三类,见表 1-3。

溶胶(sol)是分散相粒子直径为 1~100nm 的分散系,即固态分散相分散于液态分散介质中所形成的胶体分散系,称为溶胶。溶胶的分散相粒子是由许多分子、离子或原子聚集而成的胶粒,分散相与分散介质之间有界面存在,属于非均相体系,如 $Fe(OH)_3$溶胶等。高

分子溶液的分散相粒子是单个的高分子,属于均相体系,如蛋白质溶液等。本节主要研究溶胶和高分子溶液。

表 1-3　分散系的分类

分散系	分子或离子分散系	胶体分散系		粗分散系
	真溶液	溶胶	高分子溶液	悬浊液、乳浊液
分散相	分子或离子	分子、离子、原子的聚集体	单个高分子	固体、液体
粒子直径	<1nm	1~100nm		>100nm
性质	均相,透明,稳定,不聚沉,粒子能透过滤纸和半透膜	非均相,有相对稳定性,不易聚沉	均相,透明,稳定,不聚沉	非均相,不透明,不均匀,不稳定,能自动聚沉,粒子不能透过滤纸和半透膜
		粒子能透过滤纸,不能透过半透膜		
实例	NaCl 生理盐水	$Fe(OH)_3$溶胶	蛋白质溶液	硫黄合剂

一、溶胶的性质和胶团结构

溶胶是由分子、原子或离子聚集而成,高度分散在不相溶的介质中。制备溶胶的方法一般有两种:一种是将较大颗粒粉碎成细小胶粒的分散法;另一种是将分子、原子或离子聚集成胶粒的凝聚法。凝聚法分为物理凝聚法和化学凝聚法。其中化学凝聚法是通过化学反应使其生成难溶性物质聚集成胶粒的方法。例如,在沸水中逐滴加入 $FeCl_3$溶液,$FeCl_3$遇水反应生成 $Fe(OH)_3$溶胶。

溶胶的特征是高分散性、多向性和不稳定性。因此导致溶胶在光学、动力学和电学等方面具有一系列独特的性质。

(一) 溶胶的性质

1. 丁铎尔现象　1869 年英国物理学家丁铎尔(Tyndall),在暗室中用一束聚焦的光照射溶胶时,在与光线垂直的方向观察可以看到溶胶中有一道明亮的光柱,这种现象称为丁铎尔现象。

丁铎尔现象是由于胶体离子对光的散射而形成的。在真溶液中,大部分光线直接投射过去,分散相粒子的直径 d 远小于波长 λ,光的散射非常微弱,因此真溶液无明显的丁铎尔现象。由于溶胶粒子的 $d<\lambda$,则光发生散射作用,溶胶粒子似乎成了发光点,形成了明亮的光柱。散射光通常又称为乳光。而粗分散系中,$d>\lambda$,大部分光线发生反射,使粗分散系浑浊不透明。因此丁铎尔现象是溶胶的特征。

2. 布朗运动　1827 年英国植物学家布朗(Brown)在显微镜下观察悬浮在水中的花粉时,发现花粉微粒不停地做无规则的运动。不久又发现,溶胶中的胶粒在分散介质中也有这种不定向的、无规则的运动现象,称为布朗运动(Brownian motion)。

布朗运动是由于不断做热运动的介质分子对胶粒撞击产生的。胶粒在每一瞬间不断受到不同方向、不同速度介质分子的冲击,受到的力不平衡,实验表明胶粒质量越小,温度越高,布朗运动越明显。布朗运动可抵抗重力的作用,使溶胶相对稳定不易发生沉降。

如果把盛有溶胶的半透膜放入介质中,胶粒不能通过半透膜,而离子、分子能透过半透膜，可以将胶体溶液中混有的电解质的小离子或小分子分离出来，使胶体溶液净化，这种方法叫透析或渗析。而超滤是在减压（或加压）的条件下，使胶粒与分散介质、小分子杂质分开的方法，其装置是超过滤器。

知识链接

血液透析

临床上是利用透析和超滤原理，使用人工合成的高分子膜（如聚甲基丙烯甲酯薄膜）作半透膜制成人工肾，清除肾病患者血液中的毒素，使血液净化。例如，用于尿毒症的“血透”疗法，是将患者血液引入透析器内，使血液和透析液在透析器即人工肾内半透膜两侧接触，通过透析作用使血液中代谢废物透过半透膜扩散进入透析液中，血液中的蛋白质、红细胞则不能透过，同时也从透析液中扩散进入所需要的营养物质或治疗药物，以达到清除血液中的代谢废物的作用。如果将透析液一侧的负压升高，进行超滤，还可以排除体内多余的水分。

3. 电泳　在U形管中注入红棕色的氢氧化铁溶胶，在管的两端插入电极，接通直流电后可观察到负极一端溶液颜色逐渐变深，表明氢氧化铁溶胶粒子向负极移动，此胶粒带正电荷，这种在外电场的作用下胶粒在介质中定向移动的现象称为电泳（electrophoresis）。电泳现象说明胶粒带有电荷。大多数金属氧化物和金属氢氧化物的胶粒带正电荷为正溶胶；大多数金属硫化物、硅胶、金、银及土壤所形成的胶粒带负电，称为负溶胶。

在临床检验中，应用电泳方法分离血清中各种蛋白质，为疾病的诊断提供依据。

知识链接

生物大分子如何分离和测定

核酸和蛋白质等是生物体内具有重要作用的生物大分子。氨基酸和蛋白质分子既带有羧基（—COOH）、巯基（—SH）等酸性基团，又带有氨基（$—NH_2$）、咪唑基等碱性基团；核苷酸和核酸分子既带有磷酸基（$—H_2PO_4$）等酸性基团，又带有碱基氮等碱性基团。因此它们都属于两性电解质，可发生两性解离，其带电情况往往与溶液的pH有关。例如，用醋酸纤维薄膜电泳可将血清蛋白质分离为清蛋白、α_1-球蛋白、α_2-球蛋白、β-球蛋白、γ-球蛋白五种物质。若进行定量测定，则是作为判断肝脏等器官的生化指标。

（二）胶团的结构

以AgI溶胶为例来讨论胶团的结构，如图1-6所示。将$AgNO_3$溶液和KI溶液制备AgI溶胶，由m个AgI分子聚集成溶胶分散相粒子的核心，称为胶核。胶核选择性的吸附n（$n<m$）个与其组成类似的离子，当KI过量时，胶核表面优先吸附n个I^-而带电，这些I^-决定胶体所带电荷的种类，则带相反电荷的K^+称为反离子，一部分$(n-x)$个K^+被紧密地吸附在胶核表面，并与胶核表面的离子一起形成带电层，称为吸附层。胶核与吸附层构成胶粒，胶粒带x个负电荷。在吸附层外面，x个K^+则分布在胶粒的周围，形成了与吸附层电荷符号相反的另一个带电层，称为扩散层。胶粒和扩散层所带电荷符号相反，电量相等，组成的AgI胶团呈电中性。在外电场中，胶粒能够定向移动，是独立运动的单位，通常所说的溶胶带电，是指胶粒而言的。

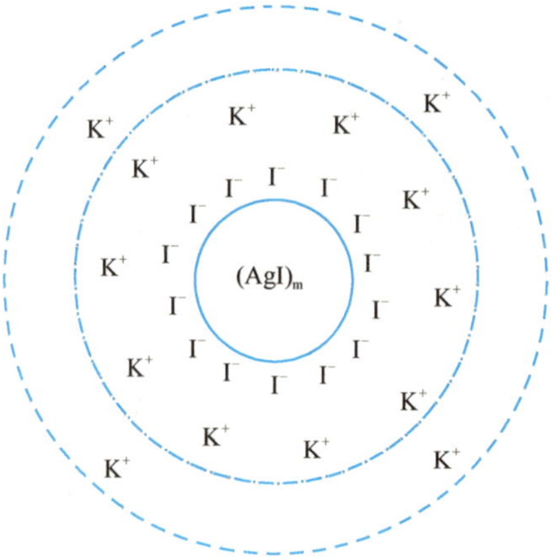

图 1-6 胶团结构

AgI 负溶胶的胶团结构可表示为：

$$\underbrace{\underbrace{[(AgI)_m}_{胶核}\cdot\underbrace{nI^-\cdot(n-x)K^+]^{x-}}_{吸附层}}_{胶粒}\cdot\underbrace{xK^+}_{扩散层}$$

胶团

当制备 AgI 溶胶时 $AgNO_3$ 过量，则胶核吸附 Ag^+ 而使胶粒带正电荷。AgI 正溶胶的胶团结构简式为：

$$[(AgI)_m\cdot nAg^+\cdot(n-x)NO_3^-]^{x+}\cdot xNO_3^-$$

由胶团结构可知，整个胶团是电中性的，胶粒是带电的。因此电泳时，胶粒向与其电性相反的电极移动，而扩散层中带相反电荷的反离子就向其另一电极移动，如临床生化检验中常用到的醋酸纤维素薄膜电泳、琼脂糖凝胶电泳及聚丙烯酰胺凝胶电泳等。

二、溶胶的稳定性和聚沉

（一）溶胶的稳定因素

溶胶能够在相对较长时间内稳定存在的性质称为溶胶的稳定性。溶胶之所以具有相对的稳定性，除了胶粒布朗运动克服重力下沉而起到部分作用外，主要还是由下列因素决定的。

1. 胶粒带电 同种胶粒在相同条件下带同性电荷，由于胶粒之间相互排斥而不易聚集。胶粒带电越多，斥力越大，胶粒越稳定。胶粒带电是溶胶具有相对稳定性的主要因素。

2. 胶粒表面水化膜的保护作用 胶核吸附层上的离子水化能力强，在胶粒周围形成一个水化层，使胶粒彼此隔开不易聚集。水化膜越厚，溶胶就越稳定。

（二）溶胶的聚沉

溶胶的稳定性是相对的、暂时的和有条件的，当消除溶胶的稳定因素，胶粒就会互相碰撞聚集成较大的颗粒而沉降，产生沉淀。使胶粒聚集成较大颗粒而沉降的过程称为聚沉（coagulation）。

1. 加入电解质　溶胶对电解质很敏感，只要向溶胶中加入少量电解质，就会引起溶胶聚沉。其原因是电解质对溶胶的聚沉作用主要是改变胶粒吸附层的结构。胶粒扩散层中的反离子，由于受到电解质相同符号离子的排斥而进入吸附层，使胶粒所带的电荷数减少甚至全部中和，使胶粒间的斥力减小，水化膜随之变薄或消失，这样胶粒就会迅速凝聚而聚沉。例如，向 $Fe(OH)_3$溶胶中加入少量的 K_2SO_4溶液，就会立即出现聚沉，析出红棕色的 $Fe(OH)_3$沉淀。

电解质对溶胶的聚沉作用主要取决于胶粒带相反电荷的离子的电荷数，这种离子称为反离子。反离子的价数越高，其聚沉能力越强。例如，对 $Fe(OH)_3$正溶胶的聚沉能力：电解质 $Na_3PO_4>Na_2SO_4>NaCl$。

为了比较不同电解质对某一溶胶的聚沉能力，通常用聚沉值来衡量电解质对溶胶的聚沉能力。使一定量的溶胶在一定时间内完全聚沉所需电解质的最小浓度称为聚沉值，与聚沉能力成反比，其常用单位为 mmol/L。

2. 加入带相反电荷的溶胶　将两种电性相反的溶胶按适当比例混合，也能引起溶胶聚沉，称为相互聚沉现象。当一种溶胶的总电荷恰能中和另一种溶胶的总电荷时才能发生完全聚沉，否则只能发生部分聚沉，甚至不聚沉。用明矾净化水就是溶胶相互聚沉的实际应用，因为水中的胶体悬浮粒子一般是负溶胶，明矾 $KAl(SO_4)_2 \cdot 12H_2O$ 在水中水解形成 $Al(OH)_3$正溶胶。两种溶胶混合发生相互聚沉，再加上 $Al(OH)_3$絮状物的吸附作用，使污物清除，以达到水净化的目的。

3. 加热　很多溶胶加热时发生聚沉。因为升高温度，使胶粒的运动速率和碰撞机会增加，削弱了它对反离子的吸附作用，从而降低了胶粒所带电荷的水化程度，使粒子在碰撞时发生聚沉。例如，将 As_2S_3溶胶加热至沸腾，就会析出金黄色的 As_2S_3沉淀。

三、高分子化合物溶液

（一）高分子化合物溶液

高分子化合物（macromolecular compound）是指相对分子质量在 10 000 以上，甚至高达几百万的化合物。它包括天然高分子化合物和合成高分子化合物两类。

高分子化合物溶液是指高分子化合物溶解在适当的溶剂中所形成的均相体系，高分子化合物溶液的分散相粒子的直径通常在胶体分散系的范围内，即具有溶胶的某些性质，也有其自身的特性。

1. 高分子化合物溶液的特性

（1）稳定性：高分子化合物溶液比溶胶稳定性高，在稳定性方面与真溶液相似。原因是高分子化合物溶液的稳定性与高分子化合物本身的结构有关。高分子化合物在溶液中的溶剂化能力很强，分子结构中有许多亲水能力很强的基团，如—OH、—COOH、$—NH_2$等，当高分子化合物溶解在水中时，其表面能通过氢键与水形成一层水化膜，这层水化膜与溶胶粒子的水化膜相比，在厚度和紧密程度上都要大很多，这是高分子化合物溶液具有稳定性的主要因素。

（2）黏度大：高分子化合物溶液的黏度比溶胶和真溶液要大得多，其原因是高分子化合物具有线状或分支状结构，在溶液中流动时受到的阻力很大，高分子的溶剂化作用束缚了溶剂，又因高分子化合物高度溶剂化，使自由流动的溶剂减少，因而黏度较大。

(3) 盐析性:在高分子化合物溶液中加入大量电解质,使其从溶液中析出的过程称盐析。高分子化合物溶液稳定的主要因素是其分子表面有很厚的水化膜,在加入大量电解质时才能将高分子化合物的水化膜破坏,使高分子化合物聚沉析出。盐析常用的电解质有氯化钠、硫酸钠、硫酸铵、硫酸镁等。可用盐析法分离纯化中草药中有效成分,临床上过去常用盐析法检测人体中血清清蛋白,盐析并不破坏蛋白质的结构,且不会引起蛋白质变性。

(4) 溶解过程的可逆性:在溶剂里高分子化合物能自动溶解形成真溶液。用蒸发或烘干的方法可将高子化合物从其溶液里分离出来。当再加入分散介质时可自动溶解,又能得到原来状态的真溶液。而胶体溶液聚沉后则不能再恢复原来的状态。

2. 高分子化合物溶液对溶胶的保护作用 在溶胶中,加入适量的高分子化合物溶液,可显著地增强溶胶的稳定性,当外界因素干扰时也不易发生聚沉,这种现象称为高分子化合物溶液对溶胶的保护作用。其原理是高分子化合物分子被胶粒吸附在表面上,将整个胶粒包裹起来,形成保护层。由于高分子化合物含有亲水基团,在其外面又形成了一层水化膜,从而阻止了胶粒之间的聚集,提高了溶胶的稳定性。

高分子溶液对溶胶的保护作用具有重要的生理意义。正常人血液中 $CaCO_3$、$Ca_3(PO_4)_2$等难溶的无机盐类都是以溶胶的形式存在,由于血液中蛋白质等高分子化合物对这些盐类溶胶起到了保护作用,所以它们在血液中的浓度虽然比其在水中的溶解度大,但仍能稳定存在而不聚沉。若某些疾病使血液中蛋白质减少,将减弱其对溶胶的保护作用,则这些难溶盐就会在肾、胆囊等器官中沉积形成各种结石。

(二) 凝胶

1. 凝胶的形成 在一定条件下,大多数高分子化合物溶液温度降低或黏度逐渐增大,最后失去流动性,形成具有网状结构的半固体物质——凝胶(gel),此过程称为胶凝。例如,将琼脂和动物胶等物质溶于热水中,冷却后形成凝胶。

根据凝胶的形态,可将凝胶分为弹性凝胶和刚性凝胶两大类。由柔性的高分子化合物所形成的凝胶一般是弹性凝胶,如明胶、琼脂、聚丙烯酰胺胶等。这类凝胶干燥后,体积明显缩小,但仍具有弹性。而刚性凝胶网状骨架坚固,粒子间的交联强,大多数无机凝胶是刚性凝胶,如硅胶、氢氧化铝等。这类凝胶干燥后体积变化不明显,并且失去弹性而变脆。

根据凝胶中液体含量的多少可将凝胶分为冻胶和干凝胶。冻胶液体含量多在 90% 以上,如血块和肉冻等。液体含量少的干凝胶如琼脂、明胶等。

知识链接

凝　胶

凝胶在生命中起着特别重要的作用。例如,人体的肌肉、脏器、细胞膜、软骨、指甲、毛发都属于凝胶。体系中大量胶粒或高分子化合物通过范德华力互相联结,形成空间网状结构,溶剂固定在网状结构的孔隙中,不能自由流动。一方面它具有一定强度的网状骨架,可以维持一定的形态,另一方面可以使许多代谢物质通过它进行物质交换。

人体中约占体重 2/3 的水,基本上保存在凝胶里。因此,凝胶在生物体的组织中占有重要地位,凝胶与生物学、医学有着密切的关系。

2. 凝胶的主要性质　主要有溶胀和离浆，体现在吸水和脱水两方面。

(1) 溶胀：将干燥的弹性凝胶放入适当的溶剂中，它能自动吸收溶剂而使体积增大，这种现象称为溶胀（膨润）。若这样的膨胀作用进行到一定程度可自动停止，称为有限溶胀。例如，植物的种子在水中的溶胀。溶胀现象对于药用植物的浸取很重要，一般只有在植物组织膨胀后，才能将有效成分提取出来。若凝胶的膨胀可一直进行下去，最终其网状骨架完全消失形成溶液，称为无限溶胀。例如，生物体中凝胶的溶胀能力随着年龄的增大而降低。刚性凝胶不具有这种性质。

(2) 离浆：胶体因胶凝作用可形成凝胶，但凝胶放置一段时间后，一部分液体会自动从凝胶中分离出来，使凝胶的体积逐渐缩小，这种现象称为离浆（syneresis）或脱液收缩。也可以把离浆看成是胶凝过程的继续，临床化验用的血清是从放置的血液凝块中分离出来的。

(3) 触变作用：某些凝胶在受到振摇或搅拌等外力作用，网状结构被破坏变成具有较大流动性的溶液状态（稀化），去掉外力静置后，又恢复成半固体凝胶状态（重新稠化），这种现象称为触变现象。其原因是凝胶通过范德华力形成的网状结构不稳定，当受到外力时即能破坏网状结构，释放出液体；外力消失后高分子化合物或溶胶又将交织成网络，包住液体成凝胶。例如，沼泽地具有触变现象。临床使用的众多药物中有触变性药剂，使用时振摇数次后，即得均匀的溶液。其特点是比较稳定，便于储藏。

第4节　表面现象

表面现象是指物质在相界面上所发生的一切物理、化学现象。表面是指物体与空气或与其本身的蒸气接触的面，如水面、桌面等。界面（interface）是指物体与另一个凝聚相接触的面，不同类型相的接触具有不同类型的界面，一般有气-固、气-液、液-固、液-液等类型。溶胶所具有的吸附作用、胶粒带电、不稳定的特性等都与表面现象有关。

一、表面张力与表面能

表面层分子与其内部分子所处的环境不同，使得表面层的分子具有一些特殊性质，以气-液表面为例，如图1-7所示。

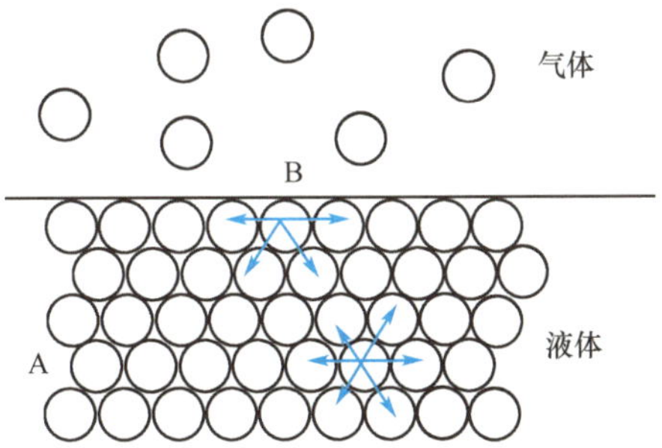

图1-7　液体表面分子受力情况示意图

在液体内部的A分子受其周围分子的吸引，来自各个方向的力是相等的，彼此互相抵消，所受的合力等于零，因此在液体内部移动时并不需要做功。而靠近表面层的B分子，由于下方液体分子对它的吸引力大，上方气体分子对它的吸引力小，所受的合力不能互相抵消，液体表面分子受到向内的拉力，合力的方向垂直于液面并指向液体内部，所以液体表面有自动缩小的趋势。例如，液滴总是趋向于形成球形。这种表面分子所受到的指向内部的力称为表面张力(surface tension)，即垂直作用于单位长度相表面上的力，用符号 σ 表示，单位为N/m。

如果将液体内部的分子移动至表面上来，则需要克服这种内部分子的拉力而做功。这表明表面分子比液体内部的分子具有更高的能量，这种液体表面层分子比内部分子多出的能量称为表面能(surface energy)。表面能(E)等于表面张力(σ)和表面积(A)的乘积。即：

$$E=\sigma\times A \tag{1-17}$$

由式(1-17)可得表面张力 σ 越大，其做的功越多，表面能 E 越大；表面积 A 的大小与物体的分散程度有关，一定质量的物质分散得越细，其表面积越大，表面能就越高，体系越不稳定。反之亦然。溶胶具有很大的表面积，其表面效应显著。

二、表面吸附

表面吸附是指固体或液体表面吸引其他物质分子、原子或离子聚集在其表面的过程，或物质在两相界面上浓度自动发生变化的现象。具有吸附作用的物质称为吸附剂，被吸附的物质称为吸附质。吸附作用既可发生在固体表面，也可发生在液体表面。

1. 固体表面的吸附 根据作用力的性质不同，可分为物理吸附和化学吸附两类。物理吸附的作用力是分子间的范德华力，这类吸附速度快，没有选择性，但可因分子间引力大小不同使吸附的难易程度不同，在低温时较易发生物理吸附。化学吸附的作用力是化学键，是由于原子与吸附质的分子或原子间形成了化学键。因为固体表面原子的成键能力未被饱和，仍有剩余的成键能力，这类吸附与解吸都较慢，但具有选择性，温度升高可增大化学吸附。物理吸附普遍存在，在特定的吸附剂或吸附质之间常发生化学吸附。

如果其他条件相同时，固体表面积越大，其固体吸附剂的吸附能力也越大。常用作吸附剂的有活性炭、硅胶、活性氧化铝、分子筛等，常用作防毒面具的除毒剂，能吸附大气中的有毒有害气体，除去中草药制剂中的植物色素及净化水中的杂质等。

2. 液体表面的吸附 在一定温度下纯液体的表面张力为一定值，当在液体中加入某种溶质时，可使液体表面张力发生相应的变化。实验证明有些物质溶于水可使水的表面张力增大，溶质在表层的浓度低于其在溶液内部浓度；有些物质溶于水使水的表面张力显著降低，溶质在表层的浓度高于其在溶液内部浓度。凡是能显著降低液体表面张力的物质称为表面活性物质(surface active substance)或称为表面活性剂(surfactant, surface active agent)；凡是能增大液体表面张力的物质称为表面惰性物质。表面活性物质在实际生活中应用广泛。

三、表面活性物质

(一) 表面活性物质

在表面活性物质的分子中，同时含有两类基团，一类是亲油性或疏水性基团，一般为非极性基团，它们是一些直链的或带有侧链的有机烃基；另一类为亲水性极性基团如—NH_2、—OH、—COOH、—SO_3H 等，如图 1-8 所示。

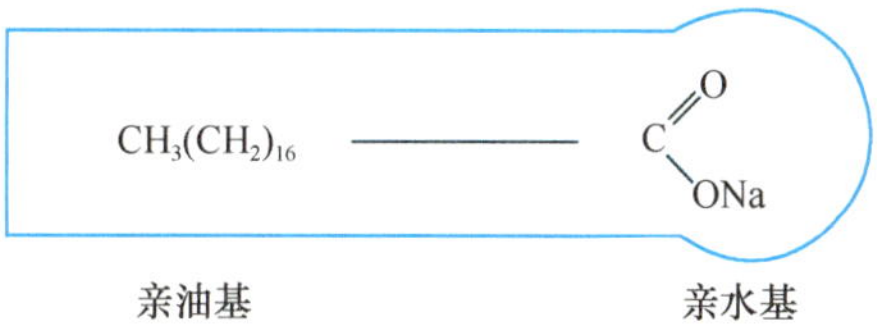

图 1-8　表面活性剂(脂肪酸盐)示意图

根据相似相溶原理，当表面活性物质溶于水后，其极性基团有进入水中的倾向，而非极性基团有离开水面的倾向，或朝向非极性的有机溶剂中。因此表面活性物质的分子一部分在液面形成定向排列，与水和空气的接触面减小，使溶液的表面张力急剧降低；而另一部分在溶液内部逐渐聚集，将疏水基靠在一起，形成亲水基朝向水而疏水基向非极性的有机溶剂的薄膜。所形成胶束的直径在胶体范围内，因此表面活性物质在水中是比较稳定的。

（二）表面活性物质的应用

1. 乳浊液(emulsion)　是以液体为分散相分散在另一种不相溶的液体中所形成的粗分散系。乳浊液属于不稳定系统。例如，两种不相混溶的液体(油和水)加以剧烈振摇，油和水就相互分散，静置后即分层，要得到比较稳定的乳浊液，必须加入一种可以增加其稳定性的物质，如上述混合液中加入少量的肥皂，可以得到稳定的乳浊液。能增加乳浊液稳定性的物质称为乳化剂(emulsifying agent)，乳化剂所起的作用称为乳化作用(emulsification)。

常用的乳化剂是一些表面活性物质，将表面活性物质加到乳浊液中，其分子的亲水基朝向水相，疏水基朝向油相，在两相界面上定向排列，降低了相界面表面张力，在液滴周围形成一层保护膜，使乳浊液得以稳定。乳状液中的水相以“水”或“W”表示；油相以“油”或“O”表示。不论是“油”或“水”均可为分散相也可为分散介质。凡是油分散在水中称为“水包油”型(oil in water)，常以 O/W 表示，如牛奶、鱼肝油乳剂等；反之水分散在油中称为“油包水”型(water in oil)，常以 W/O 表示，如油剂青霉素注射液等，如图 1-9 所示。

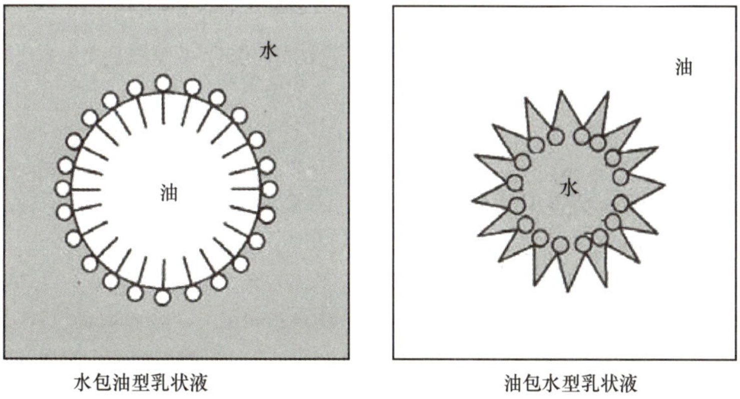

图 1-9　两种不同类型乳浊液的示意图

知识链接

生物表面活性物质

生物表面活性物质是由细菌和酵母菌等微生物产生，具有降低表面张力、稳定乳化作用、增加泡沫等作用。生物表面活性物质大致可分为以烷烃作为碳源的微生物，如棒状杆菌；以水溶性底物为碳源的微生物，如杆菌；以烷烃和水溶性底物两者作为碳源的微生物，如假单泡菌三类。其具有一般的化学合成表面活性物剂所无法媲美的优点——与环境的兼容性，它没有毒性，并可被生物降解，因此它们不会对环境造成不利的影响。它主要用于食品加工业、农业、快速测定微生物的数量等方面。随着环保意识的增强，生物表面活性剂正越来越受到人们的关注。

2. 润湿剂 液体在固体表面黏附的现象称为润湿。如果在固体与液体相接触的界面上，加入表面活性物质，可降低固液界面张力，能使液体在固体表面很好黏附润湿。能够改善润湿程度的表面活性物质称为润湿剂。在外用软膏中常加入润湿剂，可增强药物与皮肤的润湿程度，提高药效。

3. 增溶剂 有些药物在水中的溶解度很小，达不到治疗疾病的有效浓度。如果药物加入到能形成胶束的表面活性剂的溶液中，药物分子可以钻进胶束的中心或夹缝中，使溶解度明显增大，这种现象称为增溶作用。能形成胶束的表面活性剂称为增溶剂，增溶作用在制药工业中经常使用，如消毒防腐药煤酚在水中的溶解度为 2%，加入肥皂作为增溶剂，可使其溶解度增大到 50%；氯霉素的溶解度为 0.25%，加入吐温作为增溶剂，可使其溶解度增大到 5%。

目标检测

一、名词解释

1. 渗透现象　　2. 渗透压
3. 渗透浓度　　4. 晶体渗透压
5. 胶体渗透压　　6. 等渗溶液
7. 低渗溶液　　8. 高渗溶液

二、选择题

（一）单项选择题

1. 有三种溶液分别是氯化钾（KCl）、氯化钙（$CaCl_2$）和葡萄糖（$C_6H_{12}O_6$），它们的浓度均为 0.1 mol/L，按渗透压由高到低排列的顺序是（　　）

A. $CaCl_2>KCl>C_6H_{12}O_6$

B. $C_6H_{12}O_6>CaCl_2>KCl$

C. $KCl>C_6H_{12}O_6>CaCl_2$

D. $C_6H_{12}O_6>KCl>CaCl_2$

E. $KCl>CaCl_2>C_6H_{12}O_6$

2. 配制 0.1 mol/L 250 ml 的 $CuSO_4$ 溶液，需称取 $CuSO_4 \cdot 5H_2O$ 的质量为（　　）

A. 4g　　B. 6.25g　　C. 0.025g

D. 250g　　E. 4.0g

3. 100 ml 溶液中含 8 mg Ca^{2+}，则溶液中 Ca^{2+} 的浓度为（　　）

A. 0.2mol/L　　B. 0.2mmol/L

C. 2mol/L　　D. 2mmol/L

E. 20 mmol/L

4. 下列五种溶液中，与血浆等渗的是（　　）

A. 90g/L NaCl 溶液

B. 0.9g/L NaCl 溶液

C. 50g/L 葡萄糖溶液

D. 50g/L $NaHCO_3$溶液

E. 58g/L 葡萄糖溶液

5. 某患者需补 5.0×10^{-2}mol Na^+，应补生理盐水的体积为（　　）

A. 300ml　　B. 500ml　　C. 233ml

D. 325ml　　E. 128 ml

6. 18.7g/L 的乳酸钠溶液的渗透浓度为（　　）

A. 278 mmol/L　　B. 308 mmol/L

C. 330 mmol/L　　D. 298 mmol/L

E. 153 mmol/L

7. 生理盐水的物质的量浓度为(　　)

A. 0.0154mol/L　　B. 308mol/L

C. 0.154mol/L　　D. 15.4mol/L

E. 30.8 mol/L

8. 下列质量浓度相同的五种稀溶液,在相同温度下渗透压最大的是(　　)

A. 蔗糖溶液　　B. 氯化钠溶液

C. 氯化钙溶液　　D. 氯化钾溶液

E. 葡萄糖溶液

9. 影响溶液渗透压的因素是(　　)

A. 体积、黏度　　B. 压力、密度

C. 浓度、温度　　D. 浓度、黏度

E. 体积、温度

10. 下列浓度相同的五种稀溶液,凝固点最低的是(　　)

A. $CaCl_2$溶液　　B. NaCl 溶液

C. 葡萄糖溶液　　D. $AlCl_3$溶液

E. 氯化钾溶液

11. 医学上表示已知相对分子质量的物质的组成标度时,常采用(　　)

A. 质量摩尔浓度　　B. 质量浓度

C. 物质的量浓度　　D. 质量分数

E. 体积分数

12. 下列溶液能使红细胞发生皱缩的是(　　)

A. 50g/L 葡萄糖溶液

B. 1.0g/L NaCl 溶液

C. 9.0g/L NaCl 溶液

D. 100g/L 葡萄糖溶液

E. 12.5g/L $NaHCO_3$溶液

13. 用半透膜将 0.02mol/L 蔗糖溶液和 0.02mol/L NaCl 溶液隔开时,将会发现(　　)

A. 水分子从 NaCl 溶液向蔗糖溶液渗透

B. 互不渗透

C. 水分子从蔗糖溶液向 NaCl 溶液渗透

D. 互相渗透

E. 不确定

14. 下列温度、质量浓度均相同的四种溶液,渗透压最大的是(　　)

A. $CaCl_2$　　B. $C_6H_{12}O_6$　　C. KCl

D. NaCl　　E. $C_{12}H_{22}O_{11}$

15. 37℃时 NaCl 溶液和葡萄糖溶液的渗透压均等于 770kPa,则两溶液的物质的量浓度的关系为(　　)

A. $c_{NaCl} = 2c_{OS,葡萄糖}$　　B. $c_{NaCl} = 2c_{葡萄糖}$

C. $2c_{NaCl} = c_{葡萄糖}$　　D. $2c_{NaCl} = c_{OS,葡萄糖}$

E. $c_{NaCl} = c_{葡萄糖}$

16. 下列溶胶的胶粒带正电荷的是(　　)

A. 土壤所形成的胶粒

B. 碘化银溶胶(碘离子过量)

C. 氢氧化铁溶胶

D. 硫化砷溶胶

E. 硅胶溶液

17. 混合等体积的 0.08mol/L KI 溶液和 0.1mol/L $AgNO_3$溶液,制成 AgI 溶胶,最易使其聚沉的电解质是(　　)

A. $K_3[Fe(CN)_6]$　　B. $CaCl_2$

C. $MgCl_2$　　D. KNO_3

E. NaCl

18. 在 $Fe(OH)_3$溶胶中加入 K_2SO_4、NaCl、K_3PO_4电解质,使 $Fe(OH)_3$溶胶聚沉能力从强到弱顺序(　　)

A. $K_3PO_4>NaCl>K_2SO_4$

B. $K_3PO_4>K_2SO_4>NaCl$

C. $NaCl<K_2SO_4<K_3PO_4$

D. $NaCl>K_2SO_4>K_3PO_4$

E. $K_2SO_4>NaCl>K_3PO_4$

19. 如聚沉 As_2S_3溶液(负溶胶),都用 0.1mol/L 下列电解质,聚沉能力最大的是(　　)

A. K_2SO_4　　B. $AlCl_3$

C. $BaCl_2$　　D. K_3PO_4

E. KCl

20. 使溶胶稳定的最主要原因是(　　)

A. 高分子化合物溶液的保护作用

B. 胶粒表面存在水化膜

C. 胶粒的布朗运动

D. 胶粒带电

E. 不确定

(二) 多项选择题

1. 将 $AgNO_3$溶液与过量 KCl 溶液混合制备 AgCl 溶胶,下列正确的是(　　)

A. 胶核是由 AgCl 分子组成的

B. 胶核选择性地吸附 Cl^-离子

C. 反离子是 Ag^+离子

D. 胶粒在电场中向负极移动

E. 胶粒在电场中向正极移动

2. 与非电解质稀溶液的渗透压有关的因素是(　　)

A. 溶液的温度　　B. 溶液的体积

C. 溶质的性质　　D. 溶液的浓度

E. 溶液的颜色

3. 与血浆相比较，下列溶液属于等渗溶液的是(　　)
   A. 90g/LNaCl 溶液
   B. 9g/L NaCl 溶液
   C. 50g/L 葡萄糖溶液
   D. 生理盐水与 50g/L 葡萄糖溶液等体积混合液
   E. 100mmol/L Na_2CO_3溶液
4. 对溶胶能起保护作用的是(　　)
   A. 动物胶　　B. 蛋白质
   C. Na_2SO_4　　D. 明胶
   E. 碘化银胶体
5. 关于"稀溶液依数性"下列表述正确的有(　　)
   A. 溶液中所含溶质粒子可以是分子、离子
   B. 稀溶液依数性与溶液中所含溶质粒子的浓度成正比
   C. 稀溶液依数性与溶质本性无关
   D. 稀溶液一般可以理解为浓度较小的难挥发的非电解质溶液
   E. 稀溶液依数性与溶质的个别本性(如颜色)有关
6. 下列属于高分子化合物溶液性质的有(　　)
   A. 盐析作用　　B. 胶凝作用
   C. 脱水收缩　　D. 触变现象
   E. 黏度大
7. 使溶胶聚沉的方法是(　　)
   A. 加入电解质
   B. 加入明胶溶液
   C. 加热
   D. 加入带相反电荷的溶胶
   E. 加大溶胶的浓度
8. 下列关于电解质对溶胶的聚沉作用，说法正确的是(　　)
   A. 电解质的聚沉作用主要取决于反离子
   B. 反离子价数越高，聚沉能力越强
   C. 同价离子的聚沉能力也略有不同
   D. 聚沉值越小，聚沉能力越弱
   E. 反离子降低了胶粒的荷电量
9. 测定蛋白质的相对分子质量，能采用的方法是(　　)
   A. 渗透压法　　B. 凝固点降低法
   C. 蒸气压下降法　　D. 沸点升高法
   E. 溶解度法
10. 下列关于溶胶稳定的原因是(　　)
   A. 胶粒带电　　B. 胶粒布朗运动
   C. 电渗　　D. 丁铎尔现象
   E. 胶粒表面水化膜的保护作用

三、简答题

1. 渗透现象的产生必须具备哪些条件?
2. 溶胶稳定性的原因和溶胶聚沉的方法各有哪些?
3. 举例说明盐析在日常生活中的应用。

四、计算题

1. 将 9.0gNaCl 溶于 1L 纯化水中配成溶液，计算该溶液的质量分数和质量摩尔浓度。
2. 用密度 ρ = 1.19kg/L，ω(HCl) = 37% 的浓盐酸 4.5ml 配成 500ml 溶液，求此溶液的物质的量浓度?
3. 配制 2.0mol/L 的 H_2SO_4 溶液 100ml 需要密度 ρ = 1.84kg/L，$\omega(H_2SO_4)$ = 98% 的浓硫酸多少毫升?
4. 试计算 10ml 100g/L KCl 注射液中所含 K^+ 和 Cl^- 的物质的量。
5. 从人尿液中提取出一种中性含氮化合物，将 90mg 纯品溶解在 12g 蒸馏水中，所得溶液的凝固点比纯水凝固点降低了 0.233K，试计算此化合物的摩尔质量。
6. 37℃时血浆的渗透压为 770kPa，配制 1L 与血浆等渗的 NaCl 溶液求需 NaCl 多少克?
7. 将 0.750g 某氨基酸溶于 50.0g 水中，测得其凝固点为-0.188℃，试求该氨基酸的摩尔质量。

(姜　斌)

第2章 原子结构

学习目标

1. 掌握:用四个量子数描述核外电子运动状态的方法;正确书写常见元素电子排布式的方法;元素周期表的结构及元素某些性质的周期性规律。

2. 熟悉:波函数、原子轨道、电子亚层及电子云的概念;原子轨道角度分布图和电子云示意图。

3. 了解:核外电子运动的特殊性;用屏蔽效应和钻穿效应解释轨道能级的变化。

丰富多彩的大千世界是由物质组成的,物质又由各种元素组成。到目前为止,人们已经发现了 118 种元素,正是这些元素的原子以不同的种类、数目和键合方式形成了种类繁多不同性质的物质。而物质的性质又取决于组成物质的元素的原子结构,因此原子结构是人们认识物质内部结构和性质的基础。化学变化包括旧的化学键的断裂和新的化学键的形成,此过程一般只涉及原子核外电子运动状态的改变,不涉及原子核,因此研究原子结构,主要就是研究原子核外电子运动状态。本章运用量子理论的观点来揭示核外电子的排布规律。原子结构量子力学模型的建立,大体经历了四个阶段。1803 年,“近代化学之父”道尔顿(J. Dalton)建立了“原子说”,他认为一切物质都是由不可再分割的原子组成。道尔顿的学说为物质结构奠定了理论基础;1897 年,英国物理学家汤姆逊(J. J. Thomson)通过阴极射线的偏转实验,发现了带负电荷的电子,从而打破了道尔顿的原子不可分的观点。人们对物质结构的认识进入了一个重要的发展阶段;1911 年,英国物理学家卢瑟福(E. Rutherford)利用 α 粒子轰击金箔的散射实验,发现了原子核,从而提出了最早的原子结构模型——“行星模型”;1913 年,丹麦物理学家玻尔(N. bohr)研究氢原子光谱产生的原因,在经典力学的基础上,他吸收了量子论和光子学理论,取代了卢瑟福的“行星模型”,建立了玻尔原子模型。玻尔理论在解释原子结构时引入了电子能量量子化的观点,具有重要的历史意义。但由于该理论是建立在经典力学的基础上,将电子看作经典力学中的粒子,因此玻尔理论未能反映微观粒子的特性及运动的基本规律。作为微观粒子的核外电子,它运动的特殊性必须用量子力学的方法来描述。

第1节 原子核外电子的运动状态

一、原子核外电子运动的特殊性

(一) 波粒二象性

19 世纪人们已经认识到,光具有波粒二象性(wave-particle duality)——波动性和粒子性。波动性是指光的干涉、衍射现象;粒子性是指光与实物接触进行能量交换时表现出的现象,如质量、速度、能量及动量等。

法国物理学家德布罗意(L. de. Broglie)在从事量子理论研究时,受光的波粒二象性的启发,大胆提出物质波假设:一切运动的微观粒子(如电子、中子、原子等)都具有波粒二象性,并推导出类似光的微观粒子的波粒二象性关系式:

$$\lambda = \frac{h}{p} = \frac{h}{mv} \tag{2-1}$$

式中,λ 为粒子的波长,表明它的波动性特征;p 为粒子的动量,m 为质量,v 为速度,表明了它的粒子性特征。通过普朗克常数 h 将两者联系起来。

美国物理学家戴维逊(C. J. Davisson)和革尔麦(L. H. Germer)用电子束代替 X 射线,轰击一块镍金属晶体薄层,得到与 X 射线衍射图像相似的衍射照片,如图 2-1 所示。照片显示具有一系列明暗相间的衍射环纹,这是由于波互相干涉的结果。电子衍射实验结果证明,电子运动具有与光相似的波动性。电子不仅是一种具有一定质量高速运动的带电粒子,而且还能呈现波动的特性。电子显微镜就是利用高速运动的电子束代替光波的一种显微镜。

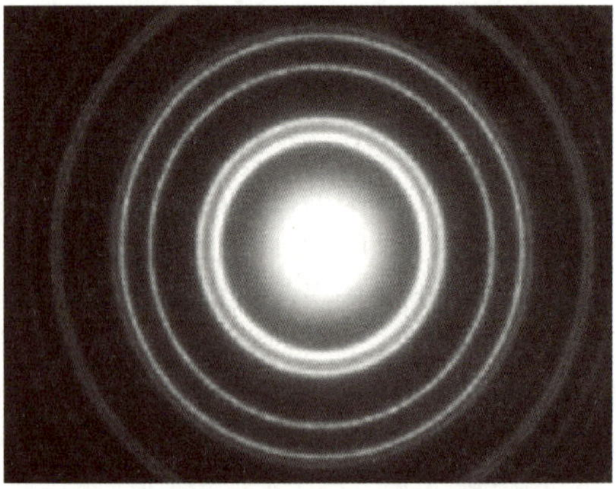

图 2-1　X 射线、电子衍射示意图

(二)测不准原理

按照经典力学,物体运动有确定的轨道。我们可以测定物体在任一瞬间的位置和动量(或速度)。而对于具有波粒二象性的微观粒子,由于质量很小,运动速度极快,运动空间小,因此不能同时准确测定它们的位置和动量。

1927 年,德国科学家海森堡(W. Heisenberg)提出了著名的测不准原理(uncertainty principle):

$$\Delta x \Delta p \geqslant h/4\pi \tag{2-2}$$

式中,x 为微观粒子在空间某一方向的位置坐标;Δx 为确定粒子位置时的不准量;Δp 为确定粒子动量的不准量;h 为普朗克常数。由式(2-2)可推知:Δx 越小,即粒子位置的测定准确度越大,则 Δp 越大,即动量的准确度越小;反之亦然。换而言之,对微观粒子无法同时准确测定其动量和空间位置。根据量子力学理论,对微观粒子如电子的运动状态,只能用统计学的方法来描述它在空间出现机会的多少,即概率的大小,而不能用经典力学的固定轨道来描述。

（三）统计性规律

现在用统计学的观点来看电子衍射，让一束弱的电子流穿越晶体投射到照相底板上，相当于电子一个一个地射出。开始时，相片底板看不出电子落入的规律性，仅仅能看到一些无规律的斑点，但是随着发射的电子越来越多，可以看到底板上出现了有规律的衍射图像，如图 2-1 所示。亮斑强度大的地方，电子出现的概率就大；反之，亮斑强度弱的地方，电子出现的概率就小。电子衍射图像说明了电子在核外空间区域出现的概率特征，这也是微观粒子运动的特殊性。

二、波函数

宏观物体的运动状态可以根据经典力学的方法，用坐标和动量来描述。但对于微观粒子的运动状态，根据测不准原理，我们是无法用坐标和动量进行描述的，必须用量子力学来描述。奥地利物理学家薛定谔（E. Schrödinger）根据电子的波粒二象性，建立了描述微观粒子运动状态的波动方程，即薛定谔方程（Schrödinger equation）：

$$\frac{\partial^2 \Psi}{\partial x^2}+\frac{\partial^2 \Psi}{\partial y^2}+\frac{\partial^2 \Psi}{\partial z^2}+\frac{8\pi^2 m_e}{h^2}(E-V)\Psi=0 \tag{2-3}$$

式中，Ψ 为波函数，是空间坐标 x、y、z 的函数；E 为体系中电子的总能量（动能与势能之和）；V 为势能；m_e 为电子的质量；h 为普朗克常数。

薛定谔方程中的质量、动量及波函数体现了电子的波粒二象性。波函数 Ψ 是薛定谔方程的函数解。量子力学用波函数来描述原子核外电子的运动状态，因此常把波函数 Ψ 称为原子轨道（wave function）。但要注意，这里所说的原子轨道与宏观物体的运动轨道的概念不同，它是指原子核外电子在核外运动的空间范围。Ψ 作为薛定谔方程的函数解有很多，但从物理意义上来看，这些函数解不一定都是合理的。为了得到电子的运动状态合理解，必须引用只能取某些整数值的 3 个参数（n,l,m），称它们为量子数（quantum number）。解薛定谔方程，就是解出对应一组 n,l,m 的波函数 $\Psi_{n,l,m}$ 及其相应的能量 $E_{n,l}$。

为了描述电子自旋运动的特征，又引入了一个自旋量子数 m_s。这样就可以用 n,l,m,m_s 这四个量子数来准确完整地描述原子核外电子的运动状态。

三、四个量子数

（一）主量子数 n

主量子数用来描述电子出现最大概率区域离核的距离，是决定电子运动能量高低的主要因素。n 越大，电子离核的平均距离越远，能量越高。n 的取值为除零外的正整数，即 1、2、3…n。其中每一个 n 值代表一个电子层，电子层也可以用光谱学符号表示，分别对应为 K、L、M、N、O、P、Q 等。

对单电子的原子或离子来说，电子的能量完全由 n 决定。n 越大，电子的运动能量越高。

（二）角量子数 l

角量子数是用来描述原子轨道形状，也是决定多电子原子中的电子能量的重要因素。在同一电子层中，l 越大，原子轨道能量越大，电子的能量越高。l 的取值受主量子数 n 的限制，可取 0、1、2、3…($n-1$)的正整数，共可取 n 个值。例如，$n=1$，l 只能取 0；$n=2$，l 可取 0、1 两个值。l 的每一个取值对应着一个电子亚层及原子轨道形状，按光谱学习惯，电子亚层可用符号 s、p、d、f…表示。其中 s 亚层的轨道形状为球形对称，p 亚层为哑铃形，d 亚层为花瓣形，f 亚层较为复杂。主量子数 n 与角量子数 l 对应关系见表 2-1。

表 2-1　主量子数与角量子数对应关系

n 的取值	1	2		3			4			
电子层	一	二		三			四			
l 的取值	0	0	1	0	1	2	0	1	2	3
电子亚层	1s	2s	2p	3s	3p	3d	4s	4p	4d	4f

(三) 磁量子数 m

磁量子数是用来描述原子轨道的空间伸展方向。它的取值受到角量子数的限制，可取从 $-l$ 到 $+l$ 包括 0 在内的($2l+1$)个值。即 m 的取值为 0，±1，±2…±l。例如，当 $l=2$ 时，$m=0$，±1，±2。每一个 m 的取值代表原子轨道的一种空间伸展方向，当 $l=2$ 时，m 有 3 个取值，说明 d 轨道有五种伸展方向。对于 n 和 l 相同，m 不同的轨道其能量基本相同，我们称之为等价轨道或简并轨道。例如，当 $l=1$ 时，为 p 亚层，m 有三种取值，则 p 亚层有 3 个等价轨道。磁量子数与角量子数的关系及它们确定的空间伸展方向见表 2-2。

表 2-2　磁量子数与角量子数对应关系

l 的取值	0	1	2	3
电子亚层	s	p	d	f
m 的取值	0	0，±1	0，±1，±2	0，±1，±2，±3
伸展方向	一种	三种 3 个等价轨道	五种 5 个等价轨道	七种 7 个等价轨道

(四) 自旋量子数 m_s

电子在围绕原子核运动的同时，本身还有自旋运动，描述电子自旋运动的量子数称为自旋量子数，用 m_s 表示。m_s 的取值只有 +1/2 和 −1/2 两种，相当于顺时针和逆时针两种方向，通常用向上的箭头“↑”和向下的箭头“↓”表示。每一个原子轨道最多可容纳自旋方向相反的两个电子。

综上所述，四个量子数可以确定电子在原子核外的运动状态，并且这四个量子数的取值是相互制约。因此根据四个量子数之间的关系则可以计算出各电子层中电子可能有的运动状态数。

四、电子云

波函数用于描述核外电子的运动状态，但由于其物理意义不够明确，所以常用它的角度分布图，又称原子轨道分布图来更直观地理解波函数。s、p、d 各种原子轨道的角度分布图如图 2-2 所示。

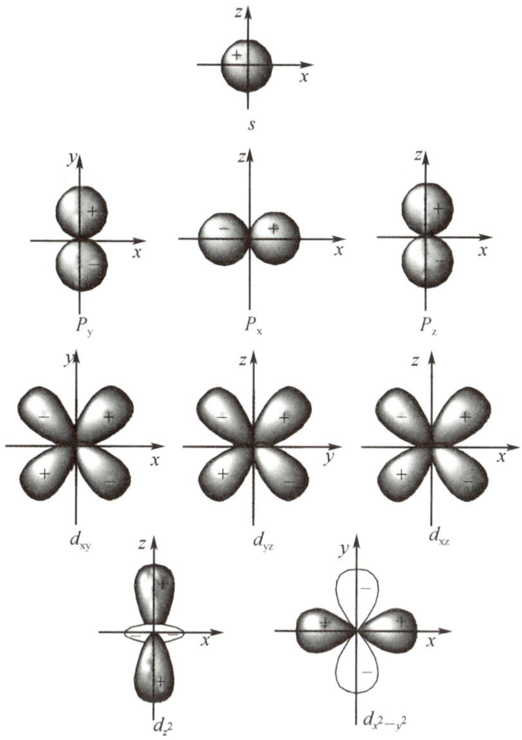

图 2-2 s、p、d 各种原子轨道的角度分布图

注意原子轨道的角度分布图与主量子数无关。例如,1s、2s、3s 其角度分布图都是完全相同的球形曲面。另外原子轨道角度分布图中,各个波瓣“+”和“-”号代表函数值符号,反应电子的波动性,不应理解为电荷符号。原子间成键时,成键两个原子的轨道符号相同的波瓣相互加强,反之则减弱或抵消,其意义在讨论分子结构时应用。

统计学较好地解释了电子的波函数的意义。电子在核外空间出现机会统计的结果得到电子的概率密度(probability density)分布,即 $|\Psi|^2$,习惯上用小黑点分布的疏密来表示电子在某处出现概率密度的相对大小。用此方法得到的图形像笼罩在原子核周围的一层带负电的云雾一样,形象地称为电子云(electron density)。黑点密集的地方表示电子的概率密度大,黑点较稀疏的地方表示电子的概率密度较小,如图 2-3 所示。

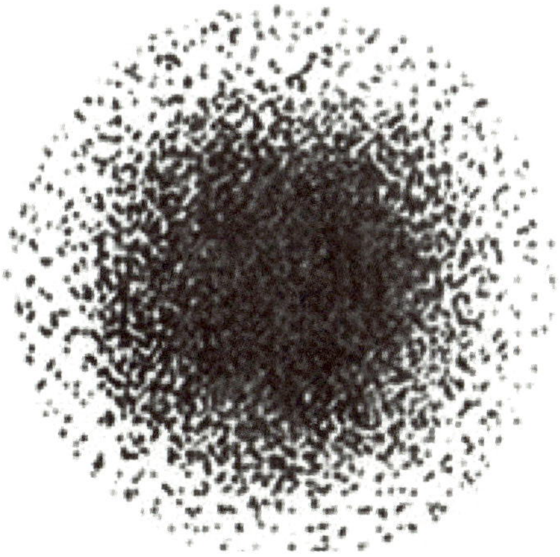

图 2-3 氢原子 1s 电子云示意图

对于不同运动状态的电子，它的波函数 Ψ 不相同，因此其 $|\Psi|^2$ 图形，即电子云图也各不相同，如图 2-4 所示。

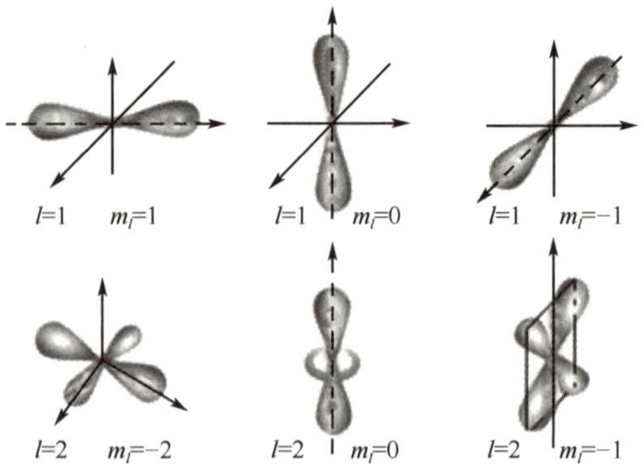

图 2-4　p、d 轨道电子云示意图

注意电子云正确的意义并不是说电子真的像云那样分散，不再是一个粒子，而是电子行为统计结果的一种形象表示。通过电子云图形，可以直观地了解到电子在原子核外的某个区域单位体积内出现概率的大小。

第 2 节　原子核外电子排布

一、多电子原子轨道能级

多电子原子轨道能量由 n、l 决定。在多电子原子中，电子的排布应使原子能量最低，这样体系才能最稳定。

美国化学家鲍林（L. Pauling）根据光谱实验的结果，总结出多电子原子中电子填充各原子轨道能级顺序，如图 2-5 所示。图中每一个方框代表一个能级组，每一个圆圈代表一个原子轨道。将能级相近的原子轨道排为一组，分为七个能级组。按照能量由低到高的顺序自下向上排列，同一能级组内各能级之间原子轨道能量相差较小，而不同能级组的原子轨道能量相差较大。

由能级图可以看出以下几点：

（1）当 n 相同，l 不同时，l 越大，轨道能量越高，例如：

$$E_{ns}<E_{np}<E_{nd}<E_{nf}$$

（2）当 l 相同，n 不同时，n 越大，轨道能量越高，例如：

$$E_{1s}<E_{2s}<E_{3s}<E_{4s}$$

（3）当 n，l 均不相同时，一般来说 n 越大，轨道能级越高。但从第四能级组开始出现了低主量子数小反而能量高的反常现象，称为能级交错（energy level interlaced）现象。例如：

$$E_{4s}<E_{3d};E_{5s}<E_{4d};E_{6s}<E_{4f}<E_{5d}$$

以上原子轨道能级高低变化的情况，可用“屏蔽效应”和“钻穿效应”来解释。

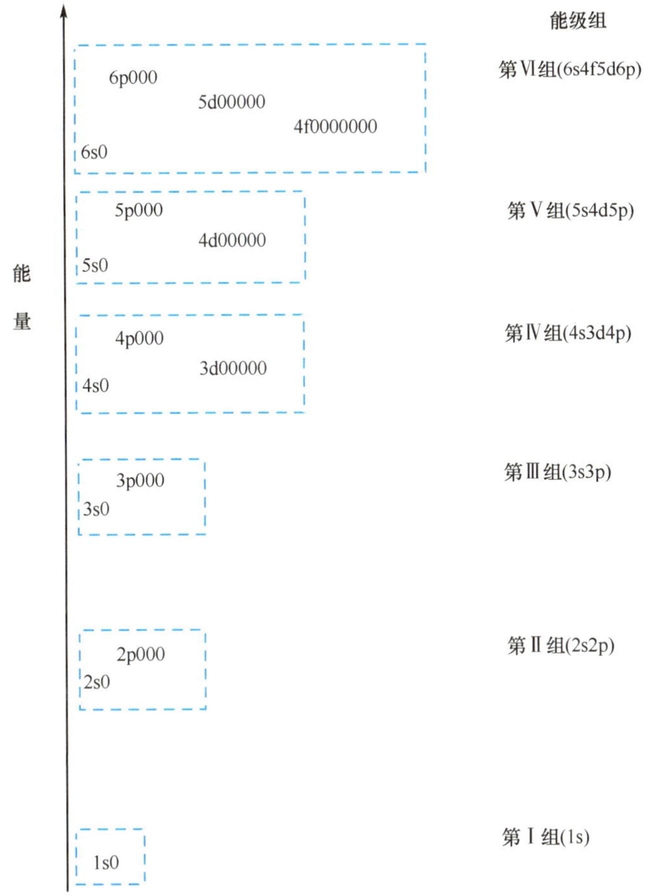

图 2-5 鲍林原子轨道近似能级图

1. 屏蔽效应(screening effect) 在多电子原子中,电子不仅受到原子核的吸引,而且它们彼此之间也存在着相互排斥作用。电子间的排斥作用与原子核对电子的吸引作用恰好相反,相当于其他电子屏蔽住了原子核,从而抵消了一部分的核电荷,使有效核电荷数降低,削弱了原子核对该电子的吸引作用。我们把这种由于其他电子对某电子的排斥作用,导致核电荷吸引作用被部分抵消的效应,称为其他电子对某电子的屏蔽效应。一般来说内层电子对外层电子的屏蔽作用大,并且离核越近的电子对外层电子屏蔽作用越强,离核越远的电子受其内层电子屏蔽作用越强,外层电子对内层电子几乎无屏蔽作用。

当 l 相同,n 不同时,n 越大,轨道离核越远,内层电子对外层电子的屏蔽效应也就越大,从而原子核对该轨道电子的引力就越弱,轨道能量越高。因此有:

$$E_{1s}<E_{2s}<E_{3s}\cdots$$

$$E_{2p}<E_{3p}<E_{4p}\cdots$$

2. 钻穿效应(penetration effect) 能量高的电子在离核较远的区域出现的概率大,但在离核较近的区域也有出现,只是概率较小。将离核较远的电子可能钻到离核较近的内层空间,从而更接近原子核引起能级能量变化的现象称为钻穿效应。

当 n 相同,l 不同时,由于钻穿能力 $ns>np>nd>nf$,所以原子核对电子吸引力 $ns>np>nd>nf$。电子的钻穿能力越小,受其他电子的屏蔽作用就越大,核对其吸引力越弱。因此有:

$E_{ns}<E_{np}<E_{nd}<E_{nf}$。

当 n,l 均不相同时,一般来说,当 n 大于 3 后,外层电子由于 l 不同引起的能量差别相当大。例如,4s 的能级之所以低于 3d,就是由于 4s 的钻穿能力强于 3d,使核对它的引力增强,从而使轨道能级降低的作用超过了 n 增大使轨道能级升高的作用,因此 $E_{4s}<E_{3d}$,出现能级交错现象。

二、原子核外电子排布规律

(一) 原子核外电子排布规则

多电子原子核外电子的排布遵循以下规则。

1. 能量最低原理 核外电子在原子轨道上分布时,总是尽先占据能量最低的轨道,然后依次进入能量较高轨道。在整个排布过程中,电子的排布结果一定要使原子能量达到最低,这个规律称为能量最低原理。原子轨道近似能级图由低到高依次为 1s;2s2p;3s3p;4s3d4p;5s4d5p;6s4f5d6p。例如,17 号元素 Cl 的电子排布式为 $1s^22s^22p^63s^23p^5$。

2. 泡利(Pauli)不相容原理 在同一原子中,不可能存在四个量子数(n,l,m,m_s)完全相同的两个电子,即每一个原子轨道最多只能容纳自旋方向相反的两个电子,称为泡利不相容原理。

3. 洪特(Hund)规则 在 n 和 l 相同的等价轨道上分布的电子,应尽可能分占 m 不同的轨道,且自旋方向相同。因为电子只有采取这种排布方式,才能使原子的总能量最低。例如,p 轨道有 3 个等价轨道,N 原子的 2p 轨道有 3 个电子,按照洪特规则:

N原子的2p应该是: 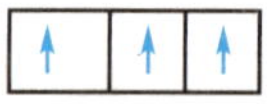

而不是: 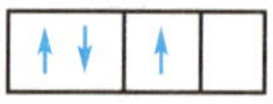

量子力学理论指出,在等价轨道上的电子排布半充满(s^1、p^3、d^5)、全充满(s^2、p^6、d^{10})和全空(s^0、p^0、d^0)的状态时,原子具有较低的能量和较大的稳定性。

(二) 原子核外电子排布

原子的核外电子排布主要根据上述原理和洪特规则,按照鲍林能级图的顺序依次填充原子轨道。电子在核外的排布情况可以用电子排布式来表示。

例如:F 的电子排布式为 $1s^22s^22p^5$,其价电子层结构为 $2s^22p^5$。

Cr 的电子排布式为 $1s^22s^22p^63s^23p^63d^54s^1$或[Ar] $3d^54s^1$,其价电子层结构为 $3d^54s^1$。

电子是按能级图的顺序进行填充的,但书写电子排布式时,要将相同主量子数的轨道排在一起。为了避免电子排布式过长,通常把内层电子已达到稀有气体结构的部分写成稀有气体元素符号,并用“[ ]”括起来,称为“原子实”,如 Cr 的电子排布式。价电子是指参与反应的电子,电子排布式中价电子所在的亚层电子排布称为价电子层结构。另外需要注意的是 Cr 的电子排布式为[Ar] $3d^54s^1$,而不是[Ar] $3d^44s^2$。这是由于 3d ^{5}和为 $4s^1$均为半充满结构,是一种能量较低的稳定结构。同理$_{29}$Cu 的电子排布式为[Ar] $3d^{10}4s^1$,而不是[Ar] $3d^94s^2$。

应该说明,核外电子排布规则只是一般规律,绝大多数原子核外电子的实际排布与这些规则是一致的。但随着核电荷数的增多,有些副族元素,特别是第 6、7 周期的某些元素,光谱实验测定结果并不能用排布规则圆满解释。

第3节 原子的电子层结构和元素周期律

一、原子结构与元素周期律的关系

元素的性质随着核电荷数的递增而呈现周期性的变化规律称为元素周期律。元素的性质之所以呈现周期性的变化规律，主要是最外电子层结构的周期性变化。都是从碱金属到稀有气体，元素重复呈现某些相似的性质。元素周期表是元素性质的表现形式，而原子的电子层结构是构成元素周期表的基础。

（一）原子的电子层结构与周期的划分

周期表中共有七行，每一行代表一个周期，共有七个周期。其中1、2、3为短周期，4、5、6为长周期，第7周期为不完全周期。能级组的形成是元素划分周期的根本原因，每一能级组对应一个周期，见表2-3。

表2-3 周期与能级组的关系

能级组	能级组数	周期序数	元素数目	周期名称	最多容纳电子数
1s	一	1	2	特短周期	2
2s2p	二	2	8	短周期	8
3s3p	三	3	8	短周期	8
4s3d4p	四	4	18	长周期	18
5s4d5p	五	5	18	长周期	18
6s4f5d6p	六	6	32	特长周期	32
7s5f6d7p	七	7	未完	未完成周期	

由表2-3可得出，元素所在的周期序数与该元素的电子层数和能级组数是相同的。

（二）原子的电子层结构与族的划分

原子的价电子层结构相似的元素排在同一纵行，称为族。元素周期表中共有18个纵行，其中第8、9、10并成一族，称为第Ⅷ族，其余包括七个主族、七个副族和一个0族。

1. 主族和0族 主族包含长周期和短周期元素。七个主族分别用ⅠA、ⅡA、ⅢA、ⅣA、ⅤA、ⅥA、ⅦA表示。主族元素的族序数与原子的最外层电子数和该族元素的最高氧化数相同。在同一主族内，虽然不同元素原子的电子层数不同，但都有相同的外层电子数，因此同一主族元素的性质非常相似。主族元素的价电子层构型为$ns^{1\sim2}$或$ns^2np^{1\sim5}$。0族为稀有气体元素，它的价电子层结构为$1s^2$和ns^2np^6。

2. 副族和Ⅷ族 只包含长周期元素的各纵行，称为副族。七个副族分别用ⅠB、ⅡB、ⅢB、ⅣB、ⅤB、ⅥB、ⅦB表示。ⅠB、ⅡB族元素，为$(n-1)d^{10}$电子层结构，族序数等于ns轨道的电子数，即最外层电子数。ⅢB～ⅦB族，族序数等于$(n-1)d$与ns轨道的电子数之和，即价电子层电子总数。Ⅷ族处于周期表的中间，共有三个纵行，价电子层结构为$(n-1)d^{6\sim10}ns^{0\sim2}$。在化学反应中，副族元素除了失去最外层$ns$的电子外，还能失去一部分次外层

$(n-1)$d 的电子，因此其价层电子包括最外层和次外层电子。

(三) 原子的电子层结构与区的划分

周期表中的元素除了按周期和族划分外，还可以根据原子的电子层结构分为五个区，如图 2-6 所示。

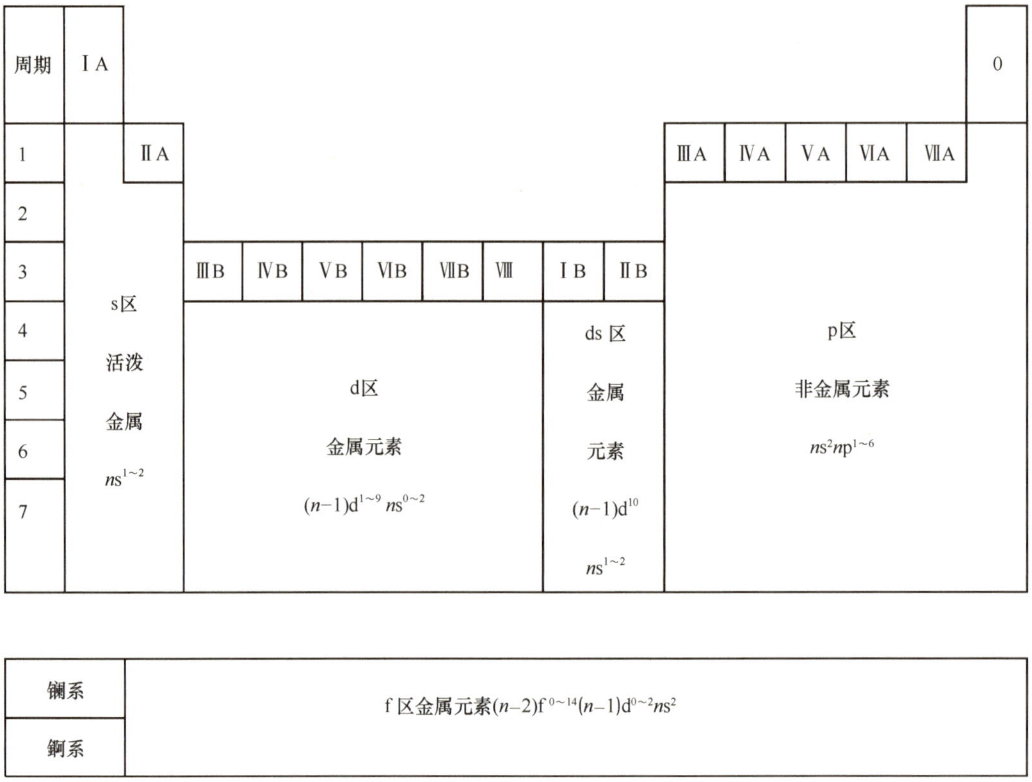

图 2-6　周期表中元素分区

1. s 区　包括ⅠA 族的碱金属和ⅡA 族的碱土金属，它们都是活泼金属(H 除外)，在化学反应中易失去电子而形成+1 或+2 价的阳离子。s 区的价电子层结构为 $ns^{1\sim2}$。

2. p 区　包括ⅢA～ⅦA 的主族元素和 0 族元素，它们大部分为非金属元素。除 He 外，该区元素的价电子层结构为 $ns^2np^{1\sim6}$。

3. d 区　包括ⅢB～ⅦB 的副族元素和Ⅷ族元素，它们都是金属元素。该区元素的价电子层结构为 $(n-1)d^{1\sim9}ns^{0\sim2}$。

4. ds 区　包括 IB 和ⅡB 族元素，都是金属元素。该区元素的价电子层结构为 $(n-1)d^{10}ns^{1\sim2}$。

5. f 区　包括镧系和锕系元素，该区元素的价电子层结构为 $(n-2)f^{0\sim14}(n-1)d^{0\sim2}ns^2$。该区元素由于最外两层电子数基本相同，所以它们的化学性质非常相似。

二、元素某些性质的周期性

元素的性质与原子电子层结构有关，由于电子层结构的周期性变化，因此元素的性质如原子半径、电离能、电负性及氧化数等，也呈现明显的周期性变化。

（一）原子半径

根据相邻原子间作用力的不同，原子半径分为共价半径、范德华半径和金属半径三类。共价半径是指同种元素的两个原子以共价键结合时，它们核间距离的一半；范德华半径是指在分子晶体中，相邻分子间两个邻近的非成键原子的核间距离的一半；金属半径是指在金属晶体中，相邻的两个接触原子的核间距离的一半。通常类种半径中，共价半径和金属半径是原子处于键合状态的半径，比范德华半径要小。在比较元素的某些性质时，原子半径取值需用同一套数据。在讨论原子半径在周期系中的变化时，我们采用的是共价半径，而稀有气体通常为单原子分子，因此只能采用范德华半径。如图 2-7 中列出了 1~6 周期元素的原子半径。

H 32																	He 93
Li 123	Be 89											B 82	C 77	N 70	O 64	F 64	Ne 112
Na 154	Mg 136											Al 118	Si 117	P 110	S 104	Cl 99	Ar 154
K 203	Ca 174	Sc 144	Ti 132	V 122	Cr 118	Mn 117	Fe 117	Co 116	Ni 115	Cu 117	Zn 125	Ga 126	Ge 122	As 121	Se 117	Br 114	Kr 169
Rb 216	Sr 191	Y 162	Zr 145	Nb 134	Mo 130	Tc 127	Ru 125	Rh 125	Pd 123	Ag 134	Cd 148	In 144	Sn 140	Sb 141	Te 137	I 133	Xe 190
Cs 235	Ba 198		Hf 144	Ta 134	W 130	Re 128	Os 126	Ir 127	Pt 130	Au 134	Hg 144	Tl 148	Pb 147	Bi 146	Po 146	At 145	Rn

镧系元素

La 169	Ce 165	Pr 164	Nd 164	Pm 163	Sm 162	Eu 185	Gd 162	Tb 161	Dy 160	Ho 158	Er 158	Tm 158	Yb 170	Lu 158

图 2-7 元素原子半径的周期性变化

1. 同一周期从左到右元素原子半径依次减小 同一周期元素原子的电子层数不变，随着原子序数的增大核对外层电子的引力逐渐增强，因此原子半径依次减小。但是周期中最后一个稀有气体的原子半径却变大，这是由于稀有气体的原子半径采用范德华半径的原因。对于过渡元素，其原子半径变化的幅度不大，这是由于所增加的电子填充在次外层的 $(n-1)$d 轨道上，对最外层电子的屏蔽作用大，核引力减弱，因此过渡元素的原子半径依次减小的幅度缓慢。当次外电子层充满后，屏蔽作用明显增大，外层电子受核的吸引力明显降低，原子半径反而略有增加。

2. 同一主族元素，从上到下，原子半径逐渐增大 这是由于电子层逐渐增加所起的作用大于有效核电荷数增加的作用。同一副族元素，从上至下原子半径的变化趋势总体上与主族相似，但原子半径增大不是很明显。主要是由于镧系收缩的影响，使第 6 周期副族元素的原子半径都变得较小，几乎与第 5 周期副族中相应元素的原子半径相近，也导致了它们的化学性质极其相似。

（二）电离能（ionization energy）

电离能是指元素的一个气态原子在基态时失去电子成为气态阳离子所需要的能量。

若气态的基态原子失去第一个电子，此时所需的最低能量称为该元素的第一电离能，用 I_1 表示。失去第二个电子时所需能量称为第二电离能，用 I_2 表示。依次类推，分别称 I_3、I_4…由于气态阳离子的价数越高，核外电子数越少，外层电子受核的引力越大，因此失去电子就越难，所需能量也就越大。故通常情况下 $I_1<I_2<I_3<I_4\cdots$

元素的电离能反映地是原子失去电子的难易程度，电离能越大，原子越难失去电子，元素的非金属越强。通常用元素的第一电离能来比较原子失电子的能力。因为第一电离能的大小与原子的电子层数、原子半径及核电荷数有关，因此在周期表中也呈现周期性的变化，如图 2-8 所示。

1. 同一周期元素第一电离能的变化 从左到右，电离能的总体趋势是增大的。这是因为同周期元素从左至右，核电荷数逐渐增多，原子半径逐渐减小，原子核对外层电子的引力逐渐增大，所以越不易失去电子，元素金属性越弱。但如图 2-8 所示，电离能在总体增大的情况下，出现了小的起伏。例如，Be、N 元素的电离能分别比 B、O 高，这与前者的价电子层结构有关，Be 为 $2s^2$，N 为 $2s^22p^3$，s 亚层和 p 亚层是全充满和半充满结构，失去一个电子所需的电离能较高。而后者失去一个电子后变成全充满和半充满状态，电离能较低。

2. 同一主族元素第一电离能的变化 从上到下，电离能逐渐减小。这是因为同主族元素从上至下，电子层数逐渐增多，原子半径逐渐增大，且增大的趋势大于核电荷数增多的趋势，所以电子越来越容易失去，元素的金属性越来越强。

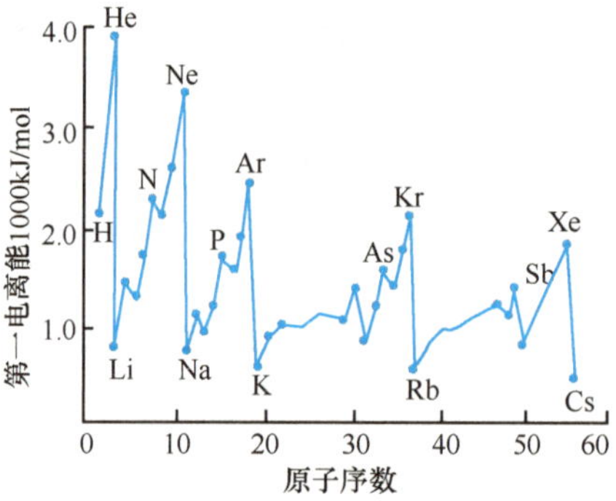

图 2-8 元素第一电离能的周期性变化

（三）元素的电负性（electronegativity）

在分子中，为了全面地衡量各原子间争夺电子的能力的大小，1932 年鲍林提出了电负性的概念。元素的电负性是指原子在分子中吸引电子的能力，它的大小反映了元素金属性和非金属性的强弱。电负性大，则元素原子吸引成键电子的能力强，元素的非金属性也就越强，反之则弱。电负性通常用符号 X 表示，并指定氟的电负性为 4.0，从而比较出其他元素的电负性大小。图 2-9 列出了各元素的电负性。

从图 2-9 可以看出，元素电负性呈现周期性变化。同一周期的主族元素，从左到右，电负性逐渐增大，表明原子吸引电子的能力增强，元素的非金属性逐渐增强，金属性逐渐减弱。同一主族元素，从上到下，电负性逐渐减小，表明原子吸引电子的能力减弱，元素的金属性逐渐增强，非金属性逐渐减弱。副族元素没有明显的变化规律。通常金属元素的电负性小于 2.0，非金属元素的电负性大于 2.0，但这并不是一个严格的界限。

H 2.1																	He 0.6
Li 1.0	Be 1.5											B 2.0	C 2.5	N 3.0	O 3.5	F 4.0	Ne 1.1
Na 0.9	Mg 1.2											Al 1.5	Si 1.8	P 2.1	S 2.5	Cl 3.0	Ar 1.5
K 0.8	Ca 1.0	Sc 1.3	Ti 1.5	V 1.6	Cr 1.6	Mn 1.5	Fe 1.8	Co 1.9	Ni 1.9	Cu 1.9	Zn 1.6	Ga 1.6	Ge 1.8	As 2.0	Se 2.4	Br 2.8	Kr 1.7
Rb 0.8	Sr 1.0	Y 1.2	Zr 1.4	Nb 1.6	Mo 1.8	Tc 1.9	Ru 2.2	Rh 2.2	Pd 2.2	Ag 1.9	Cd 1.7	In 1.7	Sn 1.8	Sb 1.9	Te 2.1	I 2.5	Xe 2.0
Cs 0.7	Ba 0.9		Hf 1.3	Ta 1.5	W 1.7	Re 1.9	Os 2.2	Ir 2.2	Pt 2.2	Au 2.4	Hg 1.9	Tl 1.8	Pb 1.9	Bi 1.9	Po 2.0	At 2.2	Rn 2.2

图 2-9 元素的电负性

(四) 元素的氧化数(oxidation number)

为了描述原子的带电状态,即描述原子得失(或偏移)的程度,提出了氧化数的概念。氧化数又称氧化值,是指某元素一个原子的表观电荷数,这种表观电荷数是假设把原子间每个成键中的电子指定给电负性较大的原子而求得。

氧化数是人为规定的概念,它与元素化合价的含义不同,化合价反映的是元素形成化学键的能力。但在许多情况下,氧化数和化合价的值是相同的。绝大多数元素最高正氧化数的值等于该元素所在族的族序数,但非常活泼的非金属元素没有正氧化数,如氧的氧化数通常为-1,-2;氟的氧化数只有-1。非金属元素普遍呈现负氧化数,它们的最低负氧化数等于族序数减 8。

目标检测

一、选择题

(一) 单项选择题

1. 描述一个确定的原子轨道用以下哪组量子数(　　)

A. n　B. n,l　C. n,l,m,m_s　D. n,l,m　E. l,m

2. 决定多电子原子轨道能量的量子数是(　　)

A. n,l　B. n　C. l　D. n,l,m　E. l,m

3. 下列各组量子数不合理的是(　　)

A. $n=1,l=1,m=0,m_s=+1/2$

B. $n=2,l=1,m=0,m_s=+1/2$

C. $n=4,l=3,m=-3,m_s=-1/2$

D. $n=3,l=2,m=1,m_s=-1/2$

E. $n=4,l=3,m=-2,m_s=-1/2$

4. 下列关于电子云的说法正确的是(　　)

A. 电子云与波函数的图形相同

B. 电子云有多种图形,黑点图只是其中一种

C. 电子就像云雾一样在原子核周围运动,故称为电子云

D. 电子云是描述核外某空间电子出现的概率密度的概念

E. 电子云是 Ψ 的空间图形

5. 下列说法不正确的是(　　)

A. Ψ 是薛定谔方程的函数解,称为波函数

B. Ψ 表示电子的概率密度

C. Ψ 没有直接的物理意义

D. 波函数 Ψ 就是原子轨道

E. $|\Psi|^2$ 有明确的物理意义

6. 下列说法正确的是(　　)

A. 原子轨道就是原子核外电子运动的轨道,与宏观物体运动的轨道意义相同

B. 多电子原子中,电子的能量不仅与 n 有关,还与 l 和 m 有关

C. 波函数由四个量子数确定

D. 用 n、l、m 三个量子数来描述核外电子的运动状态

E. 氢原子中,电子的能量只取决于主量子数 n

7. 描述钾原子最外层电子运动状态的四个量子数是(　　)
   A. 4,1,1,1/2　　B. 4,4,0,+1/2
   C. 4,0,-1,+1/2　　D. 4,0,0,-1/2
   E. 4,0,+1,+1/2
8. 某元素的-1价离子的电子排布式与氩的相同,该元素是(　　)
   A. Cl　B. K　C. S　D. Ca　E. Na
9. 氮元素的电子排布式为 $1s^22s^22p_x^{2}p_y^{1}p_z^{0}$,违背了(　　)
   A. 最低能量原理　　B. 泡利不相容原理
   C. 洪特规则　　D. 能量守恒定律
   E. 质量守恒定律
10. 在 $n=4$ 的电子层中,最多容纳的电子数为(　　)
    A. 16　B. 32　C. 8　D. 14　E. 18
11. 在 $l=2$ 的电子亚层中,最多容纳的电子数为(　　)
    A. 16　B. 8　C. 18　D. 14　E. 10
12. 下列各组元素电负性大小顺序正确的是(　　)
    A. C>N>O>F　　B. H<Li<Na<K
    C. F>O>S>P　　D. Na>Mg>Al>Si
    E. O>S>P>As
13. 具有下列价电子层结构的元素中,第一电离能最大的是(　　)
    A. ns^2np^3　B. ns^2np^1　C. ns^2np^4
    D. ns^2np^2　E. ns^2
14. 当 $n=3$ 时,m 的最大取值为(　　)
    A. 0　B. 1　C. 2　D. 3　E. -3
15. 具有下列量子数的原子中,能量最高的为(　　)
    A. 2,1,1,+1/2　　B. 2,2,1,+1/2
    C. 3,1,1,+1/2　　D. 3,2,1,+1/2
    E. 3,0,1,+1/2

(二) 多项选择题

1. 在多电子原子中,具有下列各组量子数的电子中能量最高的是(　　)
   A. 3,2,+1,+1/2　　B. 2,1,+1,-1/2
   C. 3,1,0,-1/2　　D. 3,1,-1,+1/2
   E. 3,2,-1,+1/2
2. 下列说法中不正确的是(　　)
   A. 主量子数为3时,3s、3p、3d共有三条轨道
   B. 主量子数为1时,有自旋方向相反的两条轨道
   C. 在除氢以外的原子中,2p轨道能量总是大于2s轨道
   D. 电子云图中的小黑点代表电子
   E. 当 n、l 确定时,该轨道的能量也基本确定了
3. 下列各组元素的第一电离能按递增顺序排列的是(　　)
   A. Na Mg Al　B. B C N　C. Si P Cl
   D. He Ne Ar　E. K Na Li
4. 下列各组元素电负性大小正确的是(　　)
   A. H>Li　B. As<P　C. Si>C
   D. Hg>Zn　E. Cu>Ag
5. 下列能级属于同一能级组的是(　　)
   A. 2s2p3s　B. 3s3p　C. 5s4d5p
   D. 4f5d6s6p　E. 4s4p4d

二、简答题

1. 下列各组用四个量子数描述的电子运动状态,哪些是不合理的?并说明理由。
   (1) $n=3,l=3,m=3,m_s=+1/2$
   (2) $n=4,l=3,m=-2,m_s=+1/2$
   (3) $n=4,l=2,m=-1,m_s=+1$
   (4) $n=3,l=2,m=2,m_s=-1/2$
   (5) $n=3,l=2,m=0,m_s=-1/2$
2. 在下列各组中,填充合理的缺少的量子数。
   (1) $n=3,l=?,m=2,m_s=+1/2$
   (2) $n=?,l=3,m=0,m_s=+1/2$
   (3) $n=2,l=1,m=?,m_s=+1/2$
   (4) $n=4,l=1,m=1,m_s=?$
3. 根据下列原子序数,写出它们的元素符号和核外电子排布式。
   (1) 原子序数为9　　(2) 原子序数为12
   (3) 原子序数为29　　(4) 原子序数为34
4. 根据下列元素的价电子层结构,指出它们在元素周期表第几周期?哪个族?哪个区?并判断元素的金属性与非金属性。
   (1) $3s^23p^2$　(2) $4s^2$　(3) $3d^54s^2$
   (4) $3d^{10}4s^23p^4$　(5) $3d^{10}4s^2$
5. 比较大小并说明原因。
   (1) Be与B的第一电离能
   (2) N与O的第一电离能
6. 某元素的原子序数为33,试问:
   (1) 写出该元素原子的核外电子排布式。
   (2) 该元素原子有多少个电子层?多少个能级?最高能级组的电子数是多少?有多少个未成对电子?
   (3) 写出它在周期表中的位置(周期、族、区),判断是金属还是非金属?

(刘晓瀛)

第3章 分子结构

学习目标

1. 掌握：离子键的形成、特点、特征及强度影响因素，共价键的形成、特点及键型，原子杂化轨道理论，分子间作用力和氢键。
2. 熟悉：离子晶体、分子晶体和原子晶体。
3. 了解：离子的极化，分子轨道理论。

分子是参与化学反应的基本单元，物质的化学性质主要取决于分子的性质，分子的性质是由分子的内部结构决定的，因此探索和学习分子结构，对于深入了解物质的性质及其反应规律有着极其重要的意义。

分子结构主要包括以下内容：分子中相邻原子间强烈的相互作用力即化学键；分子中原子的连接次序即分子的空间构型；分子与分子之间的较弱作用力，也称分子间力或范德华力；分子的结构与物质的性质之间的相互关系等。本章将在原子结构的基础上重点讨论化学键理论、分子的构型和分子间作用力。

第1节 离子键

一、离子键的形成

1916年，德国的化学家柯色尔（W. Kossel）提出了离子键理论，当电负性相差较大的活泼金属原子和活泼非金属原子相互靠近时，电负性较小的金属原子失去电子，生成带正电荷的阳离子，电负性较大的非金属原子得到电子，生成带负电荷的阴离子。这种靠静电作用而形成的化学键称为离子键。以NaCl为例，离子键的形成可表示如下：

$$n\text{Na}(1s^2 2s^2 2p^6 3s^1) \xrightarrow{-ne} n\text{Na}^+(1s^2 2s^2 2p^6)$$

$$n\text{Cl}(1s^2 2s^2 2p^6 3p^5) \xrightarrow{+ne} n\text{Cl}^-(1s^2 2s^2 2p^6 3p^6)$$

$$n\text{Na}^+ n\text{Cl}^- \longrightarrow n\text{NaCl}$$

二、离子键的特点

形成离子键的条件是原子间的电负性相差较大，一般情况下相差1.7以上。生成的阴、阳离子可近似地看成球形电荷，因此离子可以从空间各个方向吸引带相反电荷的离子。例如，在氯化钠晶体中，每个Na^+周围吸引6个Cl^-；每个Cl^-周围也吸引6个Na^+。只要空间条件许可，离子在各个方向都可与带相反电荷的离子发生静电吸引作用，故离子键没有方向性。实验证明，在氯化钠晶体中，虽然每个Na^+周围排列着6个Cl^-，每个Cl^-周围也排列着6个Na^+，但这并不意味着它们的电性作用达到了饱和，它们仍然能够吸引带相反电荷的离子，只不过受空间条件限制，在氯化钠晶体中，每个离子周围排列着6个带相反电荷的离子，所以离子键也没有饱和性。

三、离子的特征

离子的特征一般是指离子的电荷、离子的半径和离子的电子层结构，它们在很大程度上决定着离子型化合物的性质。

（一）离子电荷

离子键的本质是静电引力，阴、阳离子间的静电引力与离子的电荷乘积成正比，与成键离子核间距离的平方成反比。离子所带电荷越多，与带相反电荷离子间的引力越大，形成的离子键就越牢固。例如，Na^+和Ca^{2+}半径相近，分别为95pm和99pm，但由于Ca^{2+}所带电荷比Na^+大一倍，所以CaO的熔点（2849K）比Na_2O的熔点（1193K）高出许多。Fe^{3+}和Fe^{2+}都是由Fe原子形成的离子，但两者及其化合物在性质上有很大差异。Fe^{3+}具有氧化性，而Fe^{2+}具有还原性；无水$FeCl_3$是棕黄色固体，而无水$FeCl_2$为白色固体。

（二）离子半径

离子半径也是决定离子间引力大小的重要因素。离子半径越小，离子间的引力越大，离子型化合物的熔沸点就越高。例如，K^+、Na^+、Li^+的电荷相同，而离子半径逐渐减小，所以它们的氟化物的熔点依次增高：KF（929K）< NaF（1268K）< LiF（1313K）。

案例 3-1

NaCl 晶体熔点高于 KCl 晶体

NaCl晶体和KCl晶体中阴、阳离子所带电荷相同，但Na^+半径小于K^+半径，所以NaCl晶体中阴、阳离子间作用力（离子键的键能）就大于KCl晶体中阴、阳离子间作用力（离子键键能），因此NaCl晶体熔点高于KCl晶体熔点。

阳离子的半径比相应的原子半径小，而阴离子的半径比相应的原子半径大。离子半径的变化规律是：同一周期从左到右，正离子的电荷数增大，离子半径逐渐减小，如$r_{Al^{3+}} < r_{Mg^{2+}} < r_{Na^+}$；同一主族从上到下，具有相同电荷的离子半径逐渐增大，如$r_{F^-} < r_{Cl^-} < r_{Br^-} < r_{I^-}$；同一元素能形成几种不同电荷的正离子时，高价的离子半径较小，如$r_{Fe^{3+}} < r_{Fe^{2+}}$。一般来说，负离子的半径较大，为130~250pm，正离子的半径较小，为10~170pm。

（三）离子的电子层结构

简单负离子最外层都是8电子的稳定电子层构型，如F^-、O^{2-}等。正离子的情况较复杂，主要有以下几种结构。

1. **2电子构型** 最外层为2个电子的稳定结构，如Li^+、Be^{2+}等。
2. **8电子构型** 最外层为8个电子的稳定结构，如Na^+、Ca^{2+}等。
3. **18电子构型** 最外层为18个电子的结构，如Zn^{2+}、Ag^+等。
4. **（18+2）电子构型** 次外层为18个电子，最外层为2个电子的结构，如Pb^{2+}、Sn^{2+}等。
5. **不饱和型** 最外层为9~17个电子的结构，如Fe^{2+}、Mn^{2+}等。

离子的电子层结构对离子键的强度有很大影响，从而也影响离子化合物的性质。例如，Na^+和Cu^+，它们的电荷相同，离子半径分别为95pm和96pm，非常相近，但电子层构型不同，NaCl易溶于水，而CuCl难溶于水。

四、离子晶体

固体可分为晶体（crystaal）和无定性体（amorphous solid）。无定性体内部质点排列不规则，没有固定的熔点，如沥青和玻璃。晶体是质点（分子、原子、离子）在空间有规律排列成的、具有一定几何形状的固体，它有固定的熔点。将晶体中质点按一定规则组成的几何形状称为晶格。每个质点在晶格中所占的位置称为晶体的结点。晶格上的结点为正负离子的晶体称为离子晶体。

知识链接

晶体的分类

晶体按其结构粒子和作用力的不同可分为四类：离子晶体、原子晶体、分子晶体和金属晶体。常见的原子晶体是周期系第ⅣA族元素的一些单质和某些化合物，如金刚石、硅晶体、SiO_2、SiC等。离子晶体是离子间通过离子键结合形成的晶体，如NaCl等，自然界中存在的离子晶体相当多。而金属单质及一些金属合金都属于金属晶体，如镁、铝、铁和铜等。分子晶体是分子间以范德华力相互结合形成的晶体，大多数非金属单质及其形成的化合物如干冰（CO_2）、I_2、大多数有机物，其固态均为分子晶体。

离子晶体中，阴、阳离子之间存在着强烈的静电作用。离子晶体化合物最显著的特点是具有较高的熔点和沸点，硬度较大，但质脆。在熔融状态或在水溶液中是电的良导体。但在固体时，离子只能在结点附近振动，所以离子晶体在固态时不导电。离子晶体大多数易溶于水。

五、离子的极化

离子带有电荷，当带相反电荷的离子靠近时，在其电场的影响下，电子云发生变形。这种使带相反电荷离子的电子云发生变形的作用称为离子的极化作用，这种过程称为离子的极化。受其他离子的极化而使离子电子云发生变形的性能称该离子的变形性。

阴阳离子都具有极化作用和变形性两个方面，由于阳离子半径一般小于阴离子半径，电场较强，所以阳离子的极化作用大，而阴离子的变形性大。在讨论离子极化时，一般考虑阳离子的极化作用和阴离子的变形性。

阳离子所带电荷越多，半径越小，极化能力越强。例如，极化能力顺序有：$Al^{3+} > Mg^{2+} > Na^+$；$Li^+ > Na^+ > K^+ > Rb^+$。

对于外电子层含有d电子的阳离子而言，由于d电子的屏蔽作用小，其极化能力较强，变形性也大。

阴离子所带电荷越多，半径越大，变形性越大。例如，变形性大小顺序有：$F^- < Cl^- < Br^- < I^-$。复杂的阴离子（如SO_4^{2-}）其变形性通常较小。

由于阴阳离子相互极化，使两个离子的电子云发生一定程度的重叠，相互极化越强，电子云重叠越多，键的极性越弱。故离子极化会引起化学键性质的改变，并影响化合物的许多性质。例如，银的卤化物中，AgF（白色）、AgCl（白色）、AgBr（淡黄色）、AgI（黄色）在水中的溶解度依次降低，而颜色从白色到黄色也依次加深。这主要是因为F^-离子半径较小，不易发生变形，Ag^+离子和F^-离子相互极化作用小，AgF属于离子晶体，易溶于水。银的其他卤化物，随着Cl^-、Br^-、I^-的顺序离子半径增大，变形性增强，同时Ag^+为18电子型离子，既有强的极化作用，又有较大变形性，所以AgCl、AgBr、AgI相互极化作用依次增大，键的共价程度增强，键的极性减弱，溶解度下降，颜色逐渐加深。

第2节　共价键和共价化合物

离子键理论说明了电负性相差较大的原子形成离子型化合物的过程和特点，但不能解释同种原子或电负性相差较小的原子如何结合成分子。1916年，美国化学家路易斯(G. N. Lewis)提出了共价学说，建立了经典的共价键理论。他认为H_2、O_2等分子是通过原子间共用电子对而使每个原子具有稳定的稀有气体原子的电子层结构。这种分子中原子间通过共用电子对形成的化学键称为共价键。例如，2个氢原子共用一对电子形成氢分子，而氮分子中2个氮原子共用3对电子。经典的共价键理论初步指出了共价键与离子键的本质区别，但不能说明共价键的本质和特性。1927年，德国化学家海特勒(Hritler)和伦敦(London)创造性地将量子力学处理原子结构的方法应用于解决氢分子的结构问题，这也标志着一门新兴的化学分支学科即量子化学的诞生。后来鲍林等又发展了这一成果，建立了现代价键理论(valence bond theory)，简称VB法，又称电子配对理论。1932年，美国化学家密立根(R. S. mulliken)和德国化学家洪德(F. hund)提出了分子轨道理论(molecular orbital theory)，简称MO法。本节重点介绍现代价键理论。

一、价键理论

(一) 氢分子共价键的形成和本质

海特勒(Heitler)和伦敦(London)用量子力学处理氢原子形成氢分子时，得到了H_2分子的能量E与核间距r的关系曲线，如图3-1所示。

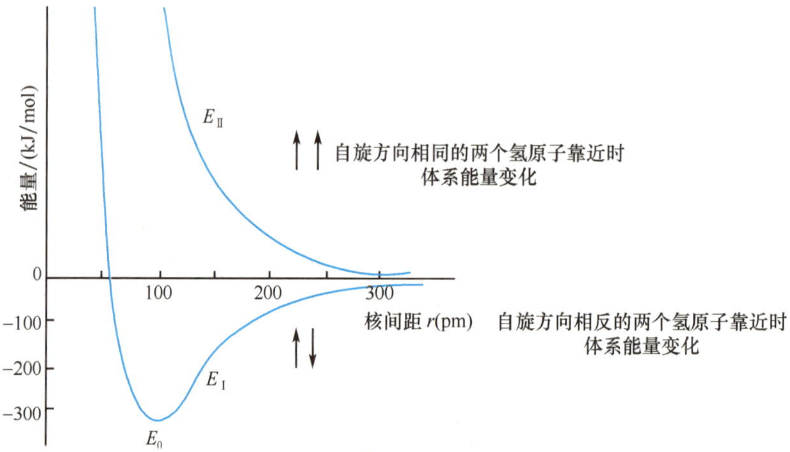

图3-1　氢分子的能量与核间距的关系

当A、B两个电子自旋方向相反的氢原子相互靠近时，2个电子同时受到2个核的吸引，电子在两核间出现的机会较多，核间电子云密度增大，2个电子的原子轨道发生重叠，体系的能量随着核间距的减小不断降低。当核间距为 r_0 时,2 个原子轨道发生最大重叠,体系能量最低,2 个氢原子间便形成稳定的共价键,即生成了稳定的氢分子,这种状态称为氢分子的基态如图 3-2a 所示。如果 2 个氢原子再靠近,核之间的斥力增大而使体系的能量升高。

当 2 个氢原子的电子自旋方向相同,相互接近时,将会产生相互排斥作用,使体系的能量高于 2 个单独存在的氢原子能量之和,它们越靠近能量越高,2 个原子轨道不能重叠,核间电子云稀疏,概率密度几乎为零,故不能形成稳定的分子,这种状态称为排斥态如图 3-2b 所示。

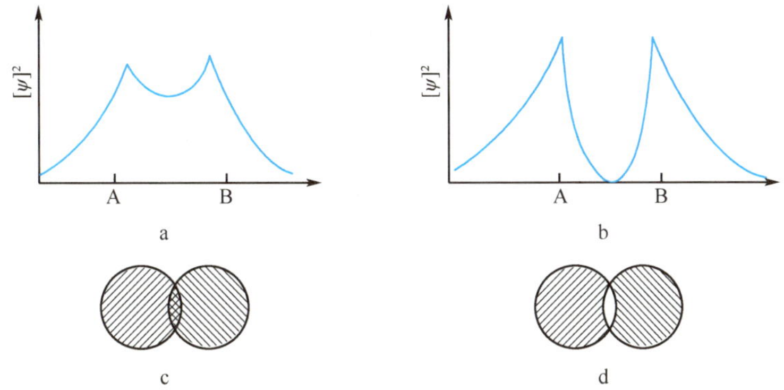

图 3-2 H_2 分子的两种状态的 $|\Psi|^2$ 和原子轨道重叠的示意图

a. 基态时的 $|\Psi|^2$;b. 排斥态时的 $|\Psi|^2$;c. 基态时的原子轨道重叠;d. 排斥态时的原子轨道重叠

(二) 价键理论的基本要点

量子力学对氢分子的处理结果,可推广到其他分子体系。其基本要点如下:

(1) 自旋方向相反的成单电子相互接近时,可相互配对,形成稳定的共价键。共用 1 对电子称为共价单键,共用 2 对或 3 对电子,则可形成双键或三键。例如,H_2 分子中是共价单键,O_2 分子中是双键,而 N_2 分子中是三键。

(2) 一个原子含有几个未成对的单电子,就只能与其他原子的几个自旋方向相反的未成对的单电子形成共价键。即 2 个自旋方向相反的单电子配对形成共价键后,就不能再与其他原子中的成单电子配对。

(3) 成键电子的原子轨道重叠越多,两核间电子的概率密度就越大,共价键越稳固,分子越稳定。因此,成键时成键电子的原子轨道尽可能按最大程度方式重叠,即最大重叠原理。

(三) 共价键的特点

形成共价键的原子既没有失去电子,也没有得到电子,而是共用电子,因此,共价键与离子键有显著的区别。共价键的特点是:

1. 饱和性 一个原子有几个未成对的电子,便可和几个自旋方向相反的单电子配对成键,这就是共价键的饱和性。例如,氢原子有 1 个未成对的电子,只能和另一个氢原子的自旋方向相反的电子配对,形成 H_2 分子。当未成对的电子和自旋方向相反的电子配对以后,就饱和了,不能再与其他电子配对。

2. 方向性 由于形成共价键时需遵循轨道最大重叠原理,即原子间总是尽可能沿着原子轨道最大重叠方向成键。原子轨道重叠越多,电子在两核间出现的机会越大,形成的共价键也就越稳定。除 s 轨道呈球性对称之外,p、d、f 轨道在空间都有一定的伸展方向,p、d、f

轨道只能沿着一定的方向才会有最大重叠，故共价键有方向性。例如，在形成氯化氢分子时，只有氢原子的 1s 轨道沿着 p_x 轴方向与氯原子的 p_x 轨道成键时，轨道重叠最多，才能形成稳定的共价键，如图 3-3a 所示。而图 3-3b 和图 3-3c 均表示原子轨道重叠较少，不能形成稳定的共价键。

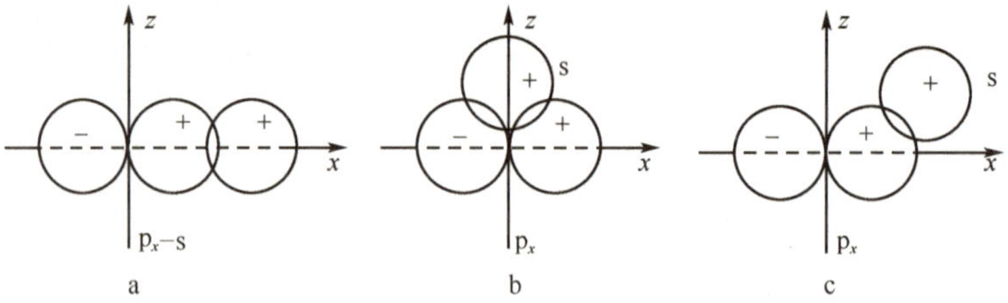

图 3-3　氯化氢分子的成键示意图

a. 1s 轨道沿着 p_x 轴与 p_x 轨道重叠；b. c. 1s 轨道未沿着 p_x 轴与 p_x 轨道重叠

（四）共价键的键型

原子轨道重叠时有两种不同的方式，因此可以形成两类不同的共价键。一类是原子轨道沿着键轴（成键两原子间的核间连线）方式以"头碰头"方式重叠，这种共价键称为 σ 键；另一类是原子轨道以"肩并肩"方式重叠，这种共价键称为 π 键，如图 3-4 所示。

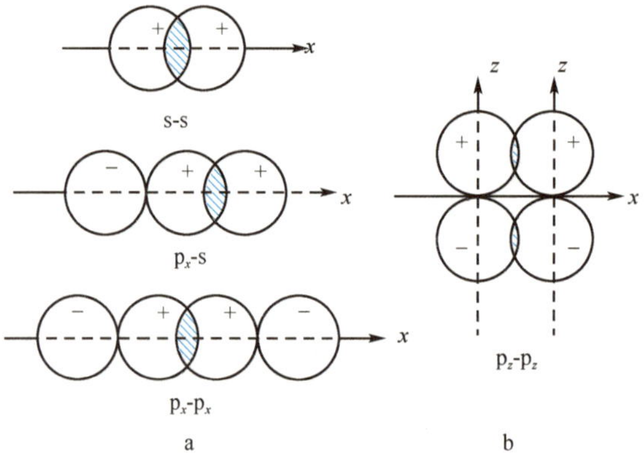

图 3-4　σ 键和 π 键示意图

a. σ 键；b. π 键

例如，当 2 个氮原子接近时，若每个氮原子的 p_x 轨道沿着 x 轴方向以"头碰头"方式重叠，就形成了 1 个 σ 键。由于 p_x、p_y、p_z 轨道相互垂直，则 2 个氮原子的 p_y-p_y 和 p_z-p_z 轨道就不能再沿着 p_x 轴方向进行"头碰头"重叠，而只能按 p 轨道对称轴相互平行的方向，以"肩并肩"方式重叠，形成 2 个 π 键，如图 3-5 所示。

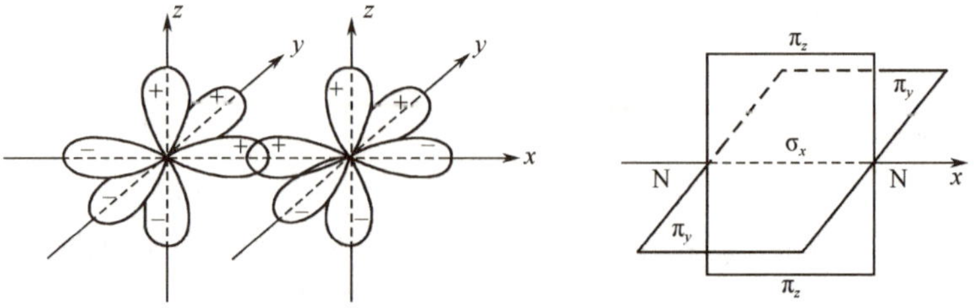

图 3-5　氮分子结构示意图

σ 键的特点:原子轨道重叠部分集中在两核之间,沿键轴呈圆柱形对称,可绕键轴任意旋转,轨道的形状和符号都不改变如图 3-6a 所示。σ 键重叠程度大,较稳定,不易断裂,化学活泼性小,可独立存在于两原子之间。

π 键的特点:原子轨道重叠部分通过键轴的平面呈镜面反对称,电子云集中在键轴的上下,呈"双冬瓜"形,通过键轴可插入一平面,称节面,在节面上电子云密度为零如图 3-6b 所示。π 键不能绕键轴任意旋转,π 键重叠程度小,易断裂,化学活泼性较大,是分子中的"薄弱"环节。π 键只能和 σ 键共存于双键或三键中。

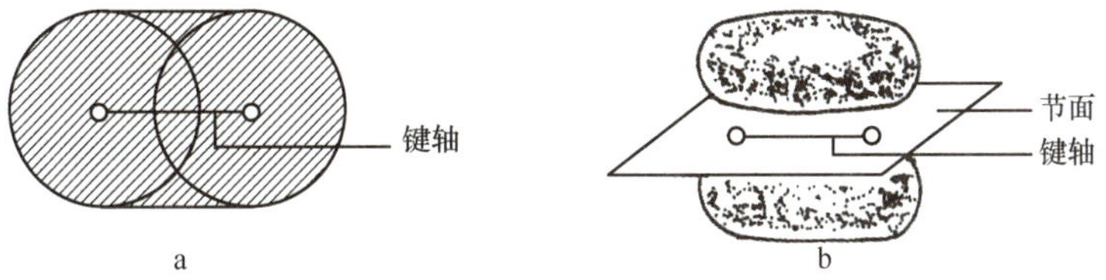

图 3-6 σ 键和 π 键电子云示意图

a. σ 键;b. π 键

案例 3-2

烯烃和炔烃加成反应时 π 键断裂

烯烃和炔烃分别是含 C═C 和 C≡C 的烃类物质,在与 Br_2 发生加成反应时,碳碳双键 C═C 和碳碳三键 C≡C 中的 π 键断裂,而 σ 键不断裂。

$$H_2C{=}CH_2 + Br_2 = BrH_2C{-}CH_2Br$$

$$HC{\equiv}CH + 2Br_2 = Br_2HC{-}CHBr$$

上面讨论的共价键,其共用电子对是由成键原子双方各提供未成对的电子组成的。还有一类共价键,其共用电子对是由成键原子中的一个原子单独提供的,这类共价键称为配位共价键,简称配位键。配位键的形成条件是:一个原子提供孤对电子,另一个原子提供接受孤对电子的空轨道。配位键一般用"→"表示,箭头指向接受电子对的原子。配位键普遍存在于化合物中,如 NH_4^+、$Fe(CO)_5$、$[Cu(NH_3)_4]^{2+}$ 等均存在配位键。有关配位键的知识将在后面章节介绍。

二、杂化轨道理论

价键理论说明了共价键的形成过程和本质,解释了共价键的饱和性和方向性,但在解释分子的空间构型时就遇到了困难。例如,CH_4 分子,实验测得该分子构型为正四面体,4 个 C-H 键之间的键角均为 109°28′,4 个 C-H 键的强度均相同。按照价键理论,碳原子有 2 个未成对电子,只能与 2 个氢原子化合形成 2 个共价键。若考虑到碳原子的 1 个 2s 电子激发到 2p 轨道上去,则碳原子就有 4 个未成对电子,可与 4 个氢原子化合生成 4 个共价键。显然这 4 个键不应该完全相同,且键与键的夹角应约为 90°;对于水分子而言,2 个 O-H 键间的夹角也应该约为 90°,而实验测得键角约为 104°30′。这些都与实验事实不相符,价键理论无法解释。

为了解释多原子分子的空间构型和稳定性,鲍林于 1931 年在价键理论的基础上,提出了"杂化轨道理论"。该理论较好地解释了大量用价键理论不能说明的事实,进一步发展了价键理论。

（一）杂化轨道理论要点

（1）在形成分子时，由于原子间的相互影响，同一原子中类型不同、能量相近（同一能级组或同一电子层）的原子轨道重新组合起来，形成一组新的原子轨道，这个过程称为轨道杂化，简称杂化。所形成的新原子轨道称为杂化轨道。

（2）有几个原子轨道参与杂化，就形成几个杂化轨道。杂化轨道与原子轨道相比，能量平均化，形态和方向都发生了变化。

（3）杂化轨道的成键能力增强。杂化后的轨道，其形状变得一头特别肥大，更利于轨道的重叠。杂化轨道方向改变，也有利于成键轨道间夹角变大，排斥力减小，分子的能量降低，分子较为稳定。

应该指出：原子轨道的杂化，只有在形成分子的过程中才会发生，孤立的原子是不会发生杂化的。另外只有能量相近的原子轨道才能杂化，而能量相差较大的原子轨道（如 1s 和 2p）不能杂化。

（二）杂化轨道类型

根据参与杂化的原子轨道的种类和数目不同，可以组成不同类型的杂化轨道。下面讨论 s 轨道和 p 轨道的杂化情况。

1. sp^3杂化　是 1 个 *n*s 轨道和 3 个 *n*p 轨道进行杂化，形成 4 个相同的杂化轨道。每个杂化轨道含 1/4s 成分和 3/4p 成分，sp^3杂化轨道间的夹角为 109°28′，空间构型为正四面体，如图 3-7 所示。现以 CH_4分子为例加以说明，碳原子的电子层结构为 $1s^22s^22p_x^12p_y^1$。根据杂化轨道理论，形成分子时，碳原子的 2s 轨道上的 1 个电子激发到 $2p_z$空轨道上，则碳原子的电子层结构变为 $1s^22s^12p_x^12p_y^12p_z^1$。碳原子的 1 个 2s 轨道和 3 个 2p 轨道进行组合，即发生了杂化，形成 4 个能量相等、组成相同的杂化轨道。

sp^3杂化轨道的形状一头大一头小，轨道间的夹角为 109°28′，大头一端指向正四面体的顶角。成键时 4 个氢原子的 1s 轨道分别沿着正四面体的顶角与碳原子的 sp^3杂化轨道重叠，形成 4 个 σ 键，如图 3-8 所示。杂化后电子云分布更为集中，成键原子轨道的重叠部分更大，成键能力更强，所以 CH_4分子很稳定。

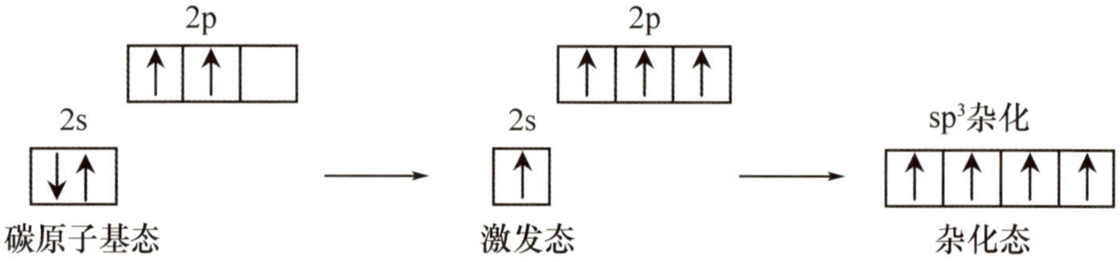

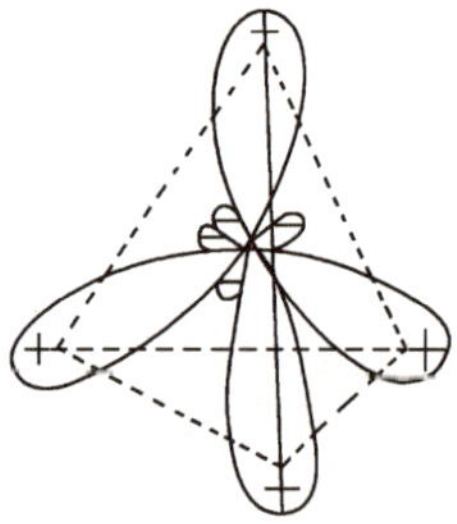

图 3-7　sp^3杂化轨道示意图

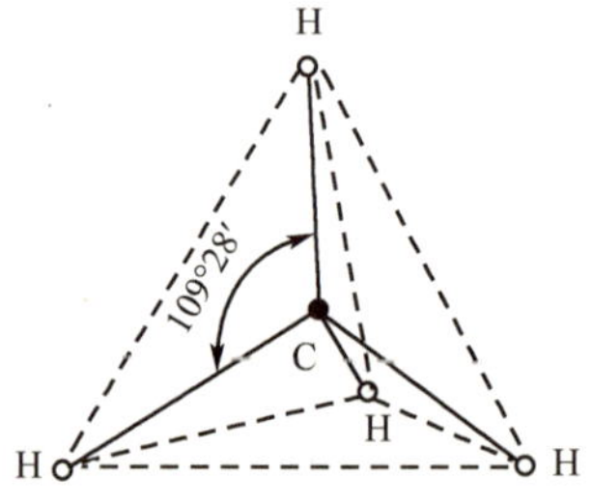

图 3-8　CH_4分子的空间结构

2. sp^2杂化 是由1个ns轨道和2个np轨道进行杂化，得到3个相同的杂化轨道。每个杂化轨道含1/3s成分和2/3p成分，sp^2杂化轨道间的夹角为120°，呈平面三角形。例如，BF_3分子，硼原子的电子层结构为$1s^22s^22p_x^1$。当硼与氟化合时，硼原子的1个2s轨道上电子激发到2p的一个空轨道中，则硼原子的电子层结构变为$1s^22s^12p_x^12p_y^1$。硼原子的1个2s轨道和2个2p轨道进行杂化，形成3个sp^2杂化轨道，杂化轨道间的夹角为120°，如图3-9所示。

成键时，3个sp^2杂化轨道分别与F原子中的2p轨道重叠，形成3个σ键，故BF_3分子具有平面三角形的结构，如图3-10所示。

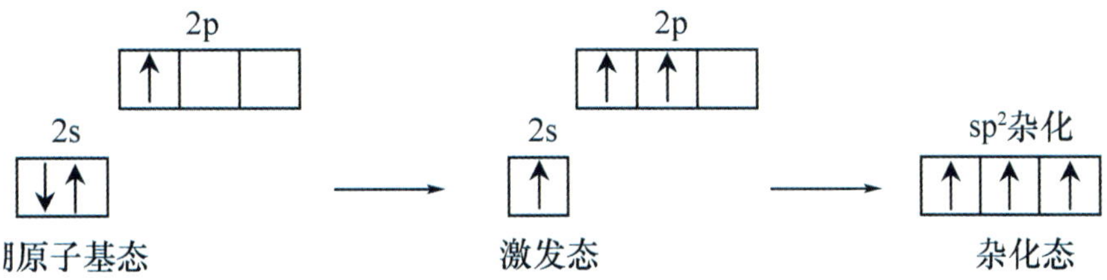

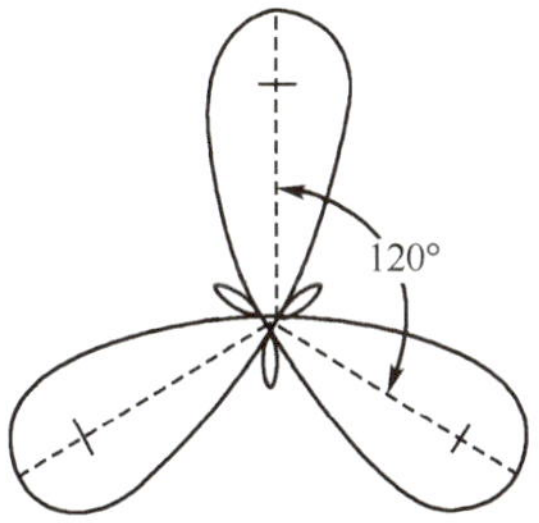

图3-9 sp^2杂化轨道示意图

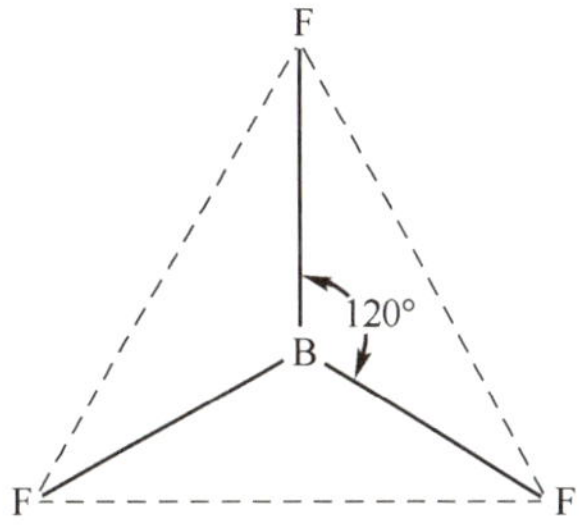

图3-10 BF_3分子的结构示意图

3. sp杂化 是1个ns轨道和1个np轨道进行杂化，得到2个相同的杂化轨道。每个杂化轨道含1/2s成分和1/2p成分，杂化轨道间的夹角为180°，呈直线型。例如，$BeCl_2$分子的结构，铍原子的电子层结构为$1s^22s^2$。形成分子时，铍原子的一个2s轨道上的电子激发到2p轨道中去，则铍原子的电子层结构变为$1s^22s^12p^1$，铍原子的1个2s轨道和1个2p轨道进行杂化，形成2个sp杂化轨道，杂化轨道间的夹角为180°，如图3-11所示。成键时这2个杂化轨道分别与氯原子中的3p轨道重叠，形成2个σ键，$BeCl_2$分子构型为直线型。

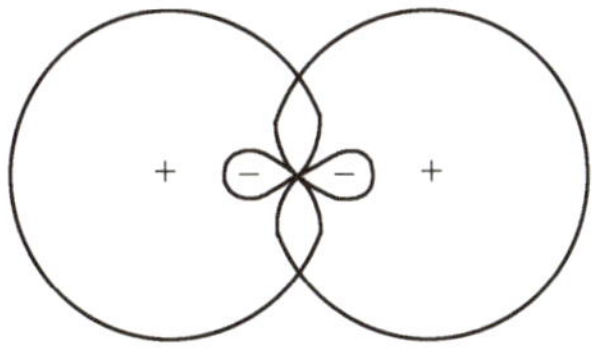

图3-11 杂化后的2个sp杂化轨道

4. 等性杂化与非等性杂化 只含未成对的单电子或不含电子的原子轨道参加的杂化，可形成完全等同的杂化轨道，这种杂化称为等性杂化。上面介绍的几种杂化都属于等性杂化。如果参与杂化的原子轨道含有孤对电子，形成的杂化轨道成分（或能量）不完全相同，孤对电子占据的杂化轨道能量较低，这种杂化称不等性杂化。下面以NH_3分子和H_2O分子为例加以说明。

NH_3分子中 N 原子的电子层结构为 $1s^2 2s^2 2p_x^1 2p_y^1 2p_z^1$，实验测得氨分子中键间夹角为 107°3′，分子的几何构型为三角锥形，可以用杂化轨道理论来解释。由于氮原子的 2s 轨道中有一对孤对电子，在形成 NH_3分子时，氮原子进行了 sp^3不等性杂化，形成的 4 个杂化轨道中的其中一个被孤对电子占据，所以能量较低。另外 3 个杂化轨道各有 1 个单电子，能量较高，3 个单电子分别与氢原子形成 N－H σ 键。由于孤对电子不参与成键，电子云较密集于氮原子周围，对成键轨道电子云有较强排斥力，使成键轨道夹角由 109°28′缩小到107°3′，这样 4 个杂化轨道的空间构型为不规则的四面体，氨分子的空间构型（即成键的 3 个杂化轨道的空间排布）为三角锥形，如图 3-12a 所示。

与 NH_3分子的形成相似，H_2O 分子中氧原子也是采用了不等性 sp^3杂化，形成 4 个不等性的 sp^3杂化轨道，其中 2 个杂化轨道分别被氧原子的孤对电子占据，另外 2 个杂化轨道各有 1 个单电子，它们分别与 H 原子形成 O－H σ 键。4 个杂化轨道在空间的排布基本上呈四面体型，但由于 2 个杂化轨道被孤对电子占据，其电子云对成键轨道的电子云斥力强，2 个 O－H 键夹角被压缩至 104°30′，水分子的几何构型为"V"形，如图 3-12b 所示。

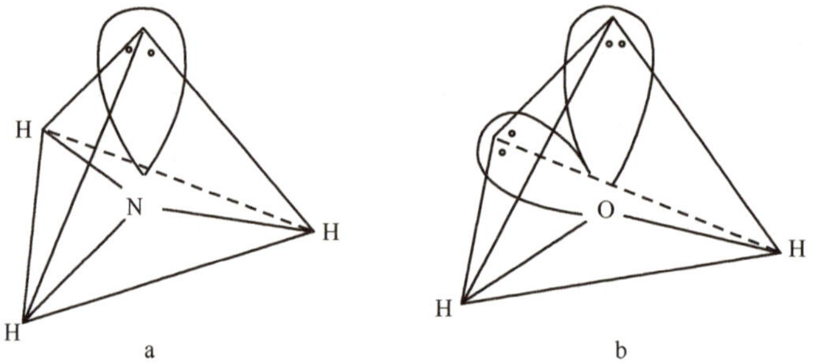

图 3-12　氨分子和水分子结构示意图

a. NH_3分子结构；b. H_2O 分子结构

三、键参数

共价键的性质可用某些物理量来表征，这些物理量统称为键参数。键参数可由实验测得，也可由理论计算得到。下面主要讨论键能、键长、键角和键的极性等参数。

（一）键能

在 298.15K 和 101.325kPa 下，断裂 1mol 键所需要的能量称为键能。键能是从能量因素衡量化学键强弱的物理量。一般来说，键能越大，化学键就越牢固。

（二）键长

分子中成键的 2 个原子核间平均距离称键长。一般来说，2 个原子之间形成的键越短，共价键就越牢固。

（三）键角

分子中键和键之间的夹角称为键角。键角是反映分子空间结构的主要参数之一。例如，水分子中 2 个 O－H 键的键角为 104°30′。则水分子为"V"形结构；CO_2分子中 2 个 C－O 键的键角为 180°，则 CO_2分子为直线形。

(四)键的极性

根据键的极性,可将共价键分为极性共价键和非极性共价键。若由 2 个相同的原子形成共价键时,它们的电负性相同,对电子的吸引力也相同,共用电子对均匀地出现在 2 个原子之间,正负电荷重心重合,这种共价键称为非极性共价键。例如,H_2、O_2、Cl_2等分子中的共价键均为非极性共价键。

如果 2 个不同的原子以共价键相结合,由于它们的电负性不同,对电子的吸引力也就不同,共用电子对偏向电负性较大的原子,电荷分布不对称。其中电负性较大的原子一端带部分负电荷,电负性较小的原子一端带部分正电荷,正负电荷重心不重合,这种共价键称为极性共价键。例如,HCl 分子中,Cl 原子的电负性较大,共用电子对偏向 Cl,使 Cl 带部分负电荷,而 H 带部分正电荷,H−Cl 键就是极性共价键。在极性共价键中,成键原子的电负性相差越大,键的极性就越大;反之亦然。

四、分子轨道理论

价键理论说明了共价键的形成和分子的空间构型,模型直观,可以用量子力学理论解释经典结构理论无法说明的问题,应用的概念诸如电负性、σ 键、π 键等易于化学家所接受,因此价键理论一经提出,便迅速受到重视并得到了广泛的应用。随着化学实践的不断发展,价键理论对某些问题无法做出满意的解释。例如,不能解释 O_2是顺磁性物质,对有机化合物分子的结构也不能很好地阐明。1932 年,人们又提出了分子轨道理论。价键理论和分子轨道理论都是研究共价键的形成和特征,并探索化学键的本质。但分子轨道理论强调分子的整体性,认为分子中的电子运动情况与在原子中有很大的不同,电子不再属于某个原子,而是在整个分子中运动,没有价键理论中明确的"键"的概念。

分子轨道理论的基本要点是:

(1) 分子中的电子围绕整个分子运动,分子中的电子处于一系列不连续的运动状态中。分子中电子的空间运动状态称为分子轨道,分子轨道是多中心的。

(2) 分子轨道由原子轨道线性组合而成。有几个原子轨道,就组合成几个分子轨道。

(3) 每一个分子轨道都有一定的能量和光谱图像。

(4) 分子轨道中电子的排布也遵循能量最低原理、泡利不相容原理和洪特规则。

用分子轨道理论处理分子结构的结果与分子光谱实验结果十分吻合,特别是光电子能谱等实验,进一步证实了分子轨道理论的正确性。从 20 世纪 50 年代开始,价键理论逐渐被分子轨道理论所替代。特别是计算机技术的广泛普及和发展,使得分子轨道理论发展十分迅速,分子轨道理论在共价键理论中的作用越来越重要。

五、原子晶体和分子晶体

若组成晶格的质点是原子,原子间通过共价键相互结合在一起,这类晶体称为原子晶体。例如,金刚石、SiO_2、SiC 等。在金刚石中,碳原子采取 sp^3杂化,以共价键彼此相连,每个碳原子都处于与它直接相连的 4 个碳原子所组成的正四面体的中心,组成了原子晶体。由于原子晶体中原子之间的共价键很牢固,所以原子晶体熔点、沸点较高,硬度较大,不导电。例如,金刚石的熔点达 3849K,硬度最大。

若组成晶格的质点是分子,分子间以微弱的分子间力相互结合形成的晶体称为分子晶体。由于分子间作用力比共价键和离子键弱得多,所以分子晶体熔点、沸点较低,硬度很小。例如，Cl_2、O_2、CO_2等都属于分子晶体。

第3节 分子间作用力和氢键

一、分子的极性

根据分子中正、负电荷重心是否重合，可将分子分为极性分子与非极性分子。若分子的正、负电荷重心重合则为非极性分子；否则为极性分子。

分子的极性与键的极性密切相关。对于双原子分子而言，分子的极性与键的极性一致。例如，Cl_2、H_2、N_2等分子，它们是由同一元素的原子组成，成键原子的电负性相等，吸引共用电子对的能力相同，形成的键为非极性键，所以它们是非极性分子。而 HCl、HBr、HI 等分子，成键原子的电负性不同，共用电子对偏向于电负性较大的原子，形成极性键，所以它们是极性分子。

对于多原子分子，如果分子中所有的键都是非极性键，则分子为非极性分子。如果分子中有极性键，分子是否有极性决定于分子的空间构型。例如，CO_2分子中 C 与 O 是极性键结合，但分子的空间构型为直线型 O=C=O，键的极性互相抵消，分子中正、负电荷重心重合，故 CO_2为非极性分子。像 H_2O 分子中 O–H 键为极性键，而 H_2O 分子的空间构型为"V"形，键的极性不能抵消，分子中正、负电荷重心不重合，故 H_2O 为极性分子。

极性分子的极性强弱，通常用偶极矩(μ)的大小来衡量。偶极矩的定义是：

$$\mu = Q \cdot d \qquad (3\text{-}1)$$

式中，Q 为正电荷重心或负电荷重心的电量，d 为正、负电荷重心之间的距离。

偶极矩为一矢量，方向由正电荷重心指向负电荷重心。偶极矩的单位为德拜(符号为 D)，$1D = 3.33 \times 10^{-30}$ C · m。

偶极矩可由实验测得，根据 μ 的数值可判断分子极性的大小。偶极矩越大，分子的极性越强。当 $\mu = 0$ 时，则 $d = 0$，分子便为非极性分子。偶极矩还可用于推测分子的空间构型。例如，已知 BF_3分子的 $\mu = 0$，而 NH_3分子的 $\mu = 1.47D$，便可推测前者分子的空间构型为平面三角形，后者为三角锥形。

二、分子间作用力

分子与分子之间存在着一种较弱的作用力，其大小在十几到几十千焦每摩尔，比化学键能小 1 ~ 2 个数量级。由于是荷兰物理学家范德华首先提出的，因此分子间作用力又称范德华力。

范德华力包括取向力、诱导力和色散力三种类型。

(一) 取向力

极性分子固有的偶极称永久偶极。当极性分子相互靠近时，同极相斥，异极相吸，分子间就按异极相邻的状态取向，如图 3-13 所示。极性分子靠永久偶极产生的相互作用力称为取向力。分子的极性越强，取向力越大。

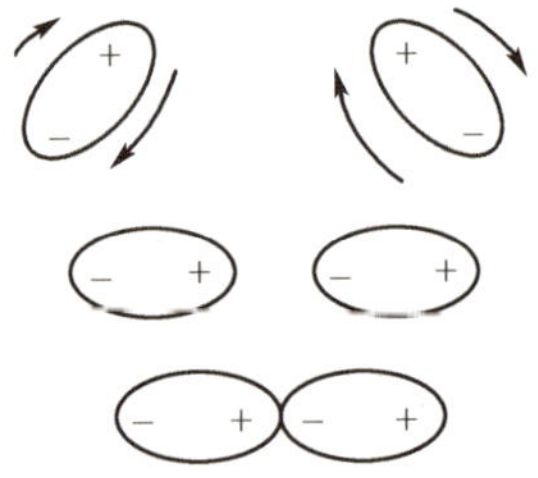

图 3-13 两个极性分子相互作用的示意图

（二）诱导力

当极性分子和非极性分子靠近时，非极性分子受极性分子电场的影响而发生变形，使正、负电荷重心发生位移，产生诱导偶极，如图 3-14 所示。诱导偶极和极性分子的固有偶极相互吸引所产生的作用力称为诱导力。极性分子和极性分子之间也会相互影响，发生分子变形，产生诱导偶极，分子之间也存在着诱导力。

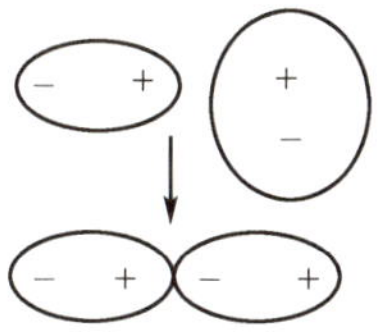

图 3-14　极性分子和非极性分子相互作用示意图

（三）色散力

由于分子中的电子和原子核都在不停地运动着，因此会经常发生正、负电荷重心的相对位移，这样在某一瞬间就有一个偶极存在，这种偶极称瞬时偶极。分子间由于瞬时偶极而产生的作用力称为色散力，如图 3-15 所示。色散力普遍存在于各类分子之间，而且一般是最主要的一种，只有当分子的极性很大时才以取向力为主。分子的相对分子质量越大，越容易变形，色散力就越大。

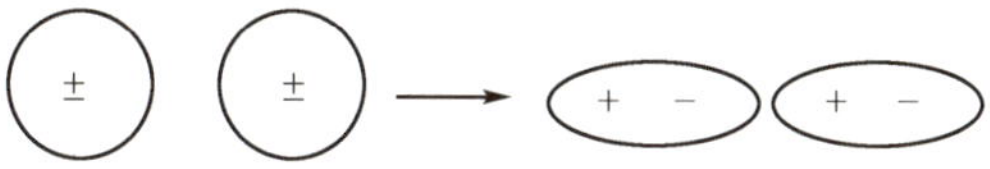

图 3-15　非极性分子之间相互作用示意图

分子间作用力的本质是静电引力，因此分子间作用力没有饱和性和方向性，其作用范围在 300 ~ 500ppm，随着分子间距离的增大而迅速减小。气体在较低压力的情况下，可以忽略分子间力的影响。

分子间作用力普遍存在于各分子之间，对物质的性质，尤其是一些物理性质（如熔点、沸点、溶解度等）影响很大。根据分子间作用力的大小可以解释一些物质物理性质的递变规律。例如，同类型的单质和化合物中，其熔点和沸点随着相对分子质量的增大而升高，主要原因就是随着相对分子质量的增大，分子间作用力增强。

三、氢键

由以上讨论可知，物质的熔沸点随着相对分子质量的增大而升高。但有些例外，如卤素和氧族元素的氢化物的沸点见表 3-1。

表 3-1　卤素及氧族元素的氢化物及沸点（K）

氢化物	沸点	氢化物	沸点
HF	293	H_2O	373
HCl	189	H_2S	212
HBr	206	H_2Se	231
HI	238	H_2Te	271

可以看出，HF 和 H_2O 的沸点异常的高，这是由于 HF 分子、H_2O 分子之间存在着很大的作用力即氢键。那么氢键是如何形成的呢？

当 H 原子以共价键和电负性较大、原子半径较小的原子 X（如 F、O、N）结合时，共用电子对强烈地偏向 X 原子，使 H 原子几乎成了“裸露”的质子。“裸露”的质子由于体积很小，又不带内层电子，一旦与另一分子中的具有孤对电子、电负性较大、原子半径较小的 Y（F、O、N）原子接近时，就强烈地吸引 Y 原子的孤对电子，H 原子和 Y 原子间的这种作用力称为氢键，通常表示为 X－H…Y。

氢键的键能为 12～42 kJ/mol，比共价键的平均键能小得多，而与分子间作用力的数量级相同，所以将氢键归入分子间作用力的范围。但氢键与分子间作用力的特点不同，氢键具有方向性和饱和性。方向性是指在形成氢键时，以氢原子为中心的 3 个原子尽可能取直线，这时 X 原子与 Y 原子距离远，斥力小。氢键的饱和性是指每个 X－H 中的 H 只能形成 1 个氢键。因为氢原子的体积比 X、Y 原子的体积小得多，当形成氢键 X－H…Y 后，另一个 Y 原子接近它们时，受到氢键中 X 和 Y 原子的斥力要比 H 对它的吸引力大得多，因此不可能再形成第二个氢键。

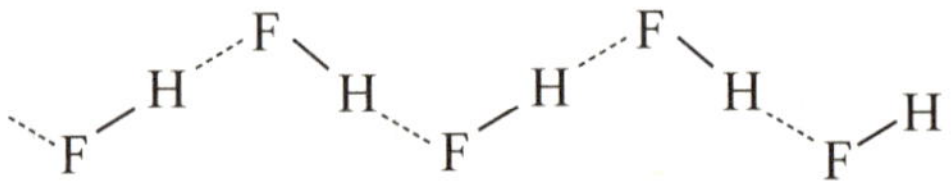

除分子间氢键外，某些分子也可形成分子内氢键。例如，邻羟基苯甲酸分子中就存在着分子内氢键。

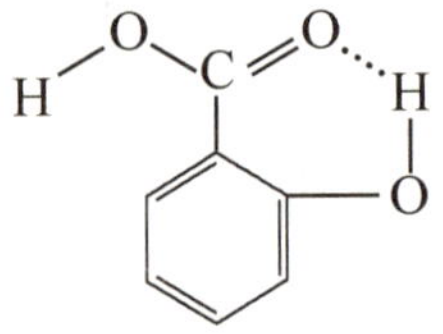

相同分子间可通过氢键使小分子缔合，但不引起物质的改变，这种现象称为缔合。例如，在氟化物中，含有 $(HF)_n$ 的缔合分子，是由氢键结合成的链状结构，在水中也存在着缔合水分子 $(H_2O)_n$。

氢键的形成可使物质的熔点、沸点升高，如 H_2O、HF、NH_3 的熔点和沸点都比同族元素的氢化物高，就是因为它们形成了氢键的缘故。氢键对物质的溶解度也有较大影响。在极性溶剂中，若溶质和溶剂分子之间形成氢键，则溶质的溶解度增大。若溶质分子生成了分子内氢键，则在极性溶剂中的溶解度减小，而在非极性溶剂中的溶解度增大。

能够形成氢键的物质很多，水、氨水、无机含氧酸、羧酸和醇等都可形成氢键。氢键在生命过程中起着重要的作用，如氢键对维持蛋白质和核酸分子的构型起着很大作用，与它们的生理功能有着密切的联系。了解氢键有着重要的意义。

知识链接

生命体系中的氢键

1950 年，L. Pauling 和 R. Corey 提出蛋白质中存在 α-螺旋结构，认为在这种蛋白质的二级结构中第 i 个氨基酸残基和第 $i+4$ 个氨基酸残基之间形成了氢键，稳定了这种二级结构；1953 年，J. Watson 和 F. Crick 提出了 DNA 的双螺旋结构。在这些假说与发现中，氢键都扮演了极其关键的角色。与共价键不同，氢键由于键能较低，形成和破坏都比较容易，所以氢键对分子间的识别与反应都有着非常重要的意义。另一方面，虽然氢键很弱，但在生物中，大量氢键的共同作用仍然可以起到稳定结构的作用。氢键的这些性质使得氢键在生物体中的作用越来越被人们所关注。

目标检测

一、选择题

1. 以 sp^2 杂化轨道成键的 BF_3 分子的空间构型是(　　)
   A. 三角锥形　　B. 平面三角形
   C. 直线形　　D. 四面体形
   E. 平面正方形
2. 下列分子中，中心原子采用不等性 sp^3 杂化的是(　　)
   A. H_2O　　B. CH_4
   C. BCl_3　　D. $BeCl_2$
   E. CCl_4
3. 下列分子中，属于极性分子的是(　　)
   A. H_2　　B. CH_4
   C. NH_3　　D. BCl_3
   E. CO_2
4. 下列物质中，分子间仅仅存在色散力的是(　　)
   A. CH_4　　B. H_2O
   C. NH_3　　D. HCl
   E. HF
5. N_2分子 O_2和分子间存在的主要作用力是(　　)
   A. 氢键　　B. 取向力
   C. 诱导力　　D. 色散力
   E. 取向力和诱导力
6. 下列分子中，能形成氢键的是(　　)
   A. H_2S　　B. PH_3
   C. HCl　　D. NH_3
   E. CCl_4
7. 杂化轨道理论认为，NH_3分子中 N 原子与 H 原子结合前，N 的原子轨道首先进行(　　)
   A. sp 杂化　　B. sp^2杂化
   C. sp^3杂化　　D. 不等性 sp^3杂化
   E. 不等性 sp^2杂化
8. 下列分子中，极性最大的是(　　)
   A. HF　　B. Cl_2
   C. HCl　　D. HBr
   E. CO_2
9. 液态氨中存在的分子间力是(　　)
   A. 色散力
   B. 色散力、取向力
   C. 色散力、取向力、诱导力
   D. 色散力、取向力、诱导力、氢键
   E. 取向力、诱导力
10. 下列说法正确的是(　　)
   A. p 轨道之间以“肩并肩”方式重叠可形成 σ 键
   B. p 轨道之间以“头碰头”方式重叠可形成 π 键
   C. p 轨道之间以“头碰头”方式重叠可形成 σ 键
   D. s 轨道之间以“头碰头”方式重叠可形成 π 键
   E. s 轨道与 p 轨道之间以“头碰头”方式重叠可形成 π 键

二、解释下列现象

1. AgF 易溶于水，而 AgCl、AgBr、AgI 难溶于水，溶解度由 AgF 到 AgI 依次减小。
2. C 和 Si 同属第ⅣA 族，但 SiO_2硬度大，熔、沸点相当高，而 CO_2常温下为气体。
3. H_2O 的沸点高出 H_2S 许多。

三、试用杂化轨道理论说明下列分子的空间构型

1. $SiCl_4$　　2. PCl_3　　3. $HgCl_2$
4. NH_3　　5. H_2O

四、下列各组分子之间存在着什么形式的分子间作用力(取向力、诱导力、色散力、氢键)。

1. 苯和 CCl_4　　2. 乙醇和水　　3. 苯和乙醇

(李炎武)

第4章 化学反应速率和化学平衡

学习目标

1. 掌握：浓度、温度、压强、催化剂对化学反应速率的影响；化学平衡的特点、平衡常数的意义及计算；化学平衡移动原理。

2. 熟悉：化学反应速率及表示方法。

3. 了解：化学反应速率理论。

在自然界中，存在着许多化学反应，不同的化学反应，它们进行的快慢程度不同。化学动力学研究化学反应常涉及两个问题：一是反应的快慢，即化学反应速率问题；二是化学反应进行的程度及化学平衡问题。这两个问题是后续课程学习的基础，同时也对生产、生活中的实际问题具有指导意义。

第1节 化学反应速率

化学反应有快有慢，如烟花的燃放瞬时即可完成，而塑料的老化则需要较长时间，石油和煤的形成要经过亿万年的时间。为了便于研究和学习，我们用化学反应速率来定量地描述化学反应进行的快慢。

一、化学反应速率及表示方法

在一定条件下，通常用单位时间内反应物浓度的减少或生成物浓度的增加来表示化学反应进行的快慢，称为化学反应速率(chemical reaction rate)。化学反应速率可用平均速率和瞬时速率来表示。

(一) 平均速率

平均速率的定义为

$$\bar{v} = \left|\frac{\Delta c}{\Delta t}\right| \qquad (4\text{-}1)$$

式中，$\bar{v}$ 为平均速率，单位为 mol/(L·s)、mol/(L·min) 或 mol/(L·h)；Δc 为浓度变化量，常用单位为 mol/L；Δt 为反应时间，单位为秒(s)、分(min)或小时(h)。

下面通过例题来说明平均速率的计算方法及同一反应不同物质间的关系。

例 4-1 在一定条件下，密闭容器里用氮气和氢气进行合成氨的反应，开始时氮气的浓度为 1 mol/L、氢气的浓度为 3 mol/L，2s 后，测得氮气的浓度为 0.8 mol/L、氢气的浓度为 2.4 mol/L、氨气的浓度为 0.4 mol/L，求 2s 内该反应的平均化学反应速率。

解： $$N_2 + 3H_2 \rightleftharpoons 2NH_3$$

$$t_1=0 \quad c_1 \quad 1 \quad 3 \quad 0$$
$$t_2=2\text{s} \quad c_2 \quad 0.8 \quad 2.4 \quad 0.4$$

分别用 N_2、H_2 和 NH_3 表示平均化学反应速率。

$$\bar{\nu}_{N_2}=\left|\frac{\Delta c_{N_2}}{\Delta t}\right|=0.1[\text{mol}/(\text{L}\cdot\text{min})]$$

$$\bar{\nu}_{H_2}=\left|\frac{\Delta c_{H_2}}{\Delta t}\right|=0.3[\text{mol}/(\text{L}\cdot\text{min})]$$

$$\bar{\nu}_{NH_3}=\left|\frac{\Delta c_{NH_3}}{\Delta t}\right|=0.2[\text{mol}/(\text{L}\cdot\text{min})]$$

从以上结果可以看出:选用不同物质来表示同一化学反应的速率时,所得的数值不同,其数值之比等于方程式中的系数之比。

通过实验证实,对于任意一个化学反应,都存在这样的规律,即:

$$m\text{A} + n\text{B} \rightleftharpoons d\text{D} + e\text{E}$$

$$\bar{\nu}_A : \bar{\nu}_B : \bar{\nu}_D : \bar{\nu}_E = m : n : d : e$$

因此,表示反应速率时,必须注明是哪种物质,一般选用易于测定浓度变化的物质来表示。

(二) 瞬时速率

绝大多数的化学反应都不是匀速进行的,所以平均速率并不能真实地说明反应进行的情况,一般用瞬时速率来说明反应某一时刻的反应速率。

瞬时速率(instantaneous rate)是指在一定条件下,当 $\Delta t\to 0$ 时反应物浓度的减少或生成物浓度的增加,其表达式为:

$$\nu=\lim_{\Delta t\to 0}\left|\frac{\Delta c}{\Delta t}\right|=\left|\frac{\text{d}c}{\text{d}t}\right| \tag{4-2}$$

瞬时速率常用作图法求得,如果没有特别说明,化学反应速率指平均速率。

二、化学反应速率理论简介

不同的化学反应其反应速率各不相同,为了解释化学反应的快慢问题,人们提出了多种理论学说,其中比较认可的是有效碰撞理论和过渡状态理论。

(一) 有效碰撞理论

1918 年,路易斯(Lewis)在气体分子运动论的基础上,提出了反应速率的碰撞理论。

1. 主要论点 发生化学反应的首要条件是反应物分子之间要进行相互碰撞。只有相互碰撞才能使反应物分子内部原有的化学键削弱,直到断裂,为形成新化学键创造条件,为发生化学反应提供可能。

只有少数碰撞能发生化学反应。在反应过程中,分子间的碰撞机会很多,但不是每一次碰撞都能发生化学反应,如果每一次碰撞都能发生反应的话,气体之间的反应都会爆炸性的发生。在数亿万次的碰撞中,大多数分子经碰撞后又立即分开,并不发生化学反应,只有那些能量比一般分子高得多的分子间的碰撞才能发生化学反应。这种能够发生化学反应的碰撞称为有效碰撞(effective collision)。

有效碰撞除了与能量有关,还与碰撞分子间的取向有关。如果碰撞的部位不合适,即使反应物分子具有足够的能量也不会起反应,只有碰撞分子向着有利于要结合成新分子的原子相互碰撞时才可能发生有效碰撞。

2. 活化分子与活化能 活化分子(activated molecule)指能够发生有效碰撞的分子。活化分子具有比一般分子更高的能量。在一定条件下,化学反应中活化分子的数目越多,有效碰撞的次数就越多,化学反应速率就越大。

活化能(E_a)是指活化分子具有的最低能量(E^*)与反应物分子的平均能量($\bar{E}$)之差。活化能取决于反应物分子的本性,不同的反应,活化能不同,一般在60~250kJ/mol。化学反应的活化能越小,一般分子越容易获得能量变成活化分子,则活化分子所占百分比越大,化学反应速率就越快。

借助有效碰撞理论,人们可以较好地解释简单分子化学反应速率不同的原因,但对于一些复杂分子间的反应情况,碰撞理论还不能给出满意的解释。

(二)过渡状态理论

随着对物质结构认识的深入,在碰撞理论的基础上,1935年,艾林(Eyring H)和依万斯(Evans MG)等考虑分子的内部运动,在结合量子力学和统计学的基础上提出了化学反应速率的过渡状态理论。

1. 主要论点 化学反应不是通过反应物分子间的简单碰撞就生成产物,而是具有一定能量的分子相互接近时,分子中的化学键经过重排和能量的重新分配,在反应物和生成物之间有一个中间状态,经过这个中间状态才能够转化为产物,这个中间状态称为过渡状态,中间状态的物质也可以称为活化络合物。活化络合物中的价键处在旧键已被减弱、新键正在形成的不稳定状态。

例如,A和PC的反应过程可表示为:

$$\underset{\text{反应物}}{A + PC} \rightleftharpoons \underset{\text{活化络合物(过渡态)}}{[A\cdots P\cdots C]} = \underset{\text{生成物}}{AP + C}$$

活化络合物具有较高的能量,所以很不稳定,形成后较容易分解,在反应物、生成物和活化络合物三者中,能量最高的是活化络合物,能量最低的是生成物。活化络合物具有的能量与反应物分子的平均能量之差称为活化能(E_a)。

2. 反应历程 活化络合物所具有的能量高于反应物和生成物的能量,这样就在反应物和生成物之间形成了一个能垒。这是化学反应由反应物转变为生成物所必须克服的障碍,这个能量差就是活化能。过渡状态理论将反应过程看成是一个吸收能量,用以越过能垒,然后释放能量生成产物的过程。所以能垒越高,活化能越大,反应速率越小;反之,能垒越低,活化能越小,反应速率越大。反应过程与能量的关系如图4-1所示。

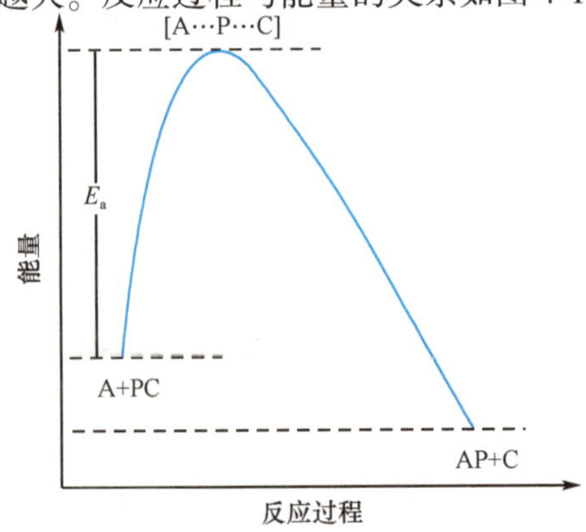

图4-1 过渡状态能量示意图

第 2 节　影响化学反应速率的因素

不同的化学反应有着不同的反应速率，其中，反应物的组成、结构和性质是决定性因素，因为它们影响反应活化能的大小，这是影响化学反应速率的内在因素。此外，同一化学反应，在不同的反应条件下，反应进行的快慢亦不相同。例如，氢气和氧气在常温常压下几乎不反应，但在高温或强光照射时，则立即爆炸化合生成水；食物在冬天的保存期要比夏天长一些，这些都说明，化学反应速率还会受到外界条件的影响。影响化学反应速率的外界因素有许多，一般主要从浓度、压强、温度和催化剂来研究。掌握了这些因素对化学反应速率的影响，我们就可以根据需要，采取恰当的措施，加速有利反应，减缓不利反应。

一、速率方程——浓度对化学反应速率的影响

（一）基元反应和复杂反应

化学动力学经过大量的实验证明，许多反应并不是按化学反应方程式的计量关系一步完成，而是经过了一系列简单的单一反应，最后生成产物。

一般把一步就能完成的化学反应称为基元反应（element reaction）或简单反应。例如：

$$NO_2 + CO \longrightarrow NO + CO_2$$

但是绝大多数的化学反应并不能一步从反应物到产物，而是要经过几个基元反应才能完成。这样由两个以上的基元反应构成的化学反应称为复杂反应（complex reaction）。判断一个反应是基元反应还是复杂反应，要通过实验来确定。

对于复杂反应来说，它的化学反应速率取决于其中一步的基元反应。例如，复杂反应：

$$2N_2O_5 \rightleftharpoons 4NO_2 + O_2$$

分为三个基元反应：

$$(1)\ N_2O_5 \rightleftharpoons N_2O_3 + O_2（慢）$$

$$(2)\ N_2O_3 \rightleftharpoons NO_2 + NO（快）$$

$$(3)\ 2NO + O_2 \rightleftharpoons 2NO_2（快）$$

上面三步反应中，第一步反应速率慢，第二、三步反应速率快，对于总反应来说，最慢的基元反应决定了化学反应速率的快慢。上述反应(1)是慢反应，决定了整个反应的速率，称为定速步骤或限速步骤。

（二）速率方程

大量实验证明，在一定温度下，增加反应物浓度，化学反应速率加快。人们在此实验基础上总结出一条规律：在温度一定时，基元反应的反应速率与各反应物浓度幂的乘积成正比，其中浓度幂的指数指基元反应中反应物的系数。这一定量关系称为质量作用定律。数学表达式称为反应速率方程式，简称速率方程。例如，对于基元反应：

$$mA + nB \rightleftharpoons dD + eE$$

速率方程表达式为：

$$v = k \cdot c_A^m \cdot c_B^n \qquad (4\text{-}3)$$

式中，k 称为反应速率常数。其物理意义是：在其他条件不变时，反应物浓度为单位浓度（1 mol/L）时的反应速率。k 是表示某个反应速率快慢的特征物理常数，在相同条件下，k 越

大，其反应速率越快，它与反应物的本性有关，与反应物浓度无关，但受温度、溶剂、催化剂等条件的影响。

一定要注意，质量作用定律只用于基元反应，并且只有气体反应物和溶液中的溶质才写入速率方程式中，固态和纯液态反应物不写，因为气体和溶质是变量，固态和纯液态的浓度看作常数。对于复杂反应，速率方程中反应物浓度的幂指数需要通过实验测定，与反应方程式中的系数无关。研究化学反应时，通常将化学反应按反应级数进行分类，反应级数指的是速率方程中各反应物浓度的幂指数之和。

下面通过例题来说明如何通过实验来求复杂反应的速率方程。

例 4-2 在 298K 时，测定反应 $NO + O_3 \longrightarrow NO_2 + O_2$ 的反应速率，得到如表 4-1 的数据，试求该反应的速率方程式。

表 4-1 反应 $NO + O_3 \longrightarrow NO_2 + O_2$ 的实验数据

序号	起始浓度（mol/L）		最初生成 O_2 的速率
	NO	O_3	[mol/（L·s）]
1	3.0×10^{-3}	1.0×10^{-3}	0.022
2	3.0×10^{-3}	2.0×10^{-3}	0.044
3	1.5×10^{-3}	2.0×10^{-3}	0.022

解：设该反应的速率方程式为：

$$v = k \cdot c_{NO}^{x} \cdot c_{O_3}^{y}$$

从实验 1~3 可知，当 c_{O_3} 保持不变，c_{NO} 增加到原来的 2 倍时，反应速率增加到原来的 2 倍，当 c_{NO} 保持不变，c_{O_3} 增加到原来的 2 倍时，反应速率增加到原来的 2 倍，即：

$$v \propto c_{NO} \qquad x = 1$$

$$v \propto c_{O_3} \qquad y = 1$$

所以该反应的速率方程为：

$$v = k \cdot c_{NO} \cdot c_{O_3}$$

压强只对有气体参加的化学反应的反应速率有影响，这是因为在一定温度下，压强的改变会影响气体体积的变化，从而引起气体浓度的变化。因此压强对化学反应速率的影响，本质上与浓度对化学反应速率的影响相同，这里就不讨论了。

二、阿仑尼乌斯速率方程——温度对化学反应速率的影响

氢气和氧气在常温下几乎不发生反应，但是若将其加热至 600℃左右，则发生剧烈的爆炸，食物放在冰箱里保存，不易腐烂变质，但在高温的环境中，就很容易坏掉。这些实例表明：温度是影响化学反应速率的另一重要因素。

大量实验证明，当其他条件不变时，温度每升高 10℃化学反应速率增加到原来的 2~4 倍。所以，实践中人们常通过调节温度来控制化学反应速率。

1889 年，阿仑尼乌斯在大量的实验事实基础上提出了一个经验公式，定量地表达了反应速率常数 k 与温度常数 T 之间的关系，称为阿仑尼乌斯方程。方程式为：

$$k = Ae^{-E_a/RT} \tag{4-4}$$

式中，k 为反应速率常数；A 为碰撞频率因子，是与反应有关的特征常数，其单位与 k 一致；R

为气体摩尔常数，R = 8.314J/(mol · K)；E_a为活化能，单位为 kJ/mol；T 为热力学温度，单位为 K；e 为自然对数的底，e = 2.718。

将(4-4)分别取以 e 为底的自然对数和以 10 为底的常用对数，阿仑尼乌斯方程则表示为：

$$\ln k = \ln A - \frac{E_a}{RT} \tag{4-5}$$

和

$$\lg k = \lg A - \frac{E_a}{2.303RT} \tag{4-6}$$

式(4-4)、式(4-5)和式(4-6)一般都称为阿仑尼乌斯方程，在实际应用中，式(4-6)用的更多一些。

由式(4-4)可知，反应速率常数 k 与温度 T 成指数关系，温度微小的变化，将导致 k 发生很大的变化，所以温度对反应速率的影响，实质是温度对速率常数的影响。

阿仑尼乌斯方程不仅表明了反应速率与温度的关系，而且还可以说明活化能与反应速率的关系。对于活化能不同的两个反应，升高同样的温度，两个反应的反应速率变化是否相同呢？下面通过图 4-2 来说明。

由式(4-6)可知，以 $\lg k$ 对 $\frac{1}{T}$ 作图会得到一条直线，直线斜率为 $-\frac{E_a}{2.303R}$，截距为 $\lg A$。直线的斜率越小，说明化学反应的活化能越小。如图 4-2 所示，直线 Ⅰ 是活化能较大的反应，直线 Ⅱ 是活化能较小的反应。由图可知，直线 Ⅰ 随着温度升高增加更快，所以升高温度更有利于活化能较大的化学反应进行。

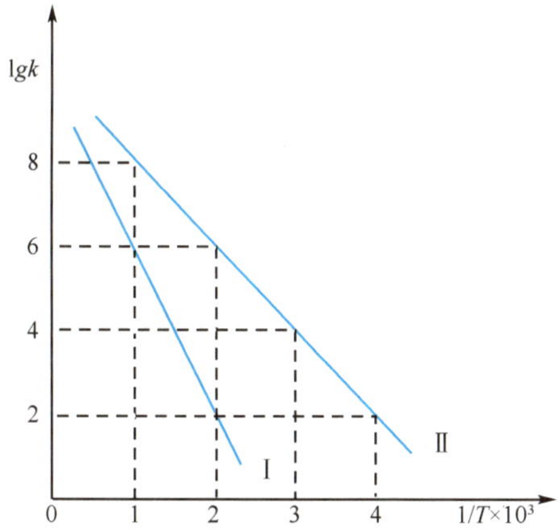

图 4-2　温度与反应速率的关系

此理论也可由式(4-6)的公式推导得到。

假设某反应在 T_1时速率常数为 k_1，在 T_2时速率常数为 k_2，则根据式(4-6)有：

$$\lg k_1 = \lg A - \frac{E_a}{2.303RT_1}$$

$$\lg k_2 = \lg A - \frac{E_a}{2.303RT_2}$$

两式相减得：

$$\lg \frac{k_2}{k_1}=\frac{E_a}{2.303R}\times\left(\frac{1}{T_1}-\frac{1}{T_2}\right)=\frac{E_a}{2.303R}\times\left(\frac{T_2-T_1}{T_1T_2}\right) \tag{4-7}$$

由式(4-7)可见，活化能不同的反应，温度变化相同时，活化能越大的反应，k_2/k_1的值也越大，即反应速率增大的倍数也越大。

下面通过例题来说明式(4-7)在实际中的应用。

例 4-3 测定某药物在水中的分解情况，在323K和343K时测得该反应的速率常数分别为14.16×10^{-4}/h和6.10×10^{-3}/h，求该反应的活化能。

解：由式(4-7)得：

$$E_a = 2.303R\left(\frac{T_1T_2}{T_2-T_1}\right)\lg\frac{k_2}{k_1}$$

$$=2.303\times8.314\times\left(\frac{323\times343}{343-323}\right)\times\lg\frac{6.10\times10^{-3}}{14.16\times10^{-4}}$$

$$=74.27(\text{kJ/mol})$$

知识链接

药物的稳定性

药物及其制剂在储存过程中，常由于发生水解、氧化等反应而使药物含量降低或变质。因此，研究药物的化学稳定性即有效期，对防止药物变质失效、保证用药安全具有重要的意义。过去多采用留样观察法，即将药物在室温储存过程中定期测定其含量变化来确定有效期，但这种方法太费时。化学动力学为此提供了快速方法，称为加速试验。

加速试验就是根据反应速率与温度的关系，选定几个较高的温度，使药物在这几个温度下恒温分解，测定各温度下药物浓度随时间的变化，分别求出其分解速率常数k_T，然后以$\lg k$对$1/T$作图，将直线外推至室温，求出室温下的速率常数，将数值代入速率方程，即可求出药物在室温下分解一定百分数所需的时间，即有效期。

三、催化剂对化学反应速率的影响

中学实验室用$KClO_3$制备氧气时，为了加快反应速率，一般都会加入MnO_2，MnO_2是反应的催化剂，为什么催化剂能够改变化学反应速率呢？

（一）催化剂

催化剂是一种能显著改变化学反应速率，而本身的化学组成、性质和质量在反应前后都不发生变化的物质。催化剂能改变化学反应速率的作用称为催化作用。在催化剂作用下进行的反应称为催化反应。

一般将能加快反应速率的催化剂称为正催化剂。能减慢反应速率的催化剂称为负催化剂或阻化剂。没有特别说明的话，一般情况下所提到的催化剂均指正催化剂。多数情况下，催化剂是外加的，但有些反应的反应产物本身具有催化作用，可以作为自身反应的催化剂，从而使反应越来越快，这种催化剂称为自催化剂，此类反应称为自催化反应。

例如，酸性溶液中，高锰酸钾与草酸的氧化还原反应是典型的自催化反应，方程式为：

$$2KMnO_4+5H_2C_2O_4+3H_2SO_4 \xlongequal{} 2MnSO_4+K_2SO_4+10CO_2\uparrow+8H_2O$$

反应刚开始时速率较慢，随着反应的进行，化学反应速率越来越快，这是因为产物 $MnSO_4$ 中的 Mn^{2+} 具有催化作用。

催化剂的特点：

（1）催化剂在化学反应前后的质量和化学组成不变，但物理性质可能改变。例如，二氧化锰催化氯酸钾的反应，反应前为块状晶体，反应后变成了细小粉末。

（2）催化剂只改变化学反应速率，而不能改变化学反应的始态和终态。

（3）对于可逆反应，催化剂可以同等程度地改变正、逆反应的速率，所以催化剂能够改变化学反应到达平衡的时间。

（4）催化剂具有选择性，不同的化学反应所用的催化剂不同。

催化剂能够改变反应速率的本质原因是：催化剂参与了化学反应，改变了反应的历程，以正催化剂为例，它降低了反应的活化能，使更多的分子能够较容易地变成活化分子，从而增加了活化分子的百分数，大大加快了化学反应速率。

例如，对于反应 $M + N \xlongequal{} MN$，当无催化剂时反应的活化能为 E_a，有催化剂 C 存在时，反应途径发生了变化，分两步进行：

$$(1)\ M + C \xlongequal{} MC$$

$$(2)\ MC + N \xlongequal{} MN + C$$

如图 4-3 所示，第一步反应的活化能为 E_{a_1}，第二步反应的活化能为 E_{a_2}，催化剂存在下反应的活化能都小于 E_a，所以反应速率加快。

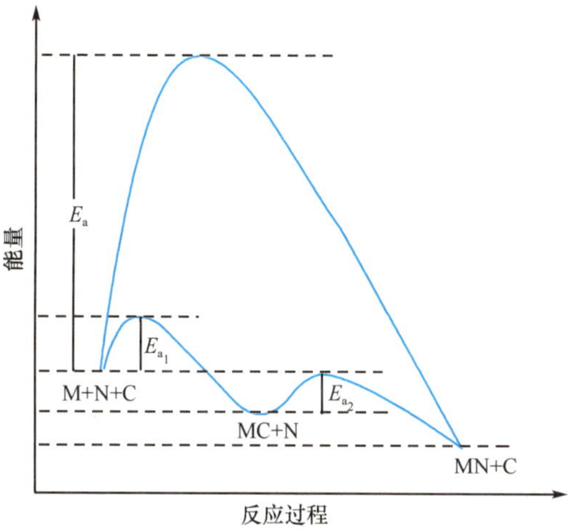

图 4-3　正催化剂催化反应历程

（二）酶

催化剂的神奇作用在生物催化中更为突出。酶是一类特殊的、具有催化活性的生物催化剂。酶是氨基酸按一定次序聚合而成的蛋白质大分子，生物体内的一切化学反应，几乎都是酶催化反应，酶对生命具有很重要的作用。

酶主要有以下几个特点：

1. 高度的催化活性　一般情况下，对于同一化学反应，酶催化反应比非酶催化反应的速率高 $10^6 \sim 10^{10}$ 倍。例如，人们吃的食物中蛋白质的水解反应，在体外强酸或强碱条件下煮沸很长时间才能反应完全，但在体内胃蛋白酶的作用下几个小时即可完成。

2. 酶具有极高的专一性 一种酶只对某一种或某一类的反应起催化作用。例如,唾液淀粉酶只对淀粉水解起催化作用,对脂肪和蛋白质的水解则无效;磷酸酯的水解需要磷酸酯酶来催化等。

3. 酶催化所需的温度和 pH 范围 酶催化一般在较温和的条件下进行,温度过高会使酶变性,失去催化活性,一般在 37℃左右即可。此外,反应的 pH 也会影响酶的活性,不同的酶所要求的 pH 范围不同。

酶分布在人体的各个器官中,人体是复杂且奥妙的酶催化系统。酶还可以作为药物用于临床治疗。例如,胃蛋白酶、脂肪酶和木瓜蛋白酶等可帮助消化,纤溶酶可用于脑血栓、心肌梗死等疾病的防治。

第 3 节 化学平衡和平衡常数

有时我们希望某个反应进行的越彻底越好,即在一定条件下反应物转化成生成物的百分比越大越好,这就涉及化学平衡问题。

一、可逆反应

根据化学反应进行的程度,将化学反应分为两类,一类是不可逆反应,即只能向一个方向进行的化学反应。这类反应进行得比较彻底,反应物大部分能够转变为生成物。但实际上大多数化学反应进行的不彻底,在反应物转变为生成物的同时,生成物又可以转变为反应物,这类化学反应就是可逆反应(reversible reaction)。这类反应既能向正反应方向进行,又能向逆反应方向进行。常用符号 $\rightleftharpoons$ 来表示。例如,碘化氢的合成反应:

$$H_2(g) + I_2(g) \rightleftharpoons 2HI(g)$$

在可逆反应中,一般把从左向右进行的反应称为正反应,从右向左进行的反应称为逆反应。因为可逆反应进行的不彻底,所以存在化学平衡问题。

二、化学平衡

可逆反应不能进行完全,反应物不能全部转化为生成物,因而反应体系中反应物和生成物是共存的。反应开始时,反应物的浓度最大,正反应速率最大,随着反应的进行,反应物的浓度不断减少,正反应速率逐渐减慢;另一方面,由于生成物的产生,逆反应也开始进行,且随着生成物浓度的不断增加,逆反应速率逐渐增大。当反应进行到一定程度时,正反应速率与逆反应速率相等,即在单位时间内有多少物质生成同时就有多少物质分解,此时反应物和生成物共存并且浓度不再发生变化,则在此条件下,反应达到了最大限度,如图 4-4所示。

一定条件下,可逆反应的正、逆反应速率相等时,反应体系所处的状态称为化学平衡状态,简称化学平衡。

化学平衡是一种动态平衡,在平衡状态下,反应仍在进行,但正逆反应速率相等,反应物和生成物的浓度不再变化,保持恒定。

化学平衡是一定条件下可逆反应达到的最大程度。化学平衡是有条件的平衡,如果条件发生变化,化学平衡会被破坏。

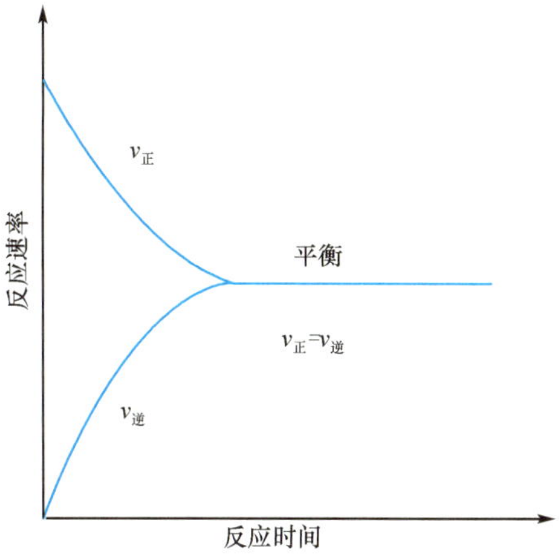

图 4-4　正逆反应速率变化示意图

三、平衡常数

大量的实验证实，在一定条件下，可逆反应达到平衡状态时，各物质的浓度保持不变，平衡体系的各物质浓度间存在着定量关系。

（一）实验平衡常数

在实验中测量平衡状态时各组分的浓度或分压而求得的平衡常数称为实验平衡常数。

对于溶液中任意可逆反应：

$$aA + bB \rightleftharpoons gG + hH$$

在一定温度下，上述可逆反应达到化学平衡时，从理论上可以推导出下列定量关系式：

$$K_c = \frac{[c_G]^g \cdot [c_H]^h}{[c_A]^a \cdot [c_B]^b} \tag{4-8}$$

K_c称为浓度平衡常数，它表明在一定温度下，生成物浓度的系数次幂的乘积与反应物浓度的系数次幂的乘积之比为一常数，此规律又称为化学平衡定律。若 $a+b=g+h$，则 K_c 无单位；若 $a+b\neq g+h$，则 K_c 有单位，但一般不写出单位。

对于气相可逆反应：

$$aA(g) + bB(g) \rightleftharpoons gG(g) + hH(g)$$

一定条件下达平衡时，

$$K_P = \frac{p_G^g \cdot p_H^h}{p_A^a \cdot p_B^b} \tag{4-9}$$

K_P称为浓度平衡常数。p_G、p_H、p_A、p_B 分别为生成物和反应物的平衡分压，若 $a+b=g+h$，则 K_P无单位；若 $a+b\neq g+h$，则 K_P有单位，一般也不写出单位。

K_c和 K_P统称为实验平衡常数，用符号 K 表示，K 可通过实验测出平衡时体系中各物质的浓度或分压而求得实验平衡常数。

（二）标准平衡常数

在标准状态下求得的平衡常数称为标准平衡常数，因为它以热力学为基础，所以又称热力学平衡常数，用符号 $K^\ominus$ 表示。标准状态指温度为 298K，气体压强为 101.3kPa，溶液浓度为 1 mol/L。

对任一可逆反应：

$$aA + bB \rightleftharpoons gG + hH$$

在一定温度下，达到化学平衡时，可以推导出下列定量关系式：

$$K^{\ominus} = \frac{([c_G]/c^{\ominus})^g \cdot ([c_H]/c^{\ominus})^h}{([c_A]/c^{\ominus})^a \cdot ([c_B]/c^{\ominus})^b} \quad (4\text{-}10)$$

式(4-10)称为标准平衡常数表达式。式中，$K^{\ominus}$为标准平衡常数，$c^{\ominus}$为标准浓度($c^{\ominus}=1$ mol/L)。其表达方式与实验平衡常数相同，只是相关物质的平衡浓度要用相对浓度($c/c^{\ominus}$)。如果反应中有气体参加，也可用平衡分压来表示，如对于反应：

$$aA(g) + bB(g) \rightleftharpoons gG(g) + hH(g)$$

其标准平衡常数为：

$$K^{\ominus} = \frac{(p_G/p^{\ominus})^g \cdot (p_H/p^{\ominus})^h}{(p_A/p^{\ominus})^a \cdot (p_B/p^{\ominus})^b} \quad (4\text{-}11)$$

式中 $p^{\ominus}$为标准压力($p^{\ominus}=101.3$kPa)。

(三) 平衡常数表达式的书写规则

(1) 标准平衡常数表达式中，各物质的浓度或分压是指平衡时的浓度或分压，要用相对浓度($c/c^{\ominus}$)或相对分压($p/p^{\ominus}$)来表示。

(2) 反应中有固体物质时，它们的浓度变化很小，可看作是常数，不写入平衡表达式中。例如，制备水煤气的反应

$$C(s) + H_2O(g) \rightleftharpoons CO(g) + H_2(g)$$

$$K = \frac{p_{CO} \cdot p_{H_2}}{p_{H_2O}}$$

(3) 在水溶液中进行的溶质间的反应，水的浓度不必写在平衡表达式中。

(四) 平衡常数的意义

1. 平衡常数能够说明可逆反应进行的程度　K 值越大，说明正反应进行的程度越大；反之，说明反应进行的越不完全。

2. 平衡常数是某个可逆反应的特征常数　平衡常数取决于温度和反应本身，对于给定的化学反应，平衡常数仅随温度变化而变化，而与反应物的浓度无关。

(五) 平衡常数的应用

(1) 已知可逆反应的平衡常数和反应物的初始浓度，可以计算反应物的平衡转化率。

反应物的平衡转化率用符号α表示。它是指反应达到平衡时，反应物转化为产物的百分率，其表达式为：

$$\alpha = \frac{\text{平衡时已转化的某反应物浓度}}{\text{某反应物的初始浓度}} \times 100\% \quad (4\text{-}12)$$

例 4-4　某温度下，在密闭容器中进行下列反应：

$$CO + H_2O \rightleftharpoons CO_2 + H_2$$

此反应的 $K=2.6$，如果反应开始时 CO 和 H_2O 的浓度均为 1 mol/L，计算反应平衡时 CO 的转化率是多少？

解：设平衡时 CO_2的浓度为 x mol/L

	CO	$+\ H_2O \rightleftharpoons$	CO_2	$+\ H_2$
初始浓度(mol/L)	1	1	0	0
反应浓度(mol/L)	x	x	x	x
平衡浓度(mol/L)	$1-x$	$1-x$	x	x

$$K=\frac{[c_{CO_2}]\cdot[c_{H_2}]}{[c_{CO}]\cdot[c_{H_2O}]}$$

$$K=\frac{x^2}{(1-x)^2}=2.6$$

$$x=0.61(\text{mol/L})$$

$$\text{CO 的平衡转化率}=\frac{\text{平衡时已反应的 CO 浓度}}{\text{CO 的初始浓度}}\times 100\%$$

$$=\frac{0.61}{1}\times 100\%$$

$$=61\%$$

(2) 计算可逆反应的反应商,根据平衡常数与反应商的关系判断可逆反应进行的方向。

反应商指在一定条件下,生成物浓度系数次幂的乘积和反应物浓度系数次幂乘积的比值,用 Q 表示。

对任一可逆反应:

$$aA + bB \rightleftharpoons gG + hH$$

$$Q=\frac{(c_G)^g\cdot(c_H)^h}{(c_A)^a\cdot(c_B)^b} \tag{4-13}$$

根据 Q 和 K 的相对大小,可以判断反应是否处于平衡状态及非平衡状态时可逆反应进行的方向,判断规则如下:

当 $Q=K$ 时,可逆反应处于平衡状态。

当 $Q<K$ 时,体系处于非平衡状态,可逆反应向正反应方向进行直到平衡状态。

当 $Q>K$ 时,体系处于非平衡状态,可逆反应向逆反应方向进行直到平衡状态。

四、多重平衡

在实际中,某些可逆的化学反应可由两个或两个以上平衡反应相加或相减组成,这样的平衡体系称为多重平衡。例如,氢硫酸等多元弱酸的解离、氯化银溶于氨水等配离子的形成就属于多重平衡。

在多重平衡中,存在定量关系,称为多重平衡规则。

多重平衡体系中,如果两个反应相加得到总反应,则总反应的平衡常数等于两个反应平衡常数的乘积;如果两个反应相减得到总反应,则总反应的平衡常数等于两个反应平衡常数的商。

根据多重平衡规则,可以由已知反应的平衡常数计算相关反应的平衡常数。应用时需注意,所有的平衡常数必须是在同一个温度下测得的,因为 K 是随温度变化而变化的。

下面以氢硫酸的解离说明多重平衡规则。

氢硫酸的解离总方程式为:

(1) $H_2S \rightleftharpoons 2H^+ + S^{2-}$　　$K_1 = \dfrac{[c_{H^+}]^2 \cdot [c_{S^{2-}}]}{[c_{H_2S}]}$

多元酸的解离是分步的,即:

(2) $H_2S \rightleftharpoons H^+ + HS^-$　　$K_2 = \dfrac{[c_{H^+}] \cdot [c_{HS^-}]}{[c_{H_2S}]}$

(3) $HS^- \rightleftharpoons H^+ + S^{2-}$　　$K_3 = \dfrac{[c_{H^+}] \cdot [c_{S^{2-}}]}{[c_{HS^-}]}$

则:$K_1 = K_2 \cdot K_3$

第4节　影响化学平衡的因素

化学平衡是在一定条件下的动态平衡。如果外界条件改变,导致正逆反应速率不再相等,则平衡会发生改变。这种由于条件的改变,而导致可逆反应由一种平衡状态转向另一种平衡状态的过程,称为化学平衡的移动。这里主要讨论浓度、压强和温度对化学平衡的影响及生物系统中的化学平衡问题。

一、浓度对化学平衡的影响

前面学习了根据反应商和平衡常数的相对关系来判断反应是否平衡及非平衡状态下的移动方向。当可逆反应处于平衡时,$Q=K$,如果改变平衡体系中任一反应物或生成物的浓度,都会使反应商发生改变,使得 $Q \neq K$,引起化学平衡发生移动。根据反应商的公式,增大反应物的浓度或减小生成物的浓度,都会使反应商减小,则 $Q<K$,原有的平衡状态被打破,可逆反应向正反应方向进行,直至反应商重新等于平衡常数时,反应又达到新的平衡,在新的平衡状态下,各物质的浓度均发生了改变。反之,减小反应物的浓度或增大生成物的浓度,会使反应商增大,则 $Q>K$,可逆反应逆向移动。

所以,在其他条件不变的情况下,增大反应物的浓度或减小生成物的浓度,化学平衡向正反应方向移动;减小反应物的浓度或增大生成物的浓度,化学平衡向逆反应方向移动。因此,在化学反应中,为了使价格昂贵的物质得到充分利用,常常加大价格低廉物质的投料,提高经济效益。

二、压强对化学平衡的影响

由于压强对固体、液体的体积影响极小,所以压强的变化对有固相、液相参加反应的平衡几乎没有影响。压强只对有气体参加的可逆反应的化学平衡产生影响。

对于有气体参加的可逆反应,当反应前后气体分子数不相等时,如果在一定温度下改变压强,则气体反应物和生成物的浓度都会发生改变,但由于幂指数不同,所以正逆反应速率改变也不同,导致化学平衡发生移动。压强对平衡的影响实质上与浓度对平衡的影响是相同的,但平衡移动方向取决于反应前后气态分子数的变化情况。

例如,对于反应前后气体分子数不等的可逆反应:

$$aA(g) + bB(g) \rightleftharpoons gG(g) + hH(g)$$

一定温度下达到平衡时：

$$Q = K = \frac{(p_{G})^{g} \cdot (p_{H})^{h}}{(p_{A})^{a} \cdot (p_{B})^{b}}$$

若 $g + h > a + b$，其他条件不变时，增大压力，化学平衡向逆反应方向移动。

若 $g + h < a + b$，其他条件不变时，增大压力，化学平衡向正反应方向移动。

所以，对于有气体参加的可逆反应，在其他条件不变的情况下，增大压强，化学平衡向着气体分子总数减少（即气体体积缩小）的方向移动；减小压强，化学平衡向着气体分子总数增加（即气体体积增大）的方向移动。

三、温度对化学平衡的影响

如果可逆反应伴随着放热或吸热，则当反应达到平衡状态时，改变温度，必然会使化学平衡发生移动。

温度对平衡的影响，是因为温度对吸热反应速率和放热反应速率的影响程度不同。根据阿仑尼乌斯公式，改变温度，正逆反应速率都会改变，但是变化的倍数不同，导致正逆反应速率不再相等，结果使平衡发生移动。

温度对平衡的影响和浓度、压强对平衡的影响有着本质的区别，改变浓度和压强是使反应商发生改变，而温度的变化导致平衡常数改变。

大量实验证明，对任意一个可逆反应，升高温度，化学平衡向着吸热反应方向移动；降低温度，化学平衡向着放热反应方向移动。

综上所述，浓度、压强、温度是影响化学平衡移动的重要因素。法国化学家勒夏特列（H. L. Le Chatelier）总结出一条规律：改变影响平衡的任一条件，平衡就会向着减弱这个改变的方向移动。这个规律称为勒夏特列原理，也称为平衡移动原理。但要注意，它只适用于已经达到平衡的体系，而不能用于非平衡体系。

四、生物系统中的平衡

当生态系统处于平衡状态时，系统内各成分之间保持一定的比例关系，能量、物质的输入与输出在较长时间内趋于相等，结构和功能处于相对稳定状态，在受到外来干扰时，能通过自我调节恢复到平衡状态。对于生物体来说，每个生物体也存在自己生物系统的平衡。

以人体为例，人体是一个完整的统一体，代谢调节平衡是人体的重要特征。人体内各种物质，如三大营养物质、水、无机盐等的代谢是相互联系的。当人体摄入物质和代谢物质处于动态平衡时，人体处于健康状态。但是当人体的某些功能出现问题时，人体与外界交换的平衡就会被破坏，这时就会产生某种疾病，只有通过医学的调理，使人体达到新的平衡状态时，摄入和代谢也会正常，人体才会健康。

所以，生物体内各种物质的摄入和代谢是一个动态平衡过程。当条件改变时，平衡就会被破坏，此时机体就要进行适当的调节，以维持摄入和代谢的平衡。

知识链接

煤气中毒的救治原理

氧气对人类的生存是至关重要的。人体依靠血红蛋白来输送氧气，维持着生命过程，其反应如下：

$$Hb + O_2 \rightleftharpoons Hb\text{—}O_2$$

人体 CO 中毒是因为 CO 可与氧气竞争血液中的血红蛋白，从而降低血液的运氧能力。CO与血红蛋白的结合力是氧气与血红蛋白结合力的240倍，CO还能从氧合血红蛋白中取代氧气，其反应如下：

$$Hb-O_2+CO \rightleftharpoons Hb-CO+O_2$$

救治煤气中毒的原理就是浓度对化学平衡的影响。输入氧气时，上述平衡向逆反应方向移动，可把CO从血红蛋白的结合物中置换出来，从而恢复血红蛋白的载氧功能。

目标检测

一、名词解释

1. 可逆反应
2. 化学平衡

二、写出下列各反应的平衡常数表达式

1. $2SO_2(g)+O_2(g) \rightleftharpoons 2SO_3(g)$
2. $C(s)+H_2O(g) \rightleftharpoons CO(g)+H_2(g)$
3. $Zn(s)+CO_2(g) \rightleftharpoons CO(g)+ZnO(s)$
4. $CH_4(g)+2O_2(g) \rightleftharpoons CO_2(g)+2H_2O(g)$

三、选择题

（一）单项选择题

1. 对于反应 $mA+nB \rightleftharpoons pC+qD$，反应速率关系 $v_A:v_B:v_C:v_D=1:3:2:1$，则 $m:n:p:q=$（　　）。
   A. 1∶1/3∶1/2∶1　　B. 1∶3∶2∶1
   C. 3∶1∶2∶3　　D. 6∶2∶3∶6
   E. 1∶1/2∶1/2∶1
2. 反应 $N_2O_4(g) \rightleftharpoons 2NO_2(g)$ 在873K时达到平衡，$k_1=1.78\times10^4$，转化率为 $a\%$，在1273K时，$k_2=2.8\times10^4$，转化率为 $b\%$（$b>a$），下列叙述正确的是（　　）
   A. 由于 $b>a$，所以正反应为吸热反应
   B. 由于 k 随温度升高而增大，所以此反应为吸热反应
   C. 由于 k 随温度升高而增大，所以此反应为放热反应
   D. 由于温度不同，反应机理不同，因而转化率不同
   E. 此反应没有热效应
3. 在一定温度下，把同样大小的锌粒投入下列溶液，反应速率最小的是（　　）
   A. 0.1 mol/L HAc 5ml　　B. 0.2 mol/L HCl 5ml
   C. 0.3 mol/L HAc 5ml　　D. 0.4 mol/L H_2SO_4 5ml
   E. 0.4 mol/L H_2SO_4 7ml
4. 有关化学平衡的叙述，正确的是（　　）
   A. 凡能影响反应速率的因素，都能使化学平衡移动
   B. 升高温度能加快吸热反应速率、减慢放热反应速率，平衡向吸热反应方向移动
   C. 增大反应物浓度，平衡向生成物浓度减小的方向移动
   D. 增大反应物浓度，平衡向生成物浓度增大的方向移动
   E. 增大反应物浓度，平衡会向生成物浓度减小的方向移动
5. 下列属于可逆反应的是（　　）
   A. 碘受热变成碘蒸气，遇冷又变成碘固体
   B. 同一反应条件，氮气和氢气化合生成氨气，氨气同时又分解成氮气和氢气
   C. NH_3 和 H_2O 结合生成 $NH_3\cdot H_2O$，$NH_3\cdot H_2O$ 受热又可分解成 NH_3 和 H_2O
   D. NH_4Cl 受热分解成 NH_3 和 HCl，NH_3 和 HCl 反应生成 NH_4Cl
   E. 冰和水在温度不同时可相互转化
6. 为使反应 $Ag^++Fe^{2+} \rightleftharpoons Ag(s)+Fe^{3+}$（正反应为放热反应）有更多银析出，可采取的措施是（　　）
   A. 常温下加压
   B. 升温
   C. 增大 Fe^{3+} 浓度
   D. 移去一些析出的Ag
   E. 减小 Fe^{2+} 浓度
7. 可逆反应 $N_2+3H_2 \rightleftharpoons 2NH_3$ 达到平衡时，在恒温时增大压强，则（　　）
   A. 正逆反应速率都减小，平衡正向移动
   B. 正逆反应速率都减小，平衡逆向移动
   C. 正反应速率减小，逆反应速率增大，平衡逆向移动

D. 正反应速率减小,逆反应速率不变,平衡逆向移动

E. 正逆反应速率都不变,平衡逆向移动

8. 以下平衡不属于化学平衡的是( )

A. 酸碱电离平衡

B. 沉淀溶解平衡和配位平衡

C. 常温下水的蒸发与凝结平衡

D. $N_2+3H_2 \rightleftharpoons 2NH_3$

E. 氧化还原平衡

9. 下列说法可以充分说明反应 $P(g)+Q(g) \rightleftharpoons R(g)+S(g)$ 在某温度下已经达到平衡的是( )

A. 反应容器内的压强不随时间变化

B. 反应容器内 P、Q、R、S 四者共存

C. 体系中 P 和 S 的生成速率相等

D. 再加入一些 Q,其他物质的浓度不发生变化

E. 再加入一些 S,其他物质的浓度不发生变化

10. 催化剂通过改变反应历程来加快反应速度,这是由于( )

A. 增大碰撞频率　B. 增大平衡常数值

C. 减小速度常数值　D. 降低反应活化能

E. 减小平衡常数值

11. 下列说法错误的是( )

A. 一步完成的反应是基元反应

B. 基元反应也称简单反应

C. 由两个或两个以上基元反应构成的化学反应称复杂反应

D. 基元反应都是多分子反应

E. 基元反应都是单分子反应

12. 一定温度下,某基元反应 $X+2Y = Z$,其速率常数为 k,X 的浓度为 1 mol/L,Y 的浓度为 3 mol/L,则化学反应速率为( )

A. $12k$　B. $9k$

C. $20k$　D. $6k$

E. $10k$

13. 下列因素对反应平衡无影响的是( )

A. 温度　B. 浓度

C. 压力(对气体反应)　D. 催化剂

E. 以上都无影响

14. 下列叙述正确的是( )

A. 催化剂不能改变反应的途径

B. 催化剂可使化学平衡发生移动

C. 催化剂不参与反应

D. 正催化剂同等程度地加快正逆反应的速率

E. 催化剂只加快正反应的速率

15. 关于活化能的叙述正确的是( )

A. 活化能是活化分子具有的能量

B. 一个反应的活化能越高,反应速度越快

C. 活化能是活化分子平均能量与反应物分子平均能量之差

D. 活化能是活化分子最低能量与反应物分子平均能量之差

E. 活化能是反应物分子具有的能量

(二)多项选择题

1. 下列叙述正确的是( )

A. 在化学平衡体系中加入惰性气体,平衡不发生移动

B. 在化学平衡体系中加入惰性气体,平衡发生移动

C. 恒压下,在反应前后气体分子数相同的体系中加入惰性气体,化学平衡不发生移动

D. 在封闭体系中加入惰性气体,平衡向气体分子数减小的方向移动

E. 在封闭体系中加入惰性气体,平衡向气体分子数增多的方向移动

2. 下列关于正催化剂的作用,叙述错误的是( )

A. 可以加速反应的进行

B. 可以抑制逆反应的进行

C. 可以同等加快正逆反应速率

D. 可以改变反应进行的方向

E. 可以降低反应的活化能

3. 勒夏特列原理( )

A. 只适用于气体间的反应

B. 适用所有化学反应

C. 适用平衡时的化学反应

D. 适用于平衡状态下的所有化学体系

E. 只适用于液体间的化学反应

4. 一定温度下,反应 $PCl_5(g) \rightleftharpoons PCl_3(g)+Cl_2(g)$ 达平衡时,已有 50% 的 PCl_5 分解,下列方法可使 PCl_5 分解程度增大的是( )

A. 其他条件不变,体积增大一倍

B. 其他条件不变,体积减小一倍

C. 其他条件不变,增大 Cl_2 的含量

D. 其他条件不变,压强增大一倍

E. 其他条件不变,压强减小一倍

5. 反应 $2A(g) \rightleftharpoons 2B(g)+C(g)$(正向吸热),在未用催化剂的条件下已达平衡,现要使正反应速率降低,c_B 减小,应采取的措施是( )

A. 升温　B. 增大反应器的体积
C. 增大 c_A　D. 降温
E. 降低体系压强

四、计算题

1. 反应 $H_2O(g)+CO(g) \rightleftharpoons CO_2(g)+H_2(g)$ 在某温度时，$K=2.0$。若起始浓度 $c_{CO}=2$ mol/L，$c_{H_2O}=3$ mol/L。试求：
(1) 反应达到平衡时，各物质的浓度及 CO 的转化率。
(2) 水蒸气浓度为 8 mol/L 时 CO 的转化率。
2. 在 298K 时，测定 $C_2H_5OH + CH_3COOH \rightleftharpoons CH_3COOC_2H_5 + H_2O$ 的反应速率，得到如表 4-2 所示的数据，求该反应的速率方程。

表 4-2　反应 $C_2H_5OH + CH_3COOH \rightleftharpoons CH_3COOC_2H_5 + H_2O$ 的实验数据

序号	起始浓度(mol/L)		$CH_3COOC_2H_5$的生成速率 [mol/(L·s)]
	C_2H_5OH	CH_3COOH	
1	2.0×10^{-3}	2.0×10^{-3}	0.044
2	2.0×10^{-3}	4.0×10^{-3}	0.088
3	4.0×10^{-3}	4.0×10^{-3}	0.352

(张淑凤)

第5章 化学热力学基础

学习目标

1. 掌握：热力学中重要的状态函数的概念；热力学第一定律、第二定律及盖斯定律的意义；会进行有关热效应、焓变、熵变及自由能变的计算，并能判断化学反应自发进行的方向。

2. 熟悉：热力学基本概念及常用术语；热化学反应方程式。

3. 了解：熵的含义；利用总熵变判断自发过程的方向。

热力学是研究物质在发生物理变化和化学变化过程中能量及其转化规律的一门科学。应用热力学的原理和方法研究化学反应过程中物质变化和能量变化规律的学科称为化学热力学。它主要研究和解决化学反应中的能量变化、反应方向和限度。本章只初步介绍化学热力学原理及如何利用这些原理判断反应方向和限度。

第1节 热力学第一定律

一、基本概念

（一）体系与环境

为了确定讨论的对象，人为地把所注意的一部分物体与周围其他物体分开。被划分出来的所注意的这部分作为我们的研究对象，称为体系（system）；而与体系密切相关的部分，则称为环境（surrounding）。例如，研究硫酸铜和氢氧化钠在水溶液中的反应，含这两种物质的水溶液就是体系，而盛溶液的容器及溶液上方的空气就是环境。根据体系与环境之间物质和能量的交换情况不同，热力学体系可分为三种类型。

1. 敞开体系 体系与环境之间既有物质交换，又有能量交换。

2. 封闭体系 体系与环境之间没有物质交换，只有能量交换。

3. 孤立体系 体系与环境之间既没有物质交换，又没有能量交换。

例如，一个盛满热水的杯子，将杯中热水作为体系，则此体系为敞开体系。因为它既有水分子的逸出，又有与环境的热量交换。若将杯子盖住，此体系称为封闭体系，因为与环境只有热量交换。如果将加了盖的杯子放入保温瓶里，则此体系就接近孤立体系了。在化学热力学中，主要研究封闭体系。

（二）状态和状态函数

体系的状态是体系所有的物理性质和化学性质的综合表现，这些性质都是宏观的物理量。就像通常用温度、压力等物理量来规定气体的性质一样。当温度、压力改变，气体的状态也会发生改变。这些用以确定体系状态的物理量称为状态函数（surrounding）。

例如，把某理想气体当作体系，其物质的量 $n=1\text{mol}$，压力 $p=1.013\text{kPa}$，体积 $V=22.4\text{L}$，温度 $T=273\text{K}$，这就是该体系的一种状态，而 n、p、V、T 就是状态函数。

若一个体系的状态确定了，那么该体系的各个状态函数都有确定的值。如果一个或几个状态函数发生改变，则体系的状态也就改变了。通常把体系发生改变前的状态称为始态（inital state），变化后的状态称为终态（final state）。

体系的性质，根据它与体系中物质的量的关系，可分为两类。

1. 广度性质 该性质在一定条件下有加和性。其数值与体系中物质的量成正比，如质量、体积等都属于广度性质。

2. 强度性质 该性质的数值不随体系中物质的总量变化，仅由体系中物质本身的特性所决定，不具有加和性。例如，两杯 40℃ 的水混合到一起，温度还是 40℃，不会上升到 80℃，所以温度属于强度性质。

（三）过程和途径

只要体系有一个性质在随时间而发生变化，就称为发生着“过程”（process）。简单地说，状态的变化就是过程。完成这个过程的具体步骤则称为“途径”（path）。当体系的状态发生改变时，状态函数的变化只取决于体系的始态和终态，而与变化的途径无关。

例如，一定量的理想气体由始态（298K，1.013kPa）变到终态（348K，10.13 kPa），可以采取以下两种途径：一种是先升温，再加压；另一种是升温加压同时进行，如图 5-1 所示。

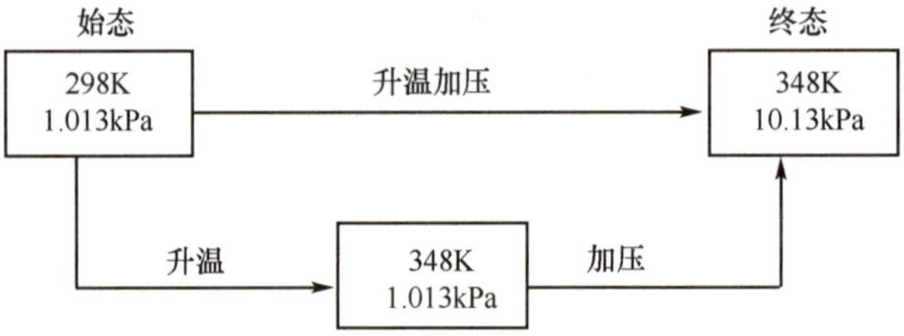

图 5-1 状态变化的过程与途径

热力学中常见的变化过程有：

1. 等温过程 在环境温度恒定时，体系的始态和终态的温度相同且等于环境温度的过程。

2. 等压过程 在环境压力恒定时，体系的始态和终态的压力相同且等于环境压力的过程。

3. 等容过程 在整个变化过程中，体系的体积始终保持不变的过程。

4. 绝热过程 在整个变化过程中，体系与环境之间没有热传递的过程。

（四）热（heat）和功（work）

当体系的状态发生改变时，体系的能量也会随之变化。体系能量的改变可以由多种方式来表现，但概括起来有两种形式，一种是热，一种是功。我们把由于温度不同而在体系和环境之间传递的能量称为热，用符号“Q”表示。除了热的形式以外，其他各种被传递的能量全部称为功，用符号“W”表示。热力学中常把功分为体积功和非体积功。体积功是指当体系的体积发生变化时，为抵抗环境压力所做的功；非体积功是指除体积功以外的其他功，如电功、机械功等。体积功在化学热力学中具有特殊意义，化学反应过程中常涉及的功是体积功。热和功的单位都为焦(J)或千焦(kJ)。

在热力学中用热和功的正负号来表示热量和功的传递方向，习惯如下：

(1) 体系从环境中吸收热量，Q 取正值，反之取负值。

(2) 环境对体系做功，W 取正值；体系对环境做功，W 取负值。

热和功都不是状态函数。这是因为热和功总是与状态的变化联系着。若无过程，体系状态不变，则不会发生体系与环境之间的能量交换，也就没有热和功。

(五) 热力学能

热力学能(thermodynamic energy)通常是指体系内一切能量的总和，也称内能，用符号“U”表示。热力学能一般包括体系内分子或原子的位能、动能；组成体系各个质点互相吸引和排斥的能量；分子内的能量；原子核能等。随着对物质结构认识的不断深入，还将包括其他形式的能量。因为微观粒子运动的复杂性，热力学能的绝对值目前尚无法测定，但它的变化值ΔU，可以通过热和功的传递来计算。热力学能既然是体系内部能量的总和，那就是体系本身的性质，体系在一定状态下应有一定值，即热力学能是状态函数。

知识链接

生物体内的能量代谢

新陈代谢是生物体内所发生地用于维持生命的一系列有序的化学反应的总称。它包括物质代谢和能量代谢两个方面。其中能量代谢是指生物体与外界环境之间能量的交换和生物体内能量的转变过程。能量由一种形式转化为另一种形式的过程中，既不增加，也不减少。机体的能量代谢也遵循这一规律，即在整个能量转化过程中，机体所利用的蕴藏于食物中的化学能与最终转化成的热能和所做的功，按能量来折算是完全相等的。糖类是生物体能量的主要来源之一，它在体内最终水解成葡萄糖，葡萄糖在体内完全氧化生成二氧化碳和水，同时放出热量供生物体生命活动的需要。那么我们如何来计算葡萄糖完全氧化产生多少热量呢?

二、热力学第一定律

热力学第一定律的主要内容就是能量守恒定律，可具体表述为：自然界的一切物质都具有能量，能量有各种不同的形式，能够从一种形式转化为另一种形式，从一个物体传递给另一个物体，而在转化和传递过程中能量的总值不变。

如果有一个封闭体系，它的热力学能是 U_1，我们给这个体系输入一定的热量 Q，同时环境对体系做了一些功 W，结果体系的热力学能变为 U_2。根据热力学第一定律，该体系应存在如下关系：

$$U_2=U_1+Q+W$$

$$U_2-U_1=Q+W$$

即

$$\Delta U=Q+W \tag{5-1}$$

对于一个封闭体系，式(5-1)是热力学第一定律的数学表达式。该式表明热力学能的改变量等于体系从环境吸收的热与环境对体系所做的功之和。

例 5-1 体系从状态 1 变化到状态 2 可有两种不同的途径,当体系选择过程 1 来完成时,放热 397.5 J,同时环境对体系做功 167.4 J;若选择过程 2 来完成,体系对环境做功 83.68 J,同时放热 146.42J。计算两种途径下的热力学能改变量。

解:过程 1:$\Delta U=-397.5+167.4=-230.1(\text{J})$

过程 2:$\Delta U=-146.42-83.68=-230.1(\text{J})$

由此可知,从状态 1 到状态 2,经历的途径不同,即 Q 和 W 的数值不同,但热力学能的改变量相同。说明 Q 和 W 不是状态函数,而 U 是状态函数。

第 2 节 化学反应的热效应

一、反应热与焓

在恒压或恒容而且不做其他非体积功的条件下,当一个化学反应发生后,若使产物的温度回到反应物的起始温度,此时体系放出或吸收的热量称为该反应的热效应,也称反应热。化学反应热是重要的热力学数据,是通过实验测得的。恒容(体积不变)条件下的反应热称为恒容反应热,用 Q_v 表示;恒压(压强不变)条件下的反应热称为恒压反应热,用 Q_p 表示。

设一个封闭体系,在反应中只做体积功,体积功等于压力与体积变化的乘积,即 $W=p\Delta V$。若反应在恒容条件下进行,$\Delta V=0$,则 $W=0$,即没有做体积功。根据热力学第一定律:

$$\Delta U=Q_v \tag{5-2}$$

式(5-2)表示在不做非体积功的恒容条件下,体系所吸收的热量全部用来增加体系的内能。

若反应在恒压条件下进行,且体系对外做功,即 p 为定值,V 由 V_1 变成 V_2,则有:

$$\Delta U=Q_p+W=Q_p-p(V_2-V_1)$$

$$U_2-U_1=Q_p-p(V_2-V_1)$$

$$Q_p=(U_2+pV_2)-(U_1+pV_1) \tag{5-3}$$

在热力学中将$(U+pV)$组合定义为焓,用符号 H 表示。因为 U、p、V 都是体系的状态函数,因此焓也是状态函数。

$$H=U+pV \tag{5-4}$$

由式(5-3)和式(5-4)可得:

$$Q_p=H_2-H_1$$

$$Q_p=\Delta H \tag{5-5}$$

H_1 和 H_2 分别为体系始态和终态的焓,ΔH 是焓的变化,称为焓变。式(5-5)表示,在不做非体积功的恒压条件下,体系所吸收的热量全部用来使体系的焓增加。若化学反应的 ΔH 为正值,表示此反应为吸热反应;ΔH 为负值,则表示此反应为放热反应。

一般的化学反应常在大气压(或一定压力下)进行,许多反应都伴随着体积的变化。因此可以认为通常所说的反应热就等于焓变。

二、热化学方程式

表示化学反应与热效应关系的方程式称为热化学方程式(thermochemical equation)。

由于化学反应的热效应既与反应进行的条件(如压力、温度等)有关,又与反应物和生成物的状态及物质的量有关。因此书写热化学反应方程式时,除了注明反应热之外,还需注意以下几点。

(1) 标明反应的温度和压力。若 298K 和 101.3kPa 条件下,可不予注明。

(2) 在化学式的右侧注明物质的状态。一般用小写英文字母 s、l、g、aq 分别表示固态、液体、气态和水溶液。若物质的状态改变,其反应热也会改变。

(3) 在热化学方程式中,允许化学计量数为分数。必须注意同一个化学反应,化学计量数不同,其反应热也不同。例如:

$$2H_2(g)+O_2(g)=\!=\!=2H_2O(g) \qquad \Delta_r H_m^{\ominus}=-483.6\text{kJ/mol}$$

$$H_2(g)+\frac{1}{2}O_2(g)=\!=\!=H_2O(g) \qquad \Delta_r H_m^{\ominus}=-241.8\text{kJ/mol}$$

$$H_2(g)+\frac{1}{2}O_2(g)=\!=\!=H_2O(l) \qquad \Delta_r H_m^{\ominus}=-285.8\text{kJ/mol}$$

在热化学方程式中,热效应的符号 $\Delta_r H_m^{\ominus}$ 为反应的标准摩尔焓变,常用单位为 kJ/mol。其中 r 代表反应,m 代表 mol,⊖代表标准状态(standard state)。热力学的标准状态分别为:

(1) 压力为 100kPa,即标准压力下的理想气体。若为混合气体则是指各气体的分压为标准分压。

(2) 纯液体或固体,在标准压力下摩尔分数为 1。

(3) 溶液中的溶质,在标准压力下其浓度(严格应为活度)为 1mol/L。

(4) 溶剂为标准压力下的纯溶剂。

三、热效应计算

(一) 盖斯定律

1840 年,盖斯(G. H. Hess)根据一系列实验事实提出了盖斯定律,即不管化学反应是一步完成还是分为几步完成,这个过程的热效应是相同的。也就是说,若一个反应可以分为几步进行,那么各分步反应的反应热之和等于这个反应一次发生时的反应热。盖斯定律实质上是热力学第一定律的引申。因为焓(或热力学能)是状态函数,只要反应的始态和终态相同,则 ΔH(或 ΔU)就是定值,与反应途径无关。

例如,在标准状态下,由 C(石墨)生成 CO_2 的反应可通过以下两种途径来完成,如图 5-2 所示。

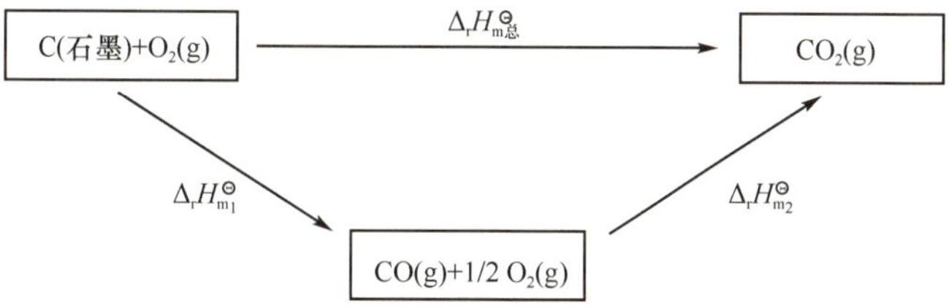

图 5-2 C(石墨)和 $O_2(g)$ 反应生成 $CO_2(g)$ 热效应图解

根据盖斯定律,则有 $\Delta_r H_{m总}^{\ominus}=\Delta_r H_{m_1}^{\ominus}+\Delta_r H_{m_2}^{\ominus}$。

例 5-2 在 298K 时，下列反应的标准反应热：

(1) C(石墨)+O_2(g)══CO_2(g)　　$\Delta_r H_m^\ominus = -393.5$kJ/mol

(2) CO(g)+$\frac{1}{2}O_2$(g)══CO_2(g)　　$\Delta_r H_m^\ominus = -283.0$kJ/mol

试计算反应：C(石墨)+$\frac{1}{2}O_2$(g)══CO(g)的 $\Delta_r H_m^\ominus$。

解：由反应式(1)-反应式(2)可得所求反应，则：

$$\Delta_r H_m^\ominus = \Delta_r H_{m1}^\ominus - \Delta_r H_{m2}^\ominus = -393.5-(-283.0) = -110.5(\text{kJ/mol})$$

并不是所有化学反应的热效应都能用实验的方法测得。运用盖斯定律，能够在一些已测反应热数值的基础上，间接求得那些很难准确测定或无法直接测定的化学反应热效应。例如，上例中根据盖斯定律间接计算出碳与氧化合生成一氧化碳的反应热。

(二) 由标准摩尔生成焓(standard molar enthalpy of formation)计算反应的热效应

由 $Q_p = \Delta H$ 可知，如果知道生成物与反应物的焓值，就可以计算反应热。但是我们无法测出物质焓的绝对值，于是人们采用规定相对标准的方法，利用各物质的相对焓值来计算反应热。

化学热力学规定，某温度下，由最稳定的单质生成 1mol 化合物或其他形式单质时的焓变，称为该温度下这种纯物质的摩尔生成焓，用符号 $\Delta_f H_m$ 表示，单位为 kJ/mol。标准状态下的摩尔生成焓称为标准摩尔生成焓，用符号 $\Delta_f H_m$ 表示。规定标准状态下，最稳定单质的焓值为零。一些常见物质在 298K 时的标准摩尔生成焓见附录 5。

根据盖斯定律和标准摩尔生成焓的定义，可推导出计算标准摩尔焓变，即反应热效应的公式，如图 5-3 所示。

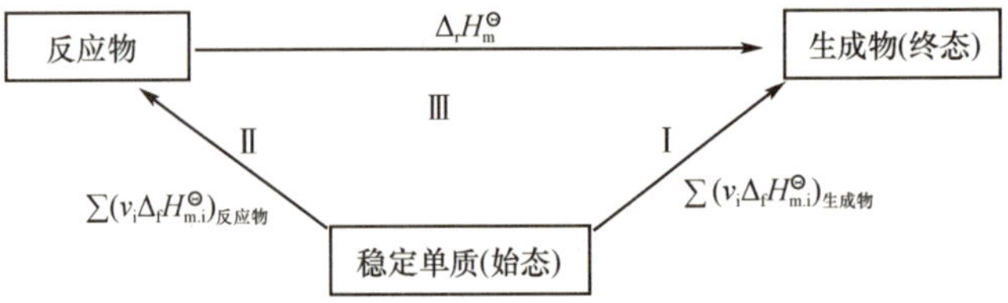

图 5-3　由标准摩尔生成焓计算反应标准摩尔焓变图解

一个反应以单质为始态，经过途径Ⅰ生成生成物(终态)；或经过途径Ⅱ和Ⅲ，首先生成反应物再生成生成物。这两个途径所产生的热效应是相等的。由盖斯定律可推出：

$$\Delta_r H_m^\ominus = \sum(\nu_i \Delta_f H_{m,i}^\ominus)_{生成物} - \sum(\nu_i \Delta_f H_{m,i}^\ominus)_{反应物} \tag{5-6}$$

式(5-6)中，ν_i 为反应方程式中 i 物质的化学计量数。该公式的意义为：化学反应的标准摩尔焓变等于生成物的标准摩尔生成焓之和减去反应物的标准摩尔生成焓之和。计算中应注意标准摩尔生成焓需乘以反应式中相应物质的化学计量数。

例 5-3 葡萄糖的氧化是人体能量的主要来源，计算 298K 时下列反应的标准摩尔焓变。

$$C_6H_{12}O_6(s)+6O_2(g)══6CO_2(g)+6H_2O(l)$$

解：查附录四得到各物质的标准摩尔生成焓，根据公式(5-6)可得：

$$\begin{aligned}\Delta_r H_m^\ominus &= [6\Delta_f H_m^\ominus(CO_2,g) + 6\Delta_f H_m^\ominus(H_2O,l)] - [\Delta_f H_m^\ominus(C_6H_{12}O_6,s) + 6\Delta_f H_m^\ominus(O_2,g)] \\ &= [6\times(-393.5) + 6\times(-285.8)] - [-1273.3 + 6\times 0] \\ &= -2802.5(\text{kJ/mol})\end{aligned}$$

（三）由标准摩尔燃烧焓（standard molar enthalpy of combustion）计算反应的热效应

大多数有机物很难甚至不能由稳定单质直接合成，因此有机物的标准摩尔生成焓难以测得。但几乎所有有机物都易燃烧，燃烧热很容易通过实验测定，故常用标准摩尔燃烧焓来计算有机化学反应的标准摩尔焓变。

1mol 物质完全燃烧时产生的热效应，称为该物质的摩尔燃烧焓。用符号 $\Delta_c H_m$ 表示。标准状态下的摩尔燃烧焓，称为标准摩尔燃烧焓，用符号 $\Delta_c H_m^\ominus$ 表示，单位为 kJ/mol。这里所说的完全燃烧是指物质被燃烧后生成最稳定的化合物或单质，如 C 变为 $CO_2(g)$，H 变为 $H_2O(l)$，N 变为 $N_2(g)$，Cl 变为 HCl(aq) 等，规定这些生成物的标准摩尔燃烧焓为零。一些常见有机物在 298K 时的标准摩尔燃烧焓见附录 4。

利用标准摩尔燃烧焓，同样可求得反应的标准摩尔焓变。标准摩尔燃烧焓和标准摩尔焓变的关系如图 5-4 所示。

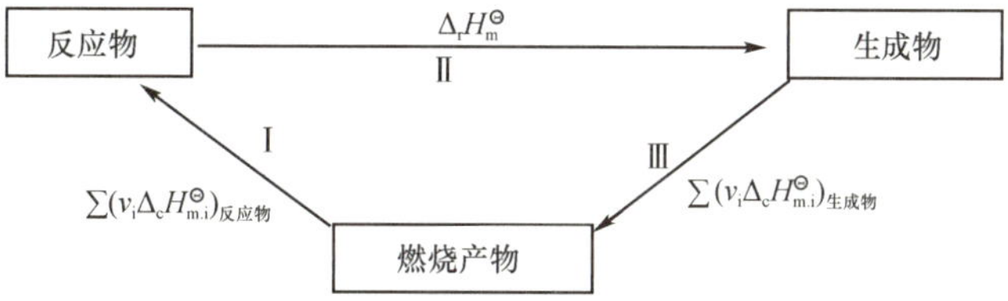

图 5-4 由标准摩尔燃烧焓计算反应标准摩尔焓变图解

反应物既可以经过途径Ⅰ直接燃烧变为燃烧产物，也可以经途径Ⅱ和Ⅲ先转变为生成物，再燃烧变为燃烧产物。途径不同，燃烧产物相同。由盖斯定律可推出：

$$\Delta_r H_m^\ominus = \sum(\nu_i \Delta_c H_{m,i}^\ominus)_{反应物} - \sum(\nu_i \Delta_c H_{m,i}^\ominus)_{生成物} \qquad (5\text{-}7)$$

式（5-7）表明，化学反应的标准摩尔焓变等于反应物的标准摩尔燃烧焓之和减去生成物的标准摩尔燃烧焓之和。注意与式（5-6）比较，两式中的减数与被减数的关系正好相反。

例 5-4 利用标准摩尔燃烧焓计算下列反应的标准摩尔焓变。

$$HCOOH(l) + CH_3OH(l) = HCOOCH_3(l) + H_2O(l)$$

解：查附录四得到各物质的标准摩尔燃烧焓，根据公式（5-7）可得：

$$\begin{aligned}\Delta_r H_m^\ominus &= [\Delta_c H_m^\ominus(HCOOH,l) + \Delta_c H_m^\ominus(CH_3OH,l)] - [\Delta_c H_m^\ominus(HCOOCH_3,l) + \Delta_c H_m^\ominus(H_2O,l)]\\ &= [254.6 + 726.1] - [927.6 + 0]\\ &= 8.1(kJ/mol)\end{aligned}$$

第 3 节 热力学第二定律

热力学第一定律是能量转化及能量守恒定律，它只说明了过程发生时的能量变化，而对于过程能否发生及进行的限度则不能预言。有关化学反应的方向及限度问题，必须用热力学第二定律来解决。

一、自发过程

实践证明，自然界中所发生的过程都具有一定的方向性。例如，水从高处流向低处；热量从高温物体传向低温物体；电流从高电位流向低电位等，这些过程都是在一定条件下，不需要外力作用可自动进行的过程,我们称之为自发过程(spontaneous process)。

自发过程是不可逆过程,即自发过程的逆过程是非自发的。例如,没有外力的作用水不会从低处流向高处;生锈的铁不处理不会自动变成无锈的。自发过程具有做功的能力。例如,利用高处流下的水可以推动水轮机做机械功。自发过程具有一定的限度。例如,存在温差的两个物体,当通过热量传导,两物体温差为零时,自发过程也就停止了。

每个自发过程都有一个物理量来衡量自发进行的方向和限度。例如,用温度判断热传导过程的方向和限度;用压力判断气体膨胀过程的方向和限度等。那么在一定条件下,一个化学反应能否自发进行,反应进行的限度如何,也一定存在一个衡量的判据。研究发现体系的能量和体系的混乱度是影响化学反应自发进行的两个因素。

二、熵与熵变

例如,H_2和 N_2由单独存在到均匀混合这一过程。体系的始态是:一边是氢气分子,一边是氮气分子,分子排列较有秩序,即“有序性”。体系的终态是:两种气体混合均匀,有序性降低,出现较混乱的混合状态,即体系的“混乱度”增加了,如图 5-5 所示。

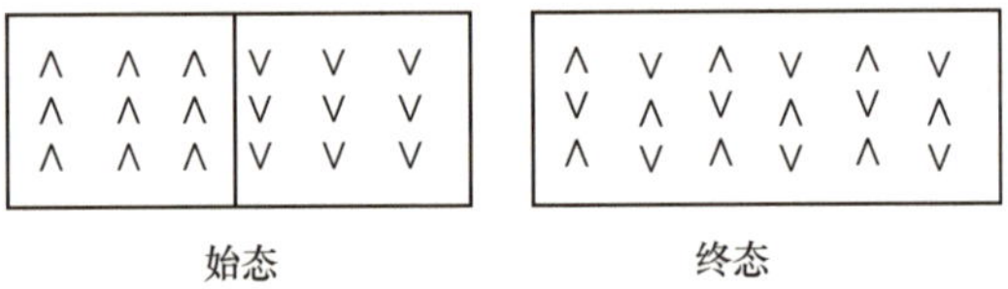

图 5-5 “混乱度”增加示意图

∨和∧分别代表 H_2 和 N_2

熵(entropy)是体系混乱度的量度。用符号 S 表示,其 SI 单位为 J/K。熵同热力学能和焓一样,均是体系的状态函数。体系的混乱度越大,其熵值越大;反之体系的混乱度越小,其熵值越小。

热力学规定:在 0K 时,任何物质完美晶体的熵值为零。根据这条规定,通过实验和计算求得各种物质在指定温度下的熵值,称为物质的规定熵。在标准压力下 1mol 纯物质的熵值称为标准熵,用符号 $S_m^\ominus$ 表示,单位为 J/(K · mol)。一些常见物质在 298K 时的标准摩尔熵(standard molar entropy)见附录 5。

有了各种物质的标准熵值,就可以方便地计算化学反应的标准摩尔熵变了。计算公式为:

$$\Delta_r S_m^\ominus = \sum(\nu_i S_{m,i}^\ominus)_{生成物} - \sum(\nu_i S_{m,i}^\ominus)_{反应物} \tag{5-8}$$

例 5-5 求反应 $2HCl(g) \xlongequal{} H_2(g)+Cl_2(g)$ 的标准摩尔熵变。

解:查附表五得到各物质的标准摩尔熵,根据公式(5-8)可得:

$$\begin{aligned}\Delta_r S_m^\ominus &= S_m^\ominus(H_2,g) + S_m^\ominus(Cl_2,g) - 2S_m^\ominus(HCl,g)\\ &= 130+223-2\times187\\ &= -21 J/(K \cdot mol)\end{aligned}$$

热力学第二定律指出,自发过程总是向着使总熵值(包括体系和环境的熵)增加的方向进行,即:

$$\Delta S_{总}\begin{cases}>0 & 自发过程\\ =0 & 可逆过程\\ <0 & 非自发过程\end{cases}$$

三、吉布斯自由能与化学反应方向

（一）用吉布斯自由能（free energy）变判断反应进行方向

为了方便判断自发过程的方向，人们设法将总熵变只与体系的性质联系起来，对于等温、等压且不做非体积功的化学反应则有：

$$\Delta H - T\Delta S \leqslant 0 \tag{5-9}$$

$$\Delta(H-TS) \leqslant 0$$

$$G = H - TS \tag{5-10}$$

G 称为吉布斯自由能，简称自由能。因为 H、T、S 都是状态函数，因此由它们组成的新的物理量 G 也是状态函数。

由式（5-9）和（5-10）可知：

$$\Delta G = \Delta H - T\Delta S \tag{5-11}$$

$$\Delta G \leqslant 0 \tag{5-12}$$

ΔG 称为自由能变，它只与体系的始态和终态有关而与过程无关，是可以测得的。式（5-12）为等温、等压且不做非体积功条件下的化学反应自发进行的判据，即：

$$\Delta G\begin{cases} >0 & \text{反应不能自发进行} \\ =0 & \text{反应处于平衡状态} \\ <0 & \text{反应能自发进行} \end{cases}$$

式（5-11）称为吉布斯-赫姆霍兹公式，式中 T 为热力学温度，ΔG、ΔH、ΔS 分别为某热力学温度下的自由能变、焓变和熵变。公式表明，等温、等压且不做非体积功条件下化学反应的方向和限度的判据——自由能变是由焓变和与熵变有关的 $T\Delta S$ 两项决定的。如果这两项使 ΔG 为负值，则正反应为自发反应。由此可见，焓和熵对化学反应的进行方向都有影响，只是条件不同产生的影响不同而已。表 5-1 列出了焓变和熵变在不同温度下对自由能变的影响的四种情况。

表 5-1　恒压下温度对反应自发性的影响

	ΔH	ΔS	ΔG	结论
类型Ⅰ	−	+	−	任何温度都是自发过程
类型Ⅱ	+	−	+	任何温度都是非自发过程
类型Ⅲ	+	+	低温+	低温时是非自发过程
			高温−	高温时是自发过程
类型Ⅳ	−	−	低温−	低温时是自发过程
			高温+	高温时是非自发过程

（二）标准状态下吉布斯自由能变的计算

化学热力学规定，在标准状态下，由最稳定单质生成 1mol 化合物的吉布斯自由能变，称为该化合物的标准摩尔生成自由能（standard free energy of formation），用符号 $\Delta_f G_m^\ominus$ 表示，单位为 kJ/mol。标准状态下，最稳定单质的标准摩尔生成自由能为零。一些常见物质在 298K 时的标准摩尔生成自由能见附录五。

有了各种物质的标准摩尔生成自由能的数据后，就可以方便地计算化学反应的标准摩尔自由能变了。计算公式为：

$$\Delta_r G_m^{\ominus} = \sum(\nu_i \Delta_f G_{m,i}^{\ominus})_{生成物} - \sum(\nu_i \Delta_f G_{m,i}^{\ominus})_{反应物} \tag{5-13}$$

例 5-6 糖代谢的总反应为：

$$C_{12}H_{22}O_{11}(s)+12O_2(g)=\!=\!=12CO_2(g)+11H_2O(l)$$

试计算该反应在 298K 时的标准摩尔自由能变，并判断此反应能否自发进行？

解：查附表 4 得到各物质的标准摩尔生成自由能，根据公式(5-13)可得：

$$\begin{aligned}\Delta_r G_m^{\ominus} &= [12\Delta_f G_m^{\ominus}(CO_2,g) + 11\Delta_f G_m^{\ominus}(H_2O,l)] - [12\Delta_f G_m^{\ominus}(O_2,g) + \Delta_f G_m^{\ominus}(C_{12}H_{22}O_{11},s)]\\ &= [12\times(-394.4)+11\times(-237.1)]-(12\times0-1544.6)\\ &= -5796.3(kJ/mol)\end{aligned}$$

$\Delta_r G_m^{\ominus}<0$，表明该反应在标准状态下可以自发进行。

利用化学反应的标准摩尔自由能变能判断标准状态下的反应进行方向。实际上许多化学反应并不是在标准状态下完成的，因此要利用非标准状态的自由能变来判断反应进行方向。那么如何计算非标准状态下的自由能变呢？

因为本章要求计算只用各物质分压为 101.3kPa 下的自由能变，所以非标准状态只考虑温度变化即可。根据公式(5-10)，由于温度对反应的标准摩尔焓变和标准摩尔熵变的影响很小，因此求温度 T 时的摩尔自由能变，可采用 298K 时的标准摩尔焓变和标准摩尔熵变数值，公式为：

$$\Delta_r G_m^{\ominus} = \Delta_r H_m^{\ominus}(298K) - T\Delta_r S_m^{\ominus}(298K) \tag{5-14}$$

例 5-7 计算下列反应在 373K 时的 $\Delta_r G_m^{\ominus}$，并判断反应能否自发进行？

$$\frac{1}{2}I_2(g)+\frac{1}{2}H_2(g)=\!=\!=HI(g)$$

解：根据公式(5-6)298K 时反应的标准摩尔焓变为：

$$\begin{aligned}\Delta_r H_m^{\ominus} &= \Delta_f H_m^{\ominus}(HI,g) - \frac{1}{2}\Delta_f H_m^{\ominus}(I_2,g) - \frac{1}{2}\Delta_f H_m^{\ominus}(H_2,g)\\ &= 26.5-\frac{1}{2}\times62.2-0\\ &=-4.6(kJ/mol)\end{aligned}$$

根据公式(5-8)298K 时反应的标准摩尔熵变为：

$$\begin{aligned}\Delta_r S_m^{\ominus} &= S_m^{\ominus}(HI,g) - \frac{1}{2}S_m^{\ominus}(I_2,g) - \frac{1}{2}S_m^{\ominus}(H_2,g)\\ &= 206.6 - \frac{1}{2} \times 260.7 - 0\\ &= 76.25J/(K\cdot mol)\end{aligned}$$

根据公式(5-14)373K 时反应的摩尔自由能变为：

$$\begin{aligned}\Delta_r G_m^{\ominus} &=\Delta_r H_m^{\ominus}(298K)-T\Delta_r S_m^{\ominus}(298K)\\ &= -4.6-373\times76.25\times10^{-3}\\ &=-33.04(kJ/mol)\end{aligned}$$

因 $\Delta_r G_m^{\ominus}(373K)<0$，故该反应在 373K 时能自发进行。

目标检测

一、选择题

（一）单项选择题

1. 下列说法正确的是（　　）
   A. 水的生成热即是氢气的燃烧热
   B. 水的生成热即是氧气的燃烧热
   C. 水蒸气的生成热即是氢气的燃烧热
   D. 水蒸气的生成热即是氧气的燃烧热
   E. 以上说法都不对
2. 在恒温恒压下，某反应的 $\Delta_r H_m^{\ominus}>0$，$\Delta_r S_m^{\ominus}>0$，下列说法正确的是（　　）
   A. 正向反应自发进行　　B. 逆向反应自发进行
   C. 高温下自发进行　　D. 低温下自发进行
   E. 任何条件下都能自发进行
3. 一个封闭体系从状态1到状态2，经历了两条不同的途径，则下列等式成立的是（　　）
   A. $U_1=U_2$　　B. $Q_1=Q_2$
   C. $W_1=W_2$　　D. $\triangle U=0$
   E. $Q_1+W_1=Q_2+W_2$
4. 已知反应：A+B=C+D，$\Delta_r H_1^{\ominus}$，C=E+F，$\Delta_r H_2^{\ominus}$，则反应 A+B=E+F+D 的 $\Delta_r H_m^{\ominus}$ 为：
   A. $\Delta_r H_1^{\ominus}-\Delta_r H_2^{\ominus}$　　B. $\Delta_r H_1^{\ominus}+\Delta_r H_2^{\ominus}$
   C. $2\Delta_r H_1^{\ominus}+\Delta_r H_2^{\ominus}$　　D. $\Delta_r H_1^{\ominus}-2\Delta_r H_2^{\ominus}$
   E. $2\Delta_r H_1^{\ominus}-\Delta_r H_2^{\ominus}$
5. 下列不是状态函数的是（　　）
   A. U　　B. S
   C. $W+Q$　　D. $U+pV$
   E. ΔG
6. 盖斯定律的适用条件是（　　）
   A. 反应在可逆条件下
   B. 反应在恒容且只做体积功条件下进行
   C. 反应在恒压且只做体积功条件下进行
   D. B、C 都正确
   E. 反应在任何条件下
7. 某一过程的 $\Delta_r G_m^{\ominus}=0$，该过程应满足的条件是（　　）
   A. 等温等压只做体积功
   B. 等温等容只做体积功
   C. 等温等压只做非体积功
   D. 等温等容只做非体积功
   E. 等温等压等容只做非体积功
8. 热力学第一定律的数学表达式 $\Delta U=Q+W$ 只能适用于（　　）
   A. 封闭体系　　B. 敞开体系
   C. 孤立体系　　D. 任何体系
   E. 封闭和敞开封闭体系体系
9. 反应 $Na_2O_2(s)$ ══ $Na_2O(s)+\frac{1}{2}O_2(g)$ 的 $\Delta_r H_m^{\ominus}$ 值为（　　）（已知 Na_2O 和 Na_2O_2 的标准摩尔生成焓分别为−415.8kJ/mol 和−504.6kJ/mol）
   A. −88.8kJ/mol　　B. 88.8kJ/mol
   C. 177.6kJ/mol　　D. −177.6kJ/mol
   E. −593.4kJ/mol
10. $2NO(g)+O_2(g)$ ══ $2NO_2(g)$ 反应达到平衡时的温度为（　　）
    已知 $\Delta_r H_m^{\ominus}=-114kJ/mol$，$\Delta_r S_m^{\ominus}=-146J/(K\cdot mol)$
    A. 1053K　　B. 755K
    C. 1326K　　D. 781K
    E. 779K

（二）多项选择题

1. 下列物理量为热力学状态函数的是（　　）
   A. H　　B. S
   C. G　　D. U
   E. Q
2. 下列说法正确的是（　　）
   A. 冰融化成水，$\Delta S>0$
   B. 体系向环境吸热40kJ，同时对环境做功20kJ，则该体系的 $\Delta U=60kJ$
   C. H、G、P、Q 都是状态函数
   D. Q 和 W 与途径有关，因此 $Q+W$ 也与途径有关
   E. 某体系由状态Ⅰ经可逆过程到达状态Ⅱ，再由状态Ⅱ经不可逆过程回到状态Ⅰ，则体系的 ΔU、ΔH、ΔS 和 ΔG 均为零
3. 下列说法错误的是（　　）
   A. 反应 $\Delta_f G_m^{\ominus}(298K)>0$，该反应在任何温度下都不能自发进行
   B. 因为 $\Delta_r H_m^{\ominus}=Q_p$，所以只有等压过程才有焓变
   C. 稳定单质的 $\Delta_f H_m^{\ominus}$、$\Delta_f G_m^{\ominus}$、$S_m^{\ominus}$ 均为零
   D. 生成物的分子数比反应物多，该反应的 $\Delta_r S_m$ 一定为正值
   E. $\Delta_r H_m^{\ominus}>0$，$\Delta_r S_m^{\ominus}>0$ 的反应在高温下有可能自发进行
4. 下列物质的 $\Delta_r H_m^{\ominus}$ 等于零的是（　　）

A. C(石墨)　　B. C(金刚石)
C. Ne(g)　　D. $Cl_2(l)$
E. Fe(s)

5. 在封闭体系中，体系由状态 Ⅰ 变到状态 Ⅱ，下列哪些量是不确定的(　　)
A. Q　　B. W
C. $Q+W$　　D. ΔU
E. ΔG

二、简答题

1. 试叙述热力学第一定律，并写出其数学表达式。
2. 热量和功是否为体系性质？是否为状态函数？
3. 判断在 298K 的标准状态下下列反应自发进行的方向。
(1) $C_6H_{12}O_6(s) = 2C_2H_5OH(l) + 2CO_2(g)$
(2) $2H_2(g) + O_2(g) = 2H_2O(g)$
(3) $N_2(g) + 3H_2(g) = 2NH_3(g)$

三、计算题

1. 已知下列热化学反应方程式：
(1) $MnO_2(s) = MnO(s) + \frac{1}{2}O_2(g)$
$\Delta_r H^{\ominus}_{m_1} = 138.4kJ/mol$
(2) $MnO_2(s) + Mn(s) = 2MnO(s)$
$\Delta_r H^{\ominus}_{m_2} = -250.1kJ/mol$
计算反应 $3MnO(s) + \frac{1}{2}O_2(g) = 2MnO_2(s) + Mn(s)$ 反应热 $\Delta_r H^{\ominus}_m$。
2. 利用标准摩尔生成焓计算下列反应的标准摩尔焓变 $\Delta_r H^{\ominus}_m$，并判断该反应是放热反应还是吸热反应？
$2CO(g) + Fe_2O_3(s) = 2Fe(s) + 3CO_2(g)$
3. 计算下列反应在 298K 时的标准摩尔焓变、标准摩尔熵变及标准摩尔自由能变，并讨论能否利用该反应净化汽车尾气中的 NO 和 CO？
$$CO(g) + NO(g) = CO_2(g) + \frac{1}{2}N_2(g)$$
4. 求反应 $CaCO_3(s) = CaO(s) + CO_2(g)$ 在 1200K 时的 $\Delta_r G^{\ominus}_m$ 及反应自发进行的最低温度。[$\Delta_r H^{\ominus}_m(298K) = 178kJ/mol$，$\Delta_r S^{\ominus}_m(298K) = 160.4J/(K \cdot mol)$]

（刘晓瀛）

第6章 电解质溶液

学习目标

1. 掌握：酸碱反应的实质；弱电解质解离平衡的特点；解离度、同离子效应的概念；水的离子积常数的概念及计算；缓冲溶液的组成及缓冲原理；溶度积与溶解度的关系。

2. 熟悉：酸碱及酸碱强度的概念；水溶液中弱酸、弱碱的解离平衡；酸碱溶液 pH 近似计算；溶度积规则；通过缓冲溶液 pH 的计算进行缓冲溶液的选择及配制；血液中的缓冲对；沉淀的生成、溶解及转化。

3. 了解：离子相互作用理论；活度、活度因子、离子强度的概念及离子强度的计算；缓冲溶液的缓冲容量和缓冲范围的概念。

前面已经学习了溶液是由溶质和溶剂组成的，溶质又分为电解质和非电解质。电解质在化学和实际生活中经常遇到，与人体关系尤为密切，它通常以离子的形式广泛存在于人的体液当中。它们的含量和存在状态，直接影响到体液的渗透平衡和酸碱度，同时也对神经、肌肉等组织的生理、生化功能起着重要的调节作用。因此，本章重点介绍电解质的相关内容。

电解质（electrolyte）是指在水溶液中或熔融状态下能导电（能解离出自由移动的离子）的化合物，它在水溶液中全部或部分以离子形式存在，因此电解质之间的反应实质上是离子反应，离子反应可分为酸碱反应、沉淀反应、氧化还原反应和配位反应四大类。本章将在应用化学平衡原理的基础上重点学习酸碱反应和沉淀反应。

第1节 强电解质理论

电解质有强弱之分，在水溶液中或熔融状态下全部解离的化合物称为强电解质（strong electrolyte），部分解离的化合物称为弱电解质（weak electrolyte）。电解质的解离程度可以用解离度（α）来定量地表示，解离度是指电解质达到解离平衡时，已解离的分子数和原有的分子总数的比值。本节将讨论关于强电解质的某些理论。

一、离子相互作用理论

现代物质结构理论和测试手段都证明，像 NaCl 这样的强电解质，不论是在水溶液中还是在晶体中都不以分子形式存在。就是说强电解质在溶液中是全部解离的，解离度应为

100%。但是,根据溶液导电性的实验所测得的强电解质在溶液中的解离度却都小于100%。例如,0.10mol/L 的 KCl 溶液解离度为86%,H_2SO_4溶液的解离度为61%。为了解释上述矛盾现象,1923年德拜(P. Debye)和休克尔(E. Huckel)首先提出了离子相互作用理论,也就是D-H互吸理论。

该理论认为:①强电解质在水溶液中完全解离成正负离子;②由于离子间的静电引力作用,在溶液中每一个离子都被多个带相反电荷、分布不均匀的离子所包围;③离子在受到带异种电荷的离子的引力的同时,也受到带同种电荷的离子的斥力。由此说明离子并不完全自由。

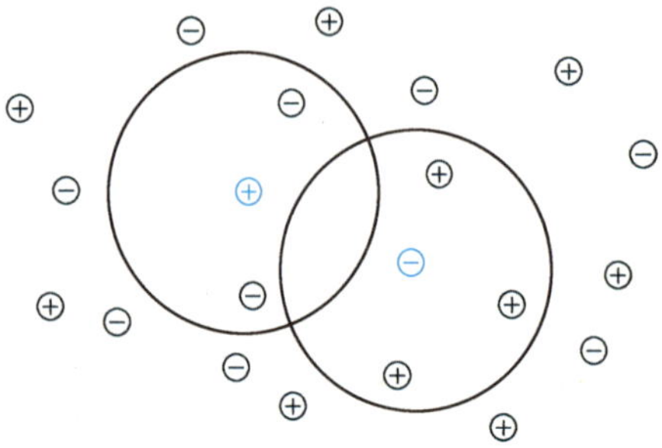

图6-1 离子氛示意图

溶液中的离子都被周围带相反电荷的离子包围,称为"离子氛"(ionic atmosphere)。每一个阳离子周围形成了带负电荷的离子氛,而每一个阴离子周围形成了带正电荷的离子氛。如图6-1所示,在一个正离子周围,负离子出现的概率要比正离子大;在一个负离子周围,正离子出现的概率要比负离子大。由于离子氛的存在,离子间相互作用而互相牵制,所以,在外电场的作用下,离子的迁移速率减小,真正发挥输送电荷作用的离子数少于电解质完全解离时应有的离子数,即用导电性实验测得的解离度也相应地减小。

二、活度、活度因子和离子强度

由离子相互作用理论可知,强电解质的解离度的意义与弱电解质的解离度完全不同。弱电解质的解离度表示已解离分子所占的百分数;强电解质的解离度仅反映溶液中离子间相互牵制作用的强弱程度。因此,强电解质的解离度被称表观解离度。

(一)活度和活度因子

由于强电解质溶液中离子间的牵制作用,使得离子实际发挥作用的浓度比理论浓度要小。单位体积电解质溶液中,离子实际发挥作用的浓度称为有效浓度,也称活度(符号为α)。活度与离子理论浓度c的关系为:

$$\alpha=\gamma \cdot c \tag{6-1}$$

γ称为活度因子,它反映了电解质溶液中离子相互牵制作用的大小。溶液浓度越大,离子电荷越高,离子的牵制作用越大,γ越小,活度和实际浓度间的差距越大;反之亦然。当浓度极稀时,离子之间平均距离增大,离子间相互牵制作用极弱,$\gamma \to 1$,活度与理论浓度趋于一致。在近似计算中,通常将中性分子、液态和固态物质、纯水及弱电解质的活度因子均看作为1。

(二)离子强度

当多种离子同时存在于溶液中时,它们之间的相互作用非常复杂,这种相互作用与溶液中总体的离子浓度及电荷数(z)有关。为了进一步衡量溶液中离子间相互作用的情况,路易斯(Lewis)于1921年提出离子强度的概念。

离子强度是用来衡量溶液中离子与它的离子氛之间的作用强弱(离子间相互作用力强弱)的量。离子浓度越大,离子所带电荷越高,离子与离子氛之间的作用越强,离子间相互作用越大。其表达式为：

$$I = \frac{1}{2}(b_1z_1^2 + b_2z_2^2 + b_3z_3^2 + \cdots + b_iz_i^2) = \frac{1}{2}\sum b_iz_i^2 \qquad (6\text{-}2)$$

式中，I 为离子强度，单位为 mol/kg；b_i 为 i 离子的质量摩尔浓度，单位为 mol/kg；z_i 为 i 离子的电荷数。由此可见，离子强度仅与溶液中的各离子的浓度和电荷有关，与离子本性无关。

例 6-1　求下列溶液的离子强度。(1) 0.01mol/kg 的 $BaCl_2$ 的溶液；(2) 0.10mol/kg 盐酸和 0.10mol/kg $CaCl_2$ 溶液等体积混合后形成的溶液。

解：(1) $b(Ba^{2+}) = 0.01 mol/kg$，$b(Cl^-) = 0.02 mol/kg$，$z(Ba^{2+}) = 2$，$z(Cl^-) = -1$

$$I = \frac{1}{2}\sum b_iz_i^2 = \frac{1}{2}[0.01 \times 2^2 + 0.02 \times (-1)^2] = 0.03(mol/kg)$$

(2) 混合溶液中：$b(H^+) = 0.05 mol/kg$，$b(Ca^{2+}) = 0.05 mol/kg$，

$b(Cl^-) = 0.15\ mol/kg$，$z(H^+) = +1$，$z(Ca^{2+}) = +2$，$z(Cl^-) = -1$

$$I = \frac{1}{2}\sum b_iz_i^2 = \frac{1}{2}[0.05 \times 1^2 + 0.05 \times 2^2 + 0.15 \times (-1)^2] = 0.20(mol/kg)$$

电解质溶液的理论浓度与活度之间是有差别的，都应该用活度来进行计算，但对于稀溶液、弱电解质溶液、难溶性强电解质溶液作近似计算时，通常就用浓度来代替活度，因为在这些情况下，溶液中的离子浓度均很低，离子强度很小，γ 值趋近于 1。

第 2 节　弱电解质的解离

电解质在水溶液中或熔融状态下形成能自由移动的离子的过程称作解离。在水溶液中全部解离成离子的化合物为强电解质，强酸、强碱和绝大多数的盐为强电解质；在水溶液中部分解离成离子的化合物为弱电解质，弱酸、弱碱和极少数的盐为弱电解质。本节将讨论有关弱电解质的解离的内容。

一、解离平衡

弱电解质的解离是可逆的，即分子可以解离成离子，离子间还可以再重新结合成分子。在一定温度下，当弱电解质分子解离成离子的速率和离子结合成分子的速率相等时，溶液中的分子和各个离子的浓度不再随着时间而改变，我们就说弱电解质的解离达到了平衡状态，称为解离平衡，也称质子转移平衡。它符合一般化学平衡原理。只有弱电解质才会建立解离平衡状态。例如：

$$NH_3 \cdot H_2O \rightleftharpoons NH_4^+ + OH^-$$

$$HAc \rightleftharpoons H^+ + Ac^-$$

解离平衡与我们学过的可逆反应的化学平衡很相似。弱电解质的解离平衡状态也存在如下几个特点：①弱电解质解离达到解离平衡状态后，溶液中的分子和各个离子的浓度不再随着时间而改变；②平衡时弱电解质分子解离成离子的速率和离子结合成分子的速率相等；③同化学平衡一样，解离平衡建立后，分子继续解离成离子，离子也可继续结合成分子，即解离平衡也是一个动态平衡；④解离平衡是有条件的，改变影响解离平衡的条件，平衡也会随之改变。原有平衡遭到破坏，新的条件下会建立新的平衡。

这种由于条件(浓度、温度)的改变,弱电解质由原来的解离平衡状态达到新的解离平衡状态的过程,称为解离平衡的移动。

增大分子的浓度或减小离子的浓度,解离平衡向右移动;增大离子的浓度或减小分子的浓度,解离平衡向左移动。

解离是一个吸热过程,升高温度解离平衡向右移动,降低温度,解离平衡向左移动。

二、解离平衡常数

在一定温度下,弱电解质达到解离平衡状态时,溶液中已解离的各离子的浓度幂的乘积与未解离的弱电解质分子的浓度之比为一常数,称为解离平衡常数(dissociation constant),简称解离常数,用符号 K_i 表示。对于某一元弱酸 HA 溶液中存在以下解离平衡:

$$HA \rightleftharpoons H^+ + A^-$$

$$K_i = \frac{[H^+][A^-]}{[HA]} \tag{6-3}$$

相同条件下,不同弱电解质有不同的解离常数。解离常数越大,弱电解质越易解离;解离常数越小,弱电解质越难解离。解离常数反映了弱电解质解离程度的相对强弱。同类型的弱酸、弱碱的相对强弱,可通过比较其 K_i 值来决定。同所有的平衡常数一样,解离平衡常数与温度、弱电解质的性质有关,与弱电解质的浓度无关。

三、解离度

解离常数能反映出弱电解质解离程度的相对强弱,而弱电解质的解离程度也可以用解离度(degree of dissociation)来表示。

一定温度下,弱电解质在溶液中已经达到解离平衡时,已经解离的弱电解质分子数与弱电解质分子总数的比值,称为该弱电解质的解离度。其符号为 α,数学表达式为

$$\alpha = \frac{\text{已解离的弱电解质分子数}}{\text{解离前弱电解质分子总数}} \times 100\% \tag{6-4}$$

在相同条件下,不同弱电解质的解离度越大,弱电解质相对越强;解离度越小,弱电解质相对越弱。所以,解离度可以定量地表示弱电解质的相对强弱。

弱电解质解离度的大小,主要取决于电解质的本性。同时也与弱电解质的浓度和温度有关。因此,讨论解离度时,必须指明溶液的浓度和温度。由于解离是一吸热过程,升高温度,解离平衡向右移动,解离度增大;降低温度,解离度减小。浓度越小,离子间相互碰撞重新结合成分子的机会越小,所以解离度越大;反之亦然。

四、解离平衡常数和解离度的关系

解离度与解离平衡常数都可以用来比较弱电解质的相对强弱。下面以 HAc 的解离平衡为例来讨论两者之间的关系。

设 HAc 溶液的浓度为 c(mol/L),解离度为 α。

	$HAc \rightleftharpoons$	$H^+ +$	Ac^-
初始浓度:	c	0	0
平衡浓度:	$c - c\alpha$	$c\alpha$	$c\alpha$

由 6-3 可得：
$$K_i=\frac{[H^+][Ac^-]}{[HAc]}=\frac{c\alpha\cdot c\alpha}{c-c\alpha}=\frac{c\alpha^2}{1-\alpha}$$

HAc 属弱电解质，一般 $\alpha<5\%$，则 $1-\alpha\approx1$

所以
$$K_i=c\alpha^2 \text{或} \alpha=\sqrt{\frac{K_i}{c}} \tag{6-5}$$

式(6-5)也称为稀释公式。公式表明：一定温度下，同一弱电解质的解离度与其浓度的平方根成反比，浓度越小，解离度越大；相同浓度的不同弱电解质的解离度与其解离常数的平方根成正比，解离常数越大，解离度也越大。

五、同离子效应和盐效应

在滴有酚酞试液的氨水中，加入少量 NH_4Cl 晶体，振荡使之溶解，此时溶液的颜色变浅，说明溶液的碱性减弱，即[OH^-]降低。氨水为弱电解质，NH_4Cl 为强电解质，解离过程如下：

$$NH_3\cdot H_2O \rightleftharpoons NH_4^+ + OH^-$$
$$NH_4Cl = NH_4^+ + Cl^-$$

在氨水的解离平衡体系中加入强电解质 NH_4Cl，NH_4Cl 全部解离成 NH_4^+ 和 Cl^-，从而增大了氨水原有平衡体系中的[NH_4^+]，解离平衡遭到破坏并向左移动，达到新的平衡时，溶液中[OH^-]降低，[$NH_3\cdot H_2O$]增大，解离度减小。像这样，在弱电解质溶液里，加入与弱电解质具有相同离子的强电解质时，解离平衡左移，弱电解质解离度减小的现象称为同离子效应(common ion effect)。

在氨水溶液中加入少量 NaCl 晶体后，同样会破坏氨水的解离平衡。由于 NaCl 与氨水不含相同离子，溶液中增加了 Na^+和 Cl^-，离子总浓度增大，离子的相互作用增强，使离子结合成分子的机会减少，解离度会有所增大。像这样，在弱电解质溶液中加入与弱电解质具有不同离子的强电解质时，使得弱电解质的解离度有所增大的现象称为盐效应(salt effect)。

在氨水中加入 NH_4Cl 晶体，NH_4^+ 导致同离子效应发生的同时，NH_4Cl^-对氨水的解离平衡也会产生盐效应。但与同离子效应相比较，盐效应要弱得多，所以考虑同离子效应时往往忽略盐效应，在一般计算中也可不予考虑。

第3节　酸碱质子理论

酸碱是比较普通又很重要的物质，酸碱反应是生物化学、地质学及日常生活中大家既熟悉又重要的一类反应。通过研究酸碱理论，进一步掌握酸碱反应的实质与规律，对医学生有着重要意义。

一、酸碱的概念和强度

(一) 酸碱的概念

研究酸碱反应，首先要了解酸碱的概念。人们对酸碱的认识经历了一个由浅入深、由低级到高级的过程。

起初，人们对酸碱的认识只局限于从物质表现出来的性质上来区分酸和碱。随着人们对酸、碱认识的不断深化，19 世纪末，瑞典化学家阿累尼乌斯(H. A. Arrhenius)根据电解质溶液理论，定义了酸和碱，也就是酸碱电离理论：电离时生成的阳离子全部是 H^+ 的化合物是酸；电离时生成的阴离子全部是 OH^- 的化合物是碱。

酸碱电离理论使人们对酸、碱的认识上升到理性阶段，是从现象到本质的一次飞跃，直到现在仍普遍地应用着。然而，这个理论也存在着局限性：它把酸碱只局限于水溶液，又仅把碱看成是氢氧化物。这说明酸碱电离理论并不完善，需要进一步补充和发展。

1923 年布朗施泰德-劳莱(Bronsted-Lowry)提出了酸碱质子理论。理论认为，凡是能给出质子的分子或离子都是酸(acid)；任何能接受质子的分子或离子都是碱(base)。例如，HCl、NH_4^+ 等都是酸，因为它们都能给出质子；HCO_3^-、Cl^-、NH_3、HSO_4^-、OH^- 等都是碱，因为它们都能接受质子。

$$HCl = H^+ + Cl^-$$

$$NH_4^+ \rightleftharpoons H^+ + NH_3$$

$$H_2PO_4^- \rightleftharpoons H^+ + HPO_4^{2-}$$

$$H_3PO_4 \rightleftharpoons H^+ + H_2PO_4^-$$

质子理论中酸和碱不仅仅局限于分子，还可以是阴、阳离子，从而扩大了酸碱的物种范围。同时它也使酸碱理论的适用范围扩展到非水体系甚至是无溶剂体系。

根据酸碱质子理论，酸和碱不是孤立的，酸给出质子变成碱，碱接受质子变成酸。酸和碱的这种相互对应关系称为共轭关系。相应的一对酸和碱被称为共轭酸碱对(conjugated pair of acid-base)，它们在化学组成上仅相差一个质子。例如：

$$\text{酸} \rightleftharpoons \text{质子} + \text{碱}$$

$$H_2PO_4^- \rightleftharpoons H^+ + HPO_4^{2-}$$

其中，$H_2PO_4^-$ 是 HPO_4^{2-} 的共轭酸，HPO_4^{2-} 是 $H_2PO_4^-$ 的共轭碱。

通过上面的举例还可以看出有的物质(如 $H_2PO_4^-$)在不同反应中既可以是酸也可以是碱。

(二) 酸碱的强度

在酸碱质子理论中，酸碱的强度是指酸给出质子的能力和碱接受质子的能力强弱。给出质子能力强的物质是强酸，接受质子能力强的物质是强碱；反之，便是弱酸和弱碱。酸碱的强度首先取决于酸碱本身的性质，其次与其所处的溶剂的性质等因素有关。不同的酸或碱在相同的溶剂中的酸碱强度是不同的，相同的酸碱在不同的溶剂中的酸碱强度也是有区别的。所以酸碱的强弱是相对的，是相比较而言的。

要比较就要有一个标准。在水溶液中，比较酸的强弱，以溶剂水作为标准。例如，HAc 水溶液中，HAc 与 H_2O 作用，HAc 给出 H^+，生成了 H_3O^+ 与 Ac^-：

$$HAc + H_2O \rightleftharpoons H_3O^+ + Ac^- \qquad K_a = 1.75\times10^{-5}$$

同样，在 HCN 水溶液中有下列过程：

$$HCN + H_2O \rightleftharpoons H_3O^+ + CN^- \qquad K_a = 6.17\times10^{-10}$$

在反应中，HAc、HCN 给出 H^+ 是酸，H_2O 接受 H^+ 是碱。通过比较 HAc 和 HCN 的解离常数，可以确定 HAc 是比 HCN 较强的酸。以 H_2O 这个碱作为比较的标准，可以区分 HAc 和 HCN 给出质子能力的差别(酸性强弱)，这种能用一种溶剂把强度接近的酸的相对强弱区分开的效应称为区分效应(differentiating effect)。具有区分效应的溶剂称为区分溶剂(differentiating solvent)。H_2O 就是一种区分溶剂。

然而溶剂水对强酸却起不到区分作用。强酸在水中全部解离,也就是说 H_2O 能够同等程度地全部夺取强酸的质子。例如:

$$HClO_4 + H_2O \rightleftharpoons H_3O^+ + ClO_4^-$$

$$H_2SO_4 + H_2O \rightleftharpoons H_3O^+ + HSO_4^-$$

$$HCl + H_2O \rightleftharpoons H_3O^+ + Cl^-$$

$$HNO_3 + H_2O \rightleftharpoons H_3O^+ + NO_3^-$$

H_2O 对这些强酸起不到区分作用,水把它们之间的强弱拉平了,这些不同强度的酸被溶剂水拉平到 H_3O^+ 的程度水平,这些酸的强度都相等。在某种溶剂的作用下,拉平到同一水平上的效应称为拉平效应(leveling effect),具有拉平效应的溶剂称为拉平溶剂(leveling solvent)。如果区分这些强酸的酸性强弱,就要把它们放在比 H_2O 难于接受质子的溶剂(如HAc)中。HAc 为这些酸的区分溶剂。

$$HClO_4 + HAc \rightleftharpoons H_2Ac^+ + ClO_4^-$$

$$H_2SO_4 + HAc \rightleftharpoons H_2Ac^+ + HSO_4^-$$

$$HCl + HAc \rightleftharpoons H_2Ac^+ + Cl^-$$

$$HNO_3 + HAc \rightleftharpoons H_2Ac^+ + NO_3^-$$

同样对碱来说,也存在着溶剂的"区分效应"和"拉平效应"。

综上所述,酸碱质子理论告诉我们,酸和碱既是相互对立的,又是统一的。它们之间的强弱有一定的依赖关系,强酸的共轭碱是弱碱,强碱的共轭酸是弱酸;反之,弱酸的共轭碱是强碱,弱碱的共轭酸是强酸。因此,通过比较酸的强弱来确定其共轭碱的相对强弱。

二、酸碱反应的实质

酸碱电离理论认为,酸碱反应的实质就是 H^+ 和 OH^- 反应生成水。而酸碱质子理论认为酸碱反应的实质就是两对共轭酸碱对之间质子的传递过程。例如:

$$HCl + NH_3 \rightleftharpoons NH_4^+ + Cl^-$$

上述反应中,无论在水溶液中,还是在液氨、苯等非水溶剂或气相中,反应实质都是一样的,即 HCl 是酸,提供质子给 NH_3,之后转变为它的共轭碱 Cl^-;NH_3 是碱,接受质子后,转变为它的共轭酸 NH_4^+。

酸碱质子理论不仅扩大了酸和碱的范围,还可以把电离理论中的解离作用、中和反应、水解反应等统统包括在酸碱反应的范围之内,都可以看作是质子传递的酸碱反应。

(一) 解离作用

根据酸碱质子理论的观点,解离作用就是水与分子酸、碱的质子传递反应,如:

$$HAc + H_2O \rightleftharpoons H_3O^+ + Ac^-$$

$$HCl + H_2O \rightleftharpoons H_3O^+ + Cl^-$$

$$H_2O + NH_3 \rightleftharpoons NH_4^+ + OH^-$$

$$H_2O + H_2O \rightleftharpoons H_3O^+ + OH^-$$

(二) 中和反应

电离理论中的酸碱中和反应也是质子的传递过程,如:

$$HAc + NH_3 \rightleftharpoons NH_4^+ + Ac^-$$

（三）水解反应

酸碱质子理论中没有盐的概念，因此，也没有盐的水解反应，电离理论中的水解反应相当于质子理论中水与离子酸、碱的质子传递反应。如：

$$Ac^- + H_2O \rightleftharpoons OH^- + HAc$$

在上述水解反应中，H_2O 把质子传递给了离子碱 Ac^-。

$$H_2O + NH_4^+ \rightleftharpoons NH_3 + H_3O^+$$

在上述水解反应中，离子酸 NH_4^+ 把质子传递给了 H_2O。

通过上面的分析看出，酸碱质子理论扩大了酸碱反应的范围，更新了酸、碱的概念，摆脱了酸碱必须在水中发生反应的局限性，解决了一些非水溶剂或气相间的酸碱反应，把水溶液中进行的各种离子反应系统地归纳为质子传递的酸碱反应，使人们加深了对酸碱的认识。

第 4 节　水溶液中的酸碱解离平衡

溶液的酸碱性对反应的环境、物质的性质及应用等方面有着重大意义。例如，人体内生化反应的酸碱环境；药物的合成及含量的测定、稳定性和生理作用；临床检验工作中许多操作都需要控制一定的酸碱条件等。本章讨论的酸碱解离平衡都是在水溶液中建立的。而水溶液的酸碱性取决于溶质和水的解离平衡。所以，先从水的解离开始讨论。

一、水的质子自递反应和水溶液的酸碱性

（一）水的质子自递反应

纯水有微弱的导电能力，水分子也能够解离，且是两性物质。其解离式为：

$$H_2O + H_2O \rightleftharpoons H_3O^+ + OH^-$$

上式可简写为：

$$H_2O \rightleftharpoons H^+ + OH^-$$

像这种发生在同种溶剂分子之间的质子传递作用称为质子自递反应。水的质子自递反应（proton self-transfer reaction）也称作水的解离反应。根据解离平衡常数得：

$$K_i = \frac{[H^+][OH^-]}{[H_2O]}$$

由于水是极弱的电解质，所以它的自递反应也十分微弱。因此可把$[H_2O]$看作一个常数。一定温度下，K_i为常数，即 $K_i[H_2O]$为常数，那么$[H^+][OH^-]$也为常数，用K_w表示，即：

$$K_w = [H^+][OH^-] \qquad (6\text{-}6)$$

一定温度下，纯水中$[H^+][OH^-]$称为水的离子积常数，简称水的离子积。根据实验精密测定，在 25℃时，1L 纯水中有 1×10^{-7}mol 的水分子发生解离。由此可知，此条件下纯水中 H^+和 OH^-的浓度为$[H^+]=[OH^-]=1\times10^{-7}$ mol/L，那么

$$K_w = [H^+][OH^-] = 1\times10^{-14}$$

由于水的解离是吸热反应，所以 K_w 随着温度升高而增大（表 6-1），若不表明温度，说明为 25℃或 298K 时，$K_w=1\times10^{-14}$。

表 6-1　不同温度下水的离子积常数

温度（℃）	K_w	温度（℃）	K_w
0	1.1×10^{-15}	40	2.9×10^{-14}
10	2.9×10^{-15}	50	5.5×10^{-14}
20	6.8×10^{-15}	90	3.8×10^{-13}
25	1.0×10^{-14}	100	5.5×10^{-13}

（二）溶液的酸碱性和 pH

由于水的解离平衡的存在，一定温度下，不管在纯水中，还是在任何酸性还是碱性溶液中，只要是水溶液，$[H^+]$与$[OH^-]$都同时存在，只不过两种离子的浓度的相对大小不同而已。室温下，溶液的酸碱性与$[H^+]$与$[OH^-]$的大小关系可表示为：

酸性溶液　$[H^+]>1\times10^{-7}mol/L>[OH^-]$

中性溶液　$[H^+]=1\times10^{-7}mol/L=[OH^-]$

碱性溶液　$[H^+]<1\times10^{-7}mol/L<[OH^-]$

由此可知，$[H^+]$越大，溶液的酸性越强；$[OH^-]$越大，溶液的碱性越强。根据$[H^+][OH^-]=K_w=1\times10^{-14}$，可以求算$[H^+]$或$[OH^-]$。

例 6-2　常温时，0.01mol/L 的 NaOH 溶液中的$[H^+]$是多少？

解：已知　$[OH^-]=0.01mol/L$

因为　$[H^+][OH^-]=K_w$

所以　$[H^+]=1\times10^{-12}(mol/L)$

$[H^+]$或$[OH^-]$的大小都可以反映溶液酸碱性及酸碱性的相对强弱，但溶液的酸碱性常用$[H^+]$来表示。在$[H^+]<1mol/L$ 的情况下，为了方便表示溶液的酸度，索伦森（Sörewsen）于 1909 年首先提出 pH 的定义：溶液中$[H^+]$的负对数叫做 pH。数学表达式为：

$$pH=-\lg[H^+] \qquad (6\text{-}7)$$

例如：
$[H^+]=1\times10^{-7}$ mol/L　则 $pH=-\lg(1\times10^{-7})=7$
$[H^+]=1\times10^{-2}$ mol/L　则 $pH=-\lg(1\times10^{-2})=2$
$[H^+]=1\times10^{-11}$ mol/L　则 $pH=-\lg(1\times10^{-11})=11$

pH 是用来表示溶液酸碱性的一种标度。$[H^+]$越大，pH 越小，溶液的酸性越强，碱性越弱；反之亦然。溶液的酸碱性与 pH 的关系可表示如下：

酸性溶液　pH<7

中性溶液　pH=7

碱性溶液　pH>7

水溶液中的$[H^+]$称为溶液的酸度，则水溶液中的$[OH^-]$可称为溶液的碱度。溶液的酸碱性也可用 pOH 来表示。pOH 是指溶液中$[OH^-]$的负对数。数学表达式为：

$$pOH=-\lg[OH^-] \qquad (6\text{-}8)$$

同一溶液中，$pH+pOH=14$。

中性溶液中，$pH=pOH$，这是中性溶液的根本标志。$pH=pOH=7$ 的中性溶液仅局限于室温状态下。

pH 仅适用于表示 $[H^+]$ 或 $[OH^-]$ 在 1mol/L 以下的溶液的酸碱性。如果 $[H^+]>1mol/L$，则 $pH<0$；$[OH^-]>1mol/L$，则 $pH>14$。其他情况下，可直接写出 H^+ 或 OH^- 的物质的量浓度，这样表示更方便。

溶液的酸碱度在医学上的意义重大。例如，正常人体血清的 pH 总是维持在 7.35～7.45。临床上把血清的 $pH<7.35$ 称为酸中毒，把血清的 $pH>7.45$ 称为碱中毒。酸中毒和碱中毒都会对人体健康造成严重后果，必须及时采取适当措施将血液的 pH 纠正过来。临床上一般用乳酸钠纠正酸中毒，用氯化铵纠正碱中毒。

人体各种体液的 pH 见表 6-2。

表 6-2　人体各种体液的 pH

名称	pH	名称	pH
成人胃液	0.9～1.5	婴儿胃液	5.0
血清	7.35～7.45	胰液	7.5～8.0
唾液	6.35～6.85	尿	4.8～7.5
泪水	～7.4	脑脊液	7.35～7.45
小肠液	～7.6	乳汁	6.0～6.9
大肠液	8.3～8.4		

例 6-3　胃酸的主要成分是 HCl，某成人胃酸 $pH=1.00$（25℃）。试计算其中的 $[H^+]$、$[OH^-]$ 和 pOH。该成人胃酸中的 HCl 浓度是多少。

解：

由 $pH=-\lg[H^+]$ 得出

$$[H^+]=10^{-pH}=10^{-1}=0.10(mol/L)$$

$$[OH^-]=\frac{K_w}{[H^+]}=\frac{1\times10^{-14}}{10^{-1}}=10^{-13}(mol/L)$$

$$pOH=14.00-pH=14.00-1.00=13.00$$

由于盐酸是强酸，其在水溶液中全部解离。因此，该胃酸中盐酸浓度为 0.10mol/L。

（三）酸碱指示剂

我们接触过酚酞、石蕊和甲基橙这类物质，它们在 pH 不同的酸或碱中显示不同的颜色。像这样在不同 pH 溶液中显示不同颜色的化合物称为酸碱指示剂。常用的酸碱指示剂多为有机弱酸或有机弱碱。它们在水溶液中都存在酸式和碱式两种结构形式，即为两性物质。下面以酚酞为例分析它的变色原理。

酚酞属有机弱酸，其水溶液中存在如下平衡：

$$\underset{\text{分子(无色)}}{HIn + H_2O} \rightleftharpoons \underset{\text{离子(红色)}}{H_3O^+ + In^-}$$

其中 HIn 为酸式结构，In^- 为碱式结构。当向酚酞溶液中加入酸，$[H^+]$ 增大，pH 减小（$pH\leqslant5.0$），酚酞的解离平衡向左移动，离子减少，分子增多，溶液就显示分子的无色；当向酚酞溶液中加入碱，$[H^+]$ 减小，pH 增大（$pH\geqslant8.0$），酚酞的解离平衡向右移动，分子减少，离子增多，溶液就显示离子的红色。由此可见，酚酞指示剂由无色变为红色时，溶液的 pH 由 5.0 变化到 8.0。指示剂由一种颜色转变到另一种颜色时溶液的 pH 的变化范围称为指示剂的变色范围。常用酸碱指示剂的变色范围见表 6-3。

表 6-3　常用酸碱指示剂的变色范围及颜色变化

指示剂	变色范围(pH)	颜色变化
酚酞	8.0~10.0	无色~红色
石蕊	5.0~8.0	红色~蓝色
甲基橙	3.1~4.4	红色~黄色
甲基红	4.4~6.2	红色~黄色
溴百里酚蓝	6.2~7.6	黄色~蓝色
溴酚蓝	3.0~4.6	黄色~蓝紫色
中性红	6.8~8.0	红色~黄色
百里酚酞	9.4~10.6	无色~蓝色

注：表中 pH 小的颜色为指示剂的酸式色，pH 大的颜色为指示剂的碱式色。指示剂对酸碱越敏感越好，也就是说指示剂的变色范围越窄越好。

用酸碱指示剂测定溶液的 pH 在化学实验及生产过程的分析化验中应用广泛，但测定结果比较粗略，精确测定溶液的 pH 需借助于 pH 计。

二、水溶液中弱酸、弱碱的解离平衡

弱酸、弱碱都属于弱电解质，弱电解质的解离能建立解离平衡（质子转移平衡）。它们在水溶液中，只部分解离为阴、阳离子。弱酸的解离平衡常数用 K_a 表示；弱碱的解离平衡常数用 K_b 表示。弱酸、弱碱又分为一元弱酸、弱碱和多元弱酸、弱碱。

（一）一元弱酸、弱碱的解离平衡

一元弱酸只能给出一个质子，一元弱碱只能接受一个质子。一元弱酸（HAc、NH_4^+）、一元弱碱（NH_3、Ac^-）在水溶液中发生解离过程，也就是质子转移过程。用 HA 表示一元弱酸，则 A^- 表示其共轭碱。则有：

$$HA + H_2O \rightleftharpoons H_3O^+ + A^-$$

解离达到平衡时：

$$K_a = \frac{[H_3O^+][A^-]}{[HA]} \tag{6-9}$$

式中，K_a 为弱酸 HA 的解离常数。其数值表明了酸的相对强弱。例如，室温时，$K_a(HCN) = 6.17 \times 10^{-10}$，$K_a(HAc) = 1.75 \times 10^{-5}$，当浓度相同时，HAc 溶液的酸性比 HCN 的酸性强。

在一元弱碱 A^- 的水溶液中存在着下列解离平衡：

$$A^- + H_2O \rightleftharpoons OH^- + HA$$

解离达到平衡时：

$$K_b = \frac{[OH^-][HA]}{[A^-]} \tag{6-10}$$

式中，K_b 为弱碱 A^- 的解离常数。在相同温度下，弱碱的解离常数越大，碱性越强，其接受质子的能力越强。

由于一些弱酸弱碱的解离平衡常数很小，所以为了方便使用，常用 K_a 或 K_b 的负对数 pK_a 或 pK_b 表示，见附录 2 常见弱酸弱碱的解离常数(298K)。

弱酸的 K_a 与其共轭碱的 K_b 之间存在着一定的关系。

由 $K_a=\frac{[H_3O^+][B^-]}{[HB]}$ 和 $K_b=\frac{[OH^-][HB]}{[B^-]}$ 可得：

$$K_aK_b=\frac{[H_3O^+][B^-]}{[HB]}\cdot\frac{[OH^-][HB]}{[B^-]}=[H_3O^+]\cdot[OH^-]=K_w$$

即：

$$K_a\cdot K_b=K_w$$

$$pK_a+pK_b=pK_w \tag{6-11}$$

式(6-11)说明：①K_a 与 K_b 成反比，酸的酸性越强，其共轭碱的碱性越弱；酸的酸性越弱，则其共轭碱的碱性越强。②K_a 或 K_b 中知其一，可求另一个值。

例 6-4 已知 298K 时 HAc 的 $K_a=1.76\times10^{-5}$，求 Ac^- 的 K_b。

解：298K 时，$K_w=1\times10^{-14}$，Ac^- 为 HAc 的共轭碱，则：

$$K_b=\frac{K_w}{K_a}=\frac{10^{-14}}{1.76\times10^{-5}}=5.68\times10^{-10}$$

同其他弱电解质一样，弱酸、弱碱的解离平衡也受到浓度的影响，也存在着同离子效应和盐效应。

(二) 多元弱酸的解离平衡

能解离出多个质子的酸为多元酸。碳酸(H_2CO_3)、磷酸(H_3PO_4)等分子属于多元弱酸。多元弱酸的解离过程是分步进行的。一元酸的解离平衡原理完全适用于多元酸、碱的解离平衡。现以磷酸为例讨论多元弱酸的解离平衡。它的解离过程分别是：

一级解离　$H_3PO_4+H_2O \rightleftharpoons H_3O^++H_2PO_4^-$　$K_{a_1}=6.7\times10^{-3}$

二级解离　$H_2PO_4^-+H_2O \rightleftharpoons H_3O^++HPO_4^{2-}$　$K_{a_2}=6.2\times10^{-8}$

三级解离　$HPO_4^{2-}+H_2O \rightleftharpoons H_3O^++PO_4^{3-}$　$K_{a_3}=4.5\times10^{-13}$

由 K_a 的大小可以看出，多元弱酸的解离程度逐渐减小，这是多步解离的一个规律。原因可从两个方面进行分析：①离子间的静电引力，从带负电荷的 $H_2PO_4^-$ 中再解离出一个正离子 H^+，比从中性分子 H_3PO_4 中解离出一个正离子 H^+ 要难得多；②上一级解离出的 H_3O^+ 对下一级解离产生同离子效应，抑制下一级解离。所以在多元弱酸溶液中的氢离子主要来自第一级解离，可以用 K_{a1} 来比较多元弱酸的相对强弱。

多元弱碱的解离过程与多元弱酸相似。现以 PO_4^{3-} 为例讨论多元弱碱的解离平衡。它的解离过程分别是：

一级解离　$PO_4^{3-}+H_2O \rightleftharpoons OH^-+HPO_4^{2-}$　$K_{b_1}=2.22\times10^{-2}$

二级解离　$HPO_4^{2-}+H_2O \rightleftharpoons OH^-+H_2PO_4^-$　$K_{b_2}=1.61\times10^{-7}$

三级解离　$H_2PO_4^-+H_2O \rightleftharpoons OH^-+H_3PO_4$　$K_{b_3}=1.49\times10^{-12}$

显然有　$K_{a_1}K_{b_3}=K_{a_2}K_{b_2}=K_{a_3}K_{b_1}=K_w$。

第 5 节 酸碱溶液 pH 的计算

一、一元弱酸或弱碱溶液的 pH 近似计算

计算一元弱酸的 pH 要考虑到弱酸在水溶液中存在的两个解离平衡：

$$HB + H_2O \rightleftharpoons H_3O^+ + B^-$$

$$H_2O + H_2O \rightleftharpoons H_3O^+ + OH^-$$

其中[HB]、[H_3O^+]、[B^-]和[OH^-]都是未知的，要精确计算相当复杂。一般考虑作如下近似处理。

当 $c \cdot K_a \geqslant 20K_w$ 时，可以忽略水的解离平衡，溶液中的 H^+ 主要来自于弱酸的解离平衡。以 HAc 为例，设 HAc 溶液的起始浓度为 c。

$$HAc + H_2O \rightleftharpoons H_3O^+ + Ac^-$$

平衡时：　$c-[H_3O^+]$　　$[H_3O^+]$　　$[H_3O^+]$

$$K_a = \frac{[H_3O^+][Ac^-]}{[HAc]} = \frac{[H_3O^+]^2}{c-[H_3O^+]}$$

当 $c/K_a \geqslant 500$ 时，平衡体系中[H^+]远远小于 c，那么[HAc]$=c-[H^+] \approx c$

$$[H^+] = \sqrt{K_a \cdot c} \tag{6-12}$$

例 6-5　在 25℃时，HAc 的 $K_a = 1.8\times10^{-5}$，计算 0.20mol/L HAc 溶液的[H^+]及 pH。

解：因为 $c \cdot K_a = 0.20\times1.8\times10^{-5} > 20K_w$，$c/K_a = 0.20/1.8\times10^{-5} > 500$

所以可以进行近似计算

$$[H^+] = \sqrt{K_a \cdot c} = \sqrt{0.20\times1.8\times10^{-5}} = 1.9\times10^{-3}(\text{mol/L})$$

$$pH = -\lg[H^+] = -\lg1.9\times10^{-3} = 2.72$$

对于一元弱碱溶液，与一元弱酸的解离过程相似，当 $c \cdot K_b \geqslant 20K_w$ 且 $c/K_b \geqslant 500$ 时

$$[OH^-] = \sqrt{K_b \cdot c} \tag{6-13}$$

例 6-6　在 25℃时，$NH_3 \cdot H_2O$ 的 $K_b = 1.8\times10^{-5}$，计算 0.10 mol/L $NH_3 \cdot H_2O$ 溶液的 pH。

解：因为 $c \cdot K_b = 0.10\times1.8\times10^{-5} > 20K_w$，$c/K_b = 0.10\times1.8\times10^{-5} > 500$

所以可以进行近似计算

$$[OH^-] = \sqrt{K_b \cdot c} = \sqrt{0.10\times1.8\times10^{-5}} = 1.34\times10^{-3}(\text{mol/L})$$

$$pOH = -\lg[OH^-] = -\lg1.34\times10^{-3} = 2.87$$

则：　$pH = 14 - pOH = 11.13$

二、多元弱酸或弱碱溶液的 pH 近似计算

多元弱酸的解离是分步进行的，溶液中的 H^+ 主要来自于第一步解离。当 $K_{a_1}/K_{a_2} > 10^2$ 时，可把多元弱酸当作一元弱酸来近似计算[H^+]及 pH。

多元弱碱溶液中的 OH^- 也主要取决于弱碱的第一步质子转移。当 $K_{b_1}/K_{b_2} > 10^2$ 时，可把多元弱碱当作一元弱碱来近似计算[OH^-]及 pH。

例 6-7　Na_2CO_3的 $K_{b_1}=1.78\times10^{-4}$、$K_{b_2}=2.38\times10^{-8}$，求 0.10 mol/L Na_2CO_3溶液的 pH。

解：$K_{b_1}/K_{b_2}=1.78\times10^{-4}/2.38\times10^{-8}>10^2$，所以按一元弱碱处理。

因为 $c\cdot K_b=0.10\times1.78\times10^{-4}>20K_w$，$c/K_b=0.10\times1.78\times10^{-4}>500$

所以可以进行近似计算

$$[OH^-]=\sqrt{K_{b1}\cdot c}=\sqrt{0.10\times1.78\times10^{-4}}=4.2\times10^{-3}(mol/L)$$

$$pOH=-lg[OH^-]=-lg4.2\times10^{-3}=2.37$$

则：
$$pH=14-pOH=11.62$$

三、两性物质溶液的 pH 近似计算

在溶液中既能给出质子也能接受质子的物质为两性物质。两性物质一般分为两种类型：①两性阴离子型（多元弱酸的酸根离子）；②阳离子酸和阴离子碱型（弱酸弱碱盐）。两性物质在溶液中的质子转移平衡比较复杂，计算 pH 时一般也做近似处理。

（一）两性阴离子型

以 HCO_3^- 讨论两性阴离子型物质溶液 pH 的近似计算。

作为酸，HCO_3^- 与 H_2O 发生质子转移：

$$HCO_3^-+H_2O \rightleftharpoons CO_3^{2-}+H_3O^+ \qquad (H_2CO_3\text{ 的 }K_{a_2})$$

作为碱，HCO_3^- 与 H_2O 发生质子转移：

$$HCO_3^-+H_2O \rightleftharpoons H_2CO_3+OH^- \qquad (H_2CO_3\text{ 的 }K_{a_1})$$

溶液中同样存在着 H_2O 的质子自递反应：

$$H_2O+H_2O \rightleftharpoons H_3O^++OH^-$$

当 $c\cdot K_{a_2}\geqslant20K_w$，忽略水的质子自递反应。当 $c\geqslant20K_{a_1}$ 并且两性物质的浓度不是很小时，溶液中$[H^+]$的最简计算公式为：

$$[H^+]=\sqrt{K_{a_1}\cdot K_{a_2}} \qquad (6\text{-}14)$$

$$pH=\frac{1}{2}(pK_{a_1}+pK_{a_2}) \qquad (6\text{-}15)$$

同理，$H_2PO_4^-$ 溶液中$[H^+]=\sqrt{K_{a_1}\cdot K_{a_2}}$或 $pH=\frac{1}{2}(pK_{a_1}+pK_{a_2})$。$HPO_4^{2-}$ 溶液中$[H^+]=\sqrt{K_{a_2}\cdot K_{a_3}}$或 $pH=\frac{1}{2}(pK_{a_2}+pK_{a_3})$。

例 6-8　计算 0.20mol/L $NaHCO_3$溶液的 pH。$pK_{a_1}(H_2CO_3)=6.39$，$pK_{a_2}(H_2CO_3)=10.25$。

解：$c\cdot K_{a_2}>20K_w$，且 $c>20K_{a_1}$由式(6-15)得

$$pH=\frac{1}{2}(pK_{a_1}+pK_{a_2})=\frac{1}{2}\times(6.39+10.25)=8.32$$

（二）阳离子酸和阴离子碱型

阳离子酸和阴离子碱型的两性物质溶液中 pH 的近似计算以 NH_4F 为例讨论。

当 $c\cdot K_a\geqslant20K_w$，$c\geqslant20K_a$，溶液中$[H_3O^+]$的最简计算公式为：

$$[H_3O^+]=\sqrt{K_a\cdot K'_a} \qquad (6\text{-}16)$$

$$pH=\frac{1}{2}(pK_a+pK'_a) \quad (6\text{-}17)$$

式中，K_a 表示阳离子酸 NH_4^+ 的解离平衡常数；K'_a 表示为阴离子碱 F^- 的共轭酸 HF 的解离平衡常数。

例 6-9　计算 0.10 mol/L NH_4Ac 溶液的 pH。$pK_a(NH_4^+)=9.25$，$pK'_a(HAc)=4.75$

解：$c\cdot K_{a_2}>20K_w$，且 $c>20K_{a_1}$ 由式(6-17)可得

$$pH=\frac{1}{2}(pK_a+pK'_a)=\frac{1}{2}\times(9.25+4.75)=7$$

知识链接

酸性食品与碱性食品

身体健康的人不会由于饮食而轻易地发生酸中毒或碱中毒。营养学上一般将食品分为酸性食品和碱性食品两大类。食品的酸碱性与食品本身的 pH 无关。酸性食品和碱性食品是依据食品经过体内代谢后所形成的物质的酸碱性来界定的。代谢后产生酸性物质的食品为酸性食品，如植物的种子、动物的肌肉、内脏。动物的肌肉、内脏及五谷杂粮中含有 S、P、Cl 等元素较多，它们在人体内代谢后产生盐酸、硫酸、磷酸及乳酸等酸性物质；产生碱性物质的食品为碱性食品，如瓜果蔬菜、豆类、茶类等物质中含有 Ca、Na、K、Mg 等金属元素较多，它们在体内代谢后产生碱性物质。

酸性体质不利于健康。在日常生活中要注意调整饮食结构，酸性食物和碱性食物要合理搭配。

第 6 节　缓冲溶液

溶液的酸碱性对反应的环境、物质的性质及应用等方面具有重要的实际意义。一个适宜而稳定的 pH 条件对化学反应尤其是生物体内的化学反应能否正常进行起着关键性的作用。医学上，微生物的培养、组织切片和细菌染色、酶活性的测定及临床常做的许多检验项目等，都需要在一定 pH 的环境下进行。那么如何保持一个溶液的 pH 不易发生变化呢？本节将讨论一种可以控制自己 pH 的溶液，这种溶液就是缓冲溶液(buffer solution)。

一、缓冲溶液和缓冲机制

(一) 缓冲溶液的概念

在室温条件下，分别向纯水和 0.10mol/L NaCl 溶液中加入等量且少量的强酸或强碱，溶液的 pH 会发生很大的变化；向 0.10mol/L 的 HAc 和 0.10 mol/L 的 NaAc 的混合溶液中加入少量的强酸或强碱，则混合溶液的 pH 无明显变化。

像 HAc 和 NaAc 的混合溶液所具有的这样能够抵抗外加的少量强酸、强碱或水的适当稀释，而保持体系的 pH 基本不变的作用称为缓冲作用(buffer action)。具有缓冲作用的溶液称为缓冲溶液。

(二) 缓冲溶液的组成

缓冲溶液之所以具有缓冲作用，是由于缓冲溶液中同时含有抗酸成分和抗碱成分，这

两种物质称为缓冲对(buffer pair)或缓冲系(buffer system)。并不是任意两种物质都能组成缓冲对,缓冲对有三种基本类型。

1. 弱酸及其对应的盐

弱酸(抗碱成分)—盐(抗酸成分)

HAc—NaAc

H_2CO_3—$NaHCO_3$

蛋白质—蛋白质钠(钾)盐

2. 弱碱及其对应的盐

弱碱(抗酸成分)—盐(抗碱成分)

$NH_3 \cdot H_2O$—NH_4Cl

CH_3NH_2—CH_3NH_3Cl

(甲胺)　(甲胺盐酸盐)

3. 多元酸的酸式盐及其对应的次级盐

多元酸的酸式盐(抗碱成分)— 对应的次级盐(抗酸成分)

HCO_3^-— CO_3^{2-}

$H_2PO_4^-$— HPO_4^{2-}

较浓的强酸、强碱溶液,当加入少量的强酸或强碱后,溶液的 pH 也能基本保持不变,所以它们也具有缓冲作用。但由于此类溶液的酸性或碱性太强,实际当中很少当作缓冲溶液使用。

(三)缓冲溶液的缓冲机制

由上述三种类型的缓冲对可以看出,缓冲对为共轭酸碱对。按照酸碱质子理论,缓冲溶液实质上是一个共轭酸碱体系,即由一种弱酸和对应的共轭碱或由一种弱碱及其对应的共轭酸组成的混合物。现以缓冲对 HAc—NaAc 为例说明缓冲溶液的缓冲原理。

在 HAc—NaAc 溶液中,HAc 溶液提供了大量的 HAc 分子,NaAc 溶液提供了大量的 Ac^-。HAc 与 Ac^-是一对共轭酸碱,它们之间存在着质子转移,可建立如下质子转移平衡:

$$HAc \rightleftharpoons H^+ + Ac^-$$

$$NaAc = Na^+ + Ac^-$$

当向此平衡体系中加入少量强酸时,体系中[H^+]增大,溶液中 Ac^-离子接受质子生成 HAc,平衡向左移动,达到新的平衡时,溶液中[HAc]略有增加,[Ac^-]略有减少,而[H^+]几乎没有增大,溶液的 pH 几乎没有发生变化。其中,Ac^-起了抗酸作用,称为抗酸成分。

当向此平衡体系中加入少量强碱时,OH^-与体系中的 H^+结合生成 H_2O,使得[H^+]减小,平衡向右移动促使 HAc 解离。达到新的平衡时,溶液中[Ac^-]略有增加,[HAc]略有减少,而[H^+]几乎没有减小,溶液的 pH 几乎没有发生变化。其中,HAc 起了抗碱作用,称为抗碱成分。

其他两类缓冲对的缓冲作用原理,也与上述作用原理基本相似。

当溶液稀释时,其中[H^+]和[Ac^-]同时降低了,促使 HAc 的解离度增大。HAc 的进一步解离所产生的 H^+可使[H^+]得到补充,溶液的 pH 几乎不变。

二、缓冲溶液 pH 的计算

缓冲溶液具有保持溶液 pH 相对稳定的作用，所以较准确地计算溶液的 pH 十分重要。现以第一种类型的缓冲对（HA—NaA）所组成的缓冲溶液为例讨论缓冲溶液 pH 的计算公式。组成缓冲溶液的共轭酸碱对中存在下列平衡：

$$HA + H_2O \rightleftharpoons H_3O^+ + A^-$$

根据平衡原理
$$K_a = \frac{[H_3O^+][A^-]}{[HA]}$$

则
$$[H_3O^+] = \frac{K_a[HA]}{[A^-]}$$

两边同时取负对数，得
$$pH = pK_a + \lg\frac{[A^-]}{[HA]}$$

即
$$pH = pK_a + \lg\frac{[\text{共轭碱}]}{[\text{共轭酸}]} \qquad (6\text{-}18)$$

式（6-18）称为亨德森-哈塞尔巴赫（Henderson-Hasselbalch）方程式，又称缓冲公式。此公式也适用于多元弱酸的酸式盐及其对应的次级盐组成的缓冲溶液的 pH 的计算。

式（6-18）中，[共轭碱]与[共轭酸]均为平衡浓度，它们的比值称为缓冲比，[共轭碱]与[共轭酸]之和称为缓冲溶液的总浓度。

如果弱酸的 K_a 很小，弱酸本身的解离很弱，弱酸和共轭碱的浓度又较大，由于同离子效应，可以忽略弱酸解离的那部分共轭碱。

$$pH = pK_a + \lg\frac{c(\text{共轭碱})}{c(\text{共轭酸})} \qquad (6\text{-}19)$$

若以 n(共轭酸)和 n(共轭碱)分别表示体积为 V 的缓冲溶液中所含弱酸及其共轭碱的物质的量，则式（6-19）可改写为：

$$pH = pK_a + \lg\frac{n(\text{共轭碱})}{n(\text{共轭酸})} \qquad (6\text{-}20)$$

根据缓冲公式可知，影响缓冲溶液 pH 的因素有：

1. 共轭酸碱对的性质　缓冲溶液的 pH 主要取决于弱酸 HA 的解离常数 K_a；其次取决于缓冲比。

2. 缓冲比　由同一缓冲对组成的不同浓度的缓冲溶液，由于 K_a 相同，其 pH 大小只取决于缓冲比。改变缓冲比，缓冲溶液的 pH 随之改变，当缓冲比为 1 时，则 $pH = pK_a$。

加水适当稀释时，由于[HA]与[A^-]同时减小，缓冲比不变，pH 几乎不变。但大量稀释会引起溶液中离子的浓度减小，导致 pH 微小变化。

同理可推得弱碱及其对应的强酸盐组成的缓冲溶液的 pH 的计算公式为：

$$pOH = pK_b + \lg\frac{[\text{共轭酸}]}{[\text{共轭碱}]}$$

$$pH = 14 - pOH = 14 - \left[pK_b - \lg\frac{[\text{共轭碱}]}{[\text{共轭酸}]}\right]$$

例 6-10　计算 25℃时 0.20mol/L HAc 与 0.20mol/L NaAc 等体积混合后所得体积为 1.0 L 的缓冲溶液的 pH。在此溶液中分别加入 0.01mol 的 HCl 和 0.01mol 的 NaOH，其溶液

的 pH 改变多少单位(不考虑体积改变)?(已知 25℃时 HAc 的 $pK_a=4.75$)

解:0.20mol/L HAc 与 0.20mol/L NaAc 等体积混合后,HAc 与 NaAc 同时被稀释,即浓度都为 0.10 mol/L 。缓冲比$\frac{c(NaAc)}{c(HAc)}=1$,故 $pH=pK_a=4.75$

(1) 加入 0.01mol 的 HCl 后

$$c(Ac^-)=\frac{0.10\times1.0-0.010}{1.0}=0.09(mol/L)$$

$$c(HAc)=\frac{0.10\times1.0+0.010}{1.0}=0.11(mol/L)$$

带入式(6-18)可得:

$$pH=pK_a+\lg\frac{c(Ac^-)}{c(HAc)}=4.75+\lg\frac{0.09}{0.11}=4.66$$

加入 HCl 后,pH 由 4.75 降至 4.66,下降了 0.09 个单位。

(2) 加入 0.01mol 的 NaOH 后

$$c(Ac^-)=\frac{0.10\times1.0+0.010}{1.0}=0.11(mol/L)$$

$$c(HAc)=\frac{0.10\times1.0-0.010}{1.0}=0.09(mol/L)$$

带入式(6-18)可得:

$$pH=pK_a+\lg\frac{c(Ac^-)}{c(HAc)}=4.75+\lg\frac{0.11}{0.09}=4.84$$

加入 NaOH 后,pH 由 4.75 升至 4.84,上升了 0.09 个单位。

三、缓冲容量和缓冲范围

(一) 缓冲容量

任何缓冲溶液的缓冲作用都是有限度的,就每一种缓冲溶液而言,只有加入少量的强酸、强碱才能保持溶液的 pH 基本不变。如果外加的强酸、强碱过量,缓冲溶液对酸碱的抵抗能力就会逐渐减弱,最终失去缓冲能力。

使单位体积缓冲溶液的 pH 改变一个单位时,所需加入一元强酸或一元强碱的物质的量,称为缓冲容量(buffer capacity)。其数学表达式为:

$$\beta=\frac{n}{V|\Delta pH|} \tag{6-21}$$

式中,β 表示缓冲容量,单位是 mol/(L·pH),V 是缓冲溶液的体积,n 是消耗一元强酸或一元强碱的物质的量,ΔpH 是缓冲溶液 pH 的改变量。

n 越大,β 越大,缓冲溶液的缓冲能力就越强。n、V 一定时,pH 改变量 |ΔpH| 越小,则 β 越大,缓冲溶液的缓冲能力就越强。

一般而言,缓冲能力的大小与缓冲溶液的总浓度($[A^-]+[HA]$)和缓冲比($[A^-]/[HA]$)有关。①当缓冲比一定时,总浓度越大,抗酸碱成分越多,β 越大,缓冲能力就越强;反之总浓度越小,β 越小,缓冲能力就越弱。②在总浓度相同的前提下,缓冲比越接近 1,缓冲能力越强,缓冲比越偏离 1,缓冲能力越弱。

（二）缓冲范围

缓冲溶液的总浓度一定，缓冲比为1∶10时，$pH=pK_a-1$；缓冲比为10∶1时，$pH=pK_a\pm1$。当缓冲比小于1∶10或大于10∶1时，一般认为缓冲溶液已失去缓冲作用。即溶液的pH在$pK_a\pm1$范围内时，溶液具有缓冲作用。把缓冲溶液能有效发挥缓冲作用的pH范围（$pK_a\pm1$）称为缓冲范围（buffer effective range）。不同的缓冲对，由于各自弱酸的pK_a不同，缓冲范围也各不相同，见表6-4所示。

表6-4　常用缓冲对的pK_a及缓冲范围（298K）

缓冲对	pK_a	缓冲范围
邻苯二甲酸—邻苯二甲酸氢钾	2.95	2.2~4.0
HAc—NaAc	4.75	3.7~5.6
邻苯二甲酸氢钾—邻苯二甲酸钠	5.41	4.0~5.8
KH_2PO_4—Na_2HPO_4	7.21	5.8~8.0
H_3BO_3—NaH_2BO_3	9.24	8.0~10.0
$NaHCO_3$—Na_2CO_3	10.25	9.2~11.0

四、缓冲溶液的选择和配制

选择和配制缓冲溶液时，为了实际需要而使所配制的缓冲溶液要具有足够的缓冲能力，需按下述原则和步骤进行。

1. 选择适当的缓冲对　①所配制的缓冲溶液的pH应在所选择的缓冲对的有效缓冲范围（$pK_a\pm1$）之内，并尽量等于或接近弱酸的pK_a，即$pH\approx pK_a$，这样配制的缓冲溶液具有较大的缓冲容量。②组成缓冲溶液的缓冲对不能与反应物或生成物发生作用。例如，选择药用缓冲溶液时，要考虑到缓冲对不能与主药发生配伍禁忌，另外在加温灭菌和储存期内要稳定，不能有毒性等，如H_3BO_3-NaH_2BO_3缓冲体系有一定毒性，不能作口服和注射用药液的缓冲对物质。

2. 选择缓冲溶液的总浓度　总浓度太低，缓冲容量太小；总浓度太高，一方面离子强度太大或渗透压力过高而不适用，另一方面造成试剂的浪费。因此，实际工作中，一般选用总浓度在0.05~0.20mol/L的缓冲溶液较为适宜。

3. 计算所需共轭酸碱的用量　选定缓冲对后，根据要求的pH利用缓冲溶液的pH计算公式计算出所需共轭酸碱的用量。一般为了配制方便，常采用相同浓度的共轭酸和共轭碱。

对于HA-A^-缓冲对所组成的缓冲溶液，当$c_{HA}=c_{A^-}$时，式（6-19）可表示为

$$pH=pK_a+\lg\frac{V(\text{共轭碱})}{V(\text{共轭酸})} \tag{6-22}$$

根据所需溶液的pH并利用式（6-22）计算共轭碱与共轭酸的体积比，再根据缓冲溶液的总体积$V=V_{A^-}+V_{HA}$分别计算所需共轭酸与共轭碱的体积。

4. 共轭酸碱混合　按计算用量将所需共轭酸碱混合得到所需的近似pH缓冲溶液。

5. 校正　用缓冲公式计算时，忽略了弱酸或弱碱的解离影响和溶液中各离子、分子间相互作用，所以计算得到的pH与实验测得的pH存在差异。如果对pH要求严格，还需在pH计上加以校正。

例 6-11 如何用浓度均为 0.10mol/L 的共轭酸、共轭碱配制 pH=5.00 的缓冲溶液 100ml。

解：(1)选择缓冲对：所需配制的缓冲溶液的 pH=5.00，HAc 的 $pK_a=4.75$ 接近 5.00，因此选用 HAc-NaAc 缓冲对。

(2)计算所需共轭酸、共轭碱体积：由式(6-22)得：

$$5.00=4.75+\lg\frac{V_{Ac^-}}{V_{HAc}} \quad 又 \quad V=V_{Ac^-}+V_{HAc}$$

解得：$V_{HAc}=36(ml)$，$V_{Ac^-}=64(ml)$

(3) 配制：量取 0.10mol/L HAc 溶液 36ml，量取 0.10mol/L NaAc 溶液 64ml 混合，即得所需缓冲溶液。

例 6-12 在 50ml 浓度为 0.05mol/L 的 Tris(三羟甲基氨基甲烷)溶液中，加入浓度为 0.05mol/L 的 HCl 溶液多少毫升，用水稀释到 100ml 后溶液的 pH 为 7.40？（$Tris\cdot H^+$ 的 $pK_a=8.17$）

解：Tris 缓冲对是由 Tris 和 $Tris\cdot H^+$ 的混合物组成。设需要加入 0.05mol/L 的 HCl 溶液 x ml。

$$Tris + H_3O^+ \rightleftharpoons H_2O + Tris\cdot H^+$$

平衡时物质的量(mmol) $\qquad 0.05(50-x) \quad 0.05x$

由式(6-20)可得：

$$7.40=8.17+\lg\frac{0.05(50-x)}{0.05x}$$

$$x=42.70(ml)$$

在 50ml 浓度为 0.05 mol/L 的 Tris 溶液中加入浓度为 0.05mol/L 的 HCl 溶液 42.7ml，再加水稀释至 100ml，即可得 pH 为 7.40 的 $Tris\cdot H^+$-Tris 缓冲溶液。

五、血液中的缓冲对

人体血液和其他体液中的化学反应必须在较稳定的 pH 范围内进行，超出正常范围太大，就可能引起机体内功能失调、代谢紊乱。人体之所以不会轻易地发生酸中毒或碱中毒这样的状况，是由于血液中存在多种缓冲对。它们协调发挥缓冲作用，维持机体酸碱平衡，从而防止疾病的发生。

血液中存在的主要缓冲对有：

血浆中：H_2CO_3-HCO_3^-、$H_2PO_4^-$-HPO_4^{2-}、H_nP-$H_{n-1}P^-$(H_nP 代表蛋白质)

红细胞中：H_2b-Hb^-(H_2b 代表血红蛋白)、H_2bO_2-HbO_2^-(H_2bO_2 代表氧合血红蛋白)、H_2CO_3-HCO_3^-、$H_2PO_4^-$-HPO_4^{2-}。

血液的缓冲对中以 H_2CO_3-HCO_3^- 浓度最高，缓冲能力最大，对维持血液正常 pH 起着决定性作用。HCO_3^- 是血浆中含量最多的抗酸成分，所以将血浆中的 HCO_3^- 称为碱储。正常情况下，血浆内[HCO_3^-]约为 24mmol/L，[H_2CO_3]约为 1.2mmol/L，即缓冲比仅约为20：1，超出了缓冲溶液的最佳缓冲比(10：1~1：10)的范围，缓冲容量很小。但由于人体是一个“敞开系统”，当缓冲作用发生时，血液可以通过流动把过量的 H_2CO_3 和 HCO_3^- 分别经由肺和肾排出，使得血液中的[H_2CO_3]和[HCO_3^-]保持相对稳定。因此，血浆中的 H_2CO_3-HCO_3^- 缓冲系总能保持相对较强的缓冲能力。

H_2CO_3在血液中主要是以溶解状态的 CO_2形式存在，H_2CO_3—HCO_3^- 缓冲对中存在如下平衡：

$$CO_2(溶解) + H_2O \rightleftharpoons H_2CO_3 \rightleftharpoons H^+ + HCO_3^-$$

在细胞内物质分解代谢过程中，能产生一些非挥发性的酸，如 H_2SO_4、H_3PO_4、$C_3H_6O_3$（乳酸）等。当这些酸进入血浆时，主要由 HCO_3^- 发挥其抗酸作用，使上述平衡向左移动而生成 H_2CO_3，过多的 H_2CO_3 将随着血液流经肺部时分解为 CO_2 和 H_2O，并通过呼吸将 CO_2 排出体外。缓冲过程中消耗的 HCO_3^-，则由肾的生理调节得到补充；当人体代谢产生的和食入的碱性物质进入血浆时，则由 H_2CO_3 发挥其抗碱作用，使上述平衡向右移动，补充消耗的 H^+，同时生成 HCO_3^-，过多的 HCO_3^- 将随着血液流经肾时进行生理调节。因此，血浆的 pH 可以保持基本稳定。

在红细胞内的缓冲对中，以血红蛋白和氧合血红蛋白最为重要。例如，正常人体代谢产生的 CO_2 进入静脉血液后，绝大部分与红细胞内的血红蛋白离子发生下列反应：

$$CO_2 + H_2O + Hb^- \rightleftharpoons H_2b + HCO_3^-$$

反应产生的 HCO_3^- 由血液运送至肺，并与氧合血红蛋白作用：

$$H_2bO_2 + HCO_3^- \rightleftharpoons CO_2 + H_2O + HbO_2^-$$

反应生成的 CO_2 从肺部呼出。所以大量的 CO_2 从组织细胞运送至肺部的过程中，血液的 pH 不会产生太大的变化。

正常人体代谢产生的 CO_2 的另外一小部分进入血液后溶解，并与 H_2O 结合生成 H_2CO_3，H_2CO_3 则与血浆中的 HCO_3^- 组成共轭酸碱对，即血浆中的 H_2CO_3-HCO_3^- 缓冲对。

总之，由于血液内各缓冲对的缓冲作用，以及肺、肾的共同生理调节作用，使正常人体血液的 pH 可以保持基本稳定。

第7节 难溶电解质的沉淀溶解平衡

沉淀溶解平衡是难溶性的强电解质与其溶解后生成的离子之间的平衡。同水溶液中的酸碱平衡一样，沉淀溶解平衡也是一种常见且很重要的化学平衡。例如，肾结石通常是生成难溶 CaC_2O_4（草酸钙）和 $Ca_3(PO_4)_2$（磷酸钙）所致；自然界中石笋和钟乳石的形成与 $CaCO_3$ 沉淀的生成和溶解反应有关；工业上可用 Na_2CO_3 与 $Ca(OH)_2$ 制取烧碱等。这些实例说明了沉淀溶解平衡对生物化学、医学、工业生产及生态学有着极其重要的意义。

一、沉淀溶解的平衡常数——溶度积常数

将难溶的 AgCl 固体放入水中，由于水分子的作用，使少量的 Ag^+ 和 Cl^- 成为水合离子，脱离固体 AgCl 而进入溶液，这个过程为溶解。随着溶液中 Ag^+ 和 Cl^- 不断增多，其中一些水合 Ag^+ 和 Cl^- 在运动过程中受到固体 AgCl 的吸引，就会重新被吸附到 AgCl 表面上去，这个过程为沉淀。

沉淀和溶解为可逆的两个过程。在一定温度下，当溶解产生的 Ag^+ 和 Cl^- 的数目和因沉淀而消耗的 Ag^+ 和 Cl^- 的数目相同，即难溶电解质溶液中沉淀和溶解两个过程的速率相等时，溶液中各种离子的浓度不再随时间而改变，我们就说难溶电解质溶液中建立了一种动态平衡，称为沉淀-溶解平衡。此时的溶液处于饱和状态。

难溶强电解质在水中的溶解度虽然很小，但一经溶解就完全解离。溶解的固体与已解离的离子之间建立沉淀-溶解平衡。$BaSO_4$ 的沉淀溶解平衡可表示如下：

$$BaSO_4(s) \underset{沉淀}{\overset{溶解}{\rightleftharpoons}} Ba^{2+}(aq) + SO_4^{2-}(aq)$$

其平衡常数为：
$$K = \frac{[Ba^{2+}][SO_4^{2-}]}{[BaSO_4]}$$

固体 $BaSO_4$ 的浓度为一常数，与 K 合并后得一新的常数，以 K_{sp} 表示，则有：

$$K_{sp} = [Ba^{2+}][SO_4^{2-}]$$

K_{sp} 称为难溶电解质的沉淀-溶解平衡常数，又称溶度积常数，简称溶度积。K_{sp} 表示在一定温度下，难溶强电解质的饱和溶液中离子浓度幂的乘积是一个常数。它的大小与物质溶解度有关。

严格来说，溶度积应该以离子活度幂的乘积来表示，即 $K_{sp} = a_{Ag^+} \cdot a_{Cl^-}$。但由于难溶强电解质的溶解度很小，导致离子强度很小，活度因子趋近于 1，离子的浓度与活度相差甚微，所以可用浓度代替活度。

与其他平衡常数一样，K_{sp} 只与难溶电解质的性质与温度有关，与溶液中离子的浓度变化无关。表 6-5 给出了 $BaSO_4$ 的溶度积和溶解度随温度变化的情况。

表 6-5 $BaSO_4$ 的溶度积和溶解度随温度变化情况

温度(℃)	0	10	25	50	100
溶解度(mg/L)	1.9	2.2	2.8	3.4	3.9
溶度积(K_{sp})	6.7×10^{-11}	8.9×10^{-11}	1.1×10^{-10}	2.1×10^{-10}	2.8×10^{-10}

由表 6-5 看出，随着温度的升高，$BaSO_4$ 在水中的溶解度逐渐增大，溶度积也随着增大。实际工作中常采用 298K 时的数据，附录 3 列出了一些常见难溶电解质的 K_{sp}。

二、溶度积常数和溶解度的关系

溶度积常数和溶解度都可以用来表示难溶电解质在水中的溶解能力。溶度积从平衡的角度表示难溶电解质的溶解趋势，溶解度是指一定温度下难溶电解质饱和溶液的浓度，两者有着必然的联系。如果难溶电解质 M_aX_b 的溶解度为 s，并以 mol/L 为单位，当沉淀溶解达到平衡时：

$$M_aX_b \rightleftharpoons aM^{b+} + bX^{a-}$$

$$K_{sp} = (a \cdot s)^a \cdot (b \cdot s)^b = a^a \cdot b^b \cdot s^{(a+b)} \qquad (6\text{-}23)$$

$$s = \sqrt[a+b]{\frac{K_{sp}}{a^a b^b}} \qquad (6\text{-}24)$$

（一）已知溶解度计算溶度积常数

例 6-13 已知 298K 时，将固体 AgCl 放入纯水中，达到沉淀溶解平衡时，测得 AgCl 溶解度为 1.92×10^{-3}g/L。计算该温度下 AgCl 的溶度积常数。

解：将 AgCl 的溶解度单位换算成 mol/L，$M_{AgCl} = 143.4$g/mol，则其溶解度 s 为：

$$s = \frac{1.92\times10^{-3}}{143.4} = 1.33\times10^{-5}(\text{mol/L})$$

假设在 AgCl 饱和溶液中，溶解了的 AgCl 完全解离

$$AgCl(s) \rightleftharpoons Ag^+(aq) + Cl^-(aq)$$

平衡浓度 $\qquad s \qquad s$

则： $K_{sp}=[Ag^+][Cl^-]=s^2=1.77\times10^{-10}$

（二）已知溶度积常数计算溶解度

例 6-14 已知 298K 时，Ag_2CrO_4的溶度积为 $K_{sp}=1.1\times10^{-12}$，计算其溶解度。（已知 Ag_2CrO_4的相对分子质量为 331.7）

解：设 Ag_2CrO_4的溶解度为 x mol/L。$M(Ag_2CrO_4)=331.7g/mol$

$$Ag_2CrO_4(s) \rightleftharpoons 2Ag^+(aq) + CrO_4^{2-}(aq)$$

平衡浓度 $\qquad 2x \qquad x$

则由式(6-24)，$x=\sqrt[3]{\dfrac{1.1\times10^{-12}}{2^2}}=6.5\times10^{-5}(mol/L)$

得 $s=6.5\times10^{-5}\times331.7=2.2\times10^{-2}(g/L)$

AgCl、AgBr、$BaSO_4$等属于 AB 型的强电解质，这类化合物的化学式中阳、阴离子数之比为 1∶1。Ag_2CrO_4或 CaF_2属于 A_2B 或 AB_2 型的难溶电解质，阳、阴离子数之比为 2∶1 或 1∶2。只有同一类型的难溶电解质才可以通过溶度积来比较它们的溶解度（用 mol/L 作单位）的相对大小，溶度积大的溶解度就大。不同类型的难溶电解质，则不能通过溶度积来比较其溶解度的相对大小。表 6-6 对 AgCl、AgBr 及 Ag_2CrO_4的溶度积和溶作度作出比较。

表 6-6 AgCl、AgBr、Ag_2CrO_4的溶度积和溶解度的比较

类型	化学式	溶度积 K_{sp}	溶解度（mol/L）	换算公式
AB	AgCl	1.8×10^{-10}	1.3×10^{-5}	$K_{sp}=s^2$
AB	AgBr	5.3×10^{-13}	7.3×10^{-7}	$K_{sp}=s^2$
A_2B	Ag_2CrO_4	1.1×10^{-12}	6.5×10^{-5}	$K_{sp}=4s^3$

由表 6-6 可看出，$K_{sp}(AgCl)>K_{sp}(AgBr)$，AgCl 在水中的溶解度比 AgBr 大。然而，$K_{sp}(AgCl)>K_{sp}(Ag_2CrO_4)$，AgCl 的溶解度反而比 Ag_2CrO_4小。这是由于两者的 K_{sp}与 s 的换算关系不同所致。

由此可得，K_{sp}与难溶电解质的性质和温度有关，但溶解度不仅与温度有关，还与系统的组成、pH 的改变及配合物的生成等因素有关。因此，K_{sp}与溶解度之间的换算关系仅适用于以下几种情况。

（1）离子强度很小，浓度可以代替活度的电解质溶液。

（2）解离出来的正、负离子在水溶液中不发生水解等副反应。

（3）离子型难溶强电解质。

三、溶度积规则

在难溶强电解质溶液中，任意情况下离子浓度幂的乘积称为离子积，用符号 Q_i表示。例如，$Mg(OH)_2$溶液的离子积 $Q_i=[Mg^{2+}][OH^-]^2$。Q_i的表达式与 K_{sp}相同，但两者的概念是有区别的。K_{sp}可以看作是 Q_i的一个特例。K_{sp}与 Q_i之间的大小关系有以下三种情况：

（1）$Q_i=K_{sp}$时，是饱和溶液，沉淀溶解达到动态平衡。

(2) $Q_i<K_{sp}$时，是不饱和溶液，还可以继续溶解少量电解质，直至平衡。

(3) $Q_i>K_{sp}$时，是过饱和溶液，可析出沉淀，直至平衡。

以上规则称为溶度积规则，可用来判断沉淀的生成和溶解。根据溶度积规则还可以控制溶液中难溶强电解质的离子浓度，使之产生沉淀或使沉淀溶解。

四、沉淀的生成与溶解

(一) 沉淀的生成

由溶度积规则可知，要使沉淀自难溶电解质溶液中析出，就要增大溶液中相关离子的浓度，使溶液中所含组成沉淀的各离子的离子积大于其溶度积，即 $Q_i>K_{sp}$，使反应向生成沉淀的方向转化。具体可采取措施如下：

1. 加入过量沉淀剂 在 $AgNO_3$溶液中加入 K_2CrO_4溶液，当溶液中$(Ag^+)^2\cdot(CrO_4^{2-})>K_{sp}(Ag_2CrO_4)$时，会生成红色 Ag_2CrO_4沉淀。若加入 KI 溶液，当溶液中$(Ag^+)\cdot(I^-)>K_{sp}(AgI)$时，会生成黄色 AgI 沉淀。其中 K_2CrO_4和 KI 均可称为 Ag^+的沉淀剂。

例 6-15 298K 时，将等体积的 0.004mol/L $AgNO_3$溶液与 0.004mol/L K_2CrO_4溶液混合，有无红色 Ag_2CrO_4沉淀析出？$[K_{sp}(Ag_2CrO_4)=9\times10^{-12}]$

解：当两溶液等体积混合时，$[Ag^+]$和$[CrO_4^{2-}]$都减半。即：

$$[Ag^+]=[CrO_4^{2-}]=0.002\text{mol/L}$$

$$Q_i=[Ag^+]^2\cdot[CrO_4^{2-}]=0.002^3=8\times10^{-9}$$

又：
$$K_{sp}(Ag_2CrO_4)=9\times10^{-12}$$

$Q_i>K_{sp}(Ag_2CrO_4)$，有 Ag_2CrO_4沉淀析出。

以上是溶液中只有一种离子能和试剂生成沉淀，若溶液中有两种或两种以上离子都能与同一种试剂生成沉淀，这种情况下是同时生成沉淀还是按一定顺序先后生成沉淀呢？

例 6-16 298K 时，在含有浓度分别为 0.10mol/L 的 Cl^-、Br^-和 I^-的混合溶液中，滴加 $AgNO_3$溶液，能分别生成 AgCl、AgBr 和 AgI 沉淀，问沉淀的顺序如何？$[K_{sp}(AgCl)=1.56\times10^{-10}; K_{sp}(AgBr)=7.7\times10^{-13}; K_{sp}(AgI)=1.5\times10^{-15}]$

解：已知
$$K_{sp}(AgCl)=[Ag^+]\cdot[Cl^-]=1.56\times10^{-10};$$
$$K_{sp}(AgBr)=[Ag^+]\cdot[Br^-]=7.7\times10^{-13};$$
$$K_{sp}(AgI)=[Ag^+]\cdot[Br^-]=1.5\times10^{-15}$$

所以，AgCl 开始沉淀所需$[Ag^+]$为：

$$[Ag^+]=\frac{K_{sp}(AgCl)}{[Cl^-]}=\frac{1.56\times10^{-10}}{0.10}=1.56\times10^{-9}(\text{mol/L})$$

AgBr 开始沉淀所需$[Ag^+]$为：

$$[Ag^+]=\frac{K_{sp}(AgBr)}{[Br^-]}=\frac{7.7\times10^{-13}}{0.10}=7.70\times10^{-12}(\text{mol/L})$$

AgI 开始沉淀所需$[Ag^+]$为：

$$[Ag^+]=\frac{K_{sp}(AgI)}{[I^-]}=\frac{1.5\times10^{-16}}{0.10}=1.50\times10^{-15}(\text{mol/L})$$

由计算可知，逐滴加入 $AgNO_3$时，生成 AgI 沉淀所需$[Ag^+]$最少，所以，AgI 先沉淀，然后是 AgBr 沉淀，最后是 AgCl 沉淀。这种先后沉淀的过程称分步沉淀。

2. 控制溶液的 pH 对于某些难溶的弱酸盐和难溶的氢氧化物来说，可以通过控制溶液的 pH 使沉淀生成或溶解。

例 6-17 298K 时，计算能使 0.010mol/L 的 Fe^{3+} 开始沉淀和沉淀完全时溶液的 pH。[$K_{sp}(Fe(OH)_3)=2.64\times10^{-39}$]

解：沉淀-溶解平衡

$$Fe(OH)_3(s) \rightleftharpoons Fe^{3+} + 3OH^-$$

$$K_{sp}[Fe(OH)_3]=[Fe^{3+}]\cdot[OH^-]^3$$

开始沉淀所需 pH：$[OH^-]=\sqrt[3]{\dfrac{2.64\times10^{-39}}{0.010}}=6.42\times10^{-13}(mol/L)$

$$pOH=13-\lg6.42=12.19$$

$$pH=14-12.19=1.81$$

沉淀完全（残留的离子浓度小于 1×10^{-6} mol/L）所需 pH：

$$[OH^-]=\sqrt[3]{\frac{2.64\times10^{-39}}{1\times10^{-6}}}=1.38\times10^{-11}(mol/L)$$

$$pOH=11-\lg1.38=10.86$$

$$pH=14-10.86=3.14$$

（二）沉淀的溶解

由溶度积规则可知，要使难溶电解质溶液中的沉淀溶解，就要减小溶液中相关离子的浓度，使溶液中所含组成沉淀的各离子的离子积小于其溶度积，即 $Q_i< K_{sp}$。使反应向沉淀溶解的方向转化。具体可采取措施如下：

1. 利用生成弱电解质使沉淀溶解 如果难溶电解质的离子与其他离子结合生成难解离的水、弱酸或弱碱等弱电解质，使 $Q_i<K_{sp}$，沉淀溶解。例如：$Mg(OH)_2$能溶于盐酸，反应如下：

$$Mg(OH)_2 \rightleftharpoons Mg^{2+} + 2OH^-$$

$$+$$

$$2HCl = 2Cl^- + 2H^+$$

$$\Downarrow$$

$$2H_2O$$

加入 HCl 溶液后，H^+与 OH^-结合生成弱电解质 H_2O，使溶液中[OH^-]降低，平衡向右移动，使 $Mg(OH)_2$沉淀溶解。

同理，难溶的弱酸盐可溶于较强的酸。例如，加入盐酸能使 CaC_2O_4溶解，反应如下：

$$CaC_2O_4 \rightleftharpoons Ca^{2+} + C_2O_4^{2-}$$

$$+$$

$$2HCl = 2OH^- + 2H^+$$

$$\Downarrow$$

$$H_2C_2O_4$$

加入 HCl 溶液后，H^+与 $C_2O_4^{2-}$ 结合生成弱电解质 $H_2C_2O_4$，使溶液中[$C_2O_4^{2-}$]降低，平衡向右移动，使 CaC_2O_4沉淀溶解。

2. 利用氧化还原反应使沉淀溶解 在难溶电解质溶液中加入氧化剂或还原剂，使难溶电解质的某种离子被氧化或被还原而降低其浓度，使 $Q_i < K_{sp}$，沉淀溶解。例如，向 CuS 沉淀中加入稀 HNO_3：

平衡： $CuS \rightleftharpoons Cu^{2+} + S^{2-}$

反应： $3CuS + 8HNO_3 = 3Cu(NO_3)_2 + 3S\downarrow + 2NO\uparrow + 4H_2O$

由于 S^{2-} 能被 HNO_3 氧化成 S，溶液中 $[S^{2-}]$ 降低，CuS 沉淀溶解。

3. 利用生成配合物使沉淀溶解 如果难溶电解质的离子与其他离子结合生成难解离的配合物离子，使 $Q_i<K_{sp}$，沉淀溶解。例如，AgCl 能溶于 $NH_3 \cdot H_2O$ 中，反应如下：

$$AgCl \rightleftharpoons Ag^+ + Cl^-$$
$$+$$
$$2NH_3$$
$$\Updownarrow$$
$$[Ag(NH_3)_2]^+$$

AgCl 能溶于 $NH_3 \cdot H_2O$ 中，发生了配位反应（详见第八章），生成稳定的配离子 $[Ag(NH_3)_2]^+$，大大降低了 $[Ag^+]$，所以 AgCl 沉淀溶解。

五、同离子效应和盐效应

温度一定时，AgCl 饱和溶液中存在着 Ag^+、Cl^- 与固体 AgCl 之间的沉淀溶解平衡。此时，$[Ag^+][Cl^-]=K_{sp}(AgCl)$，当在此平衡体系中加入强电解质 NaCl 后，增大了 Cl^- 浓度，使平衡向左移动。

$$AgCl(s) \rightleftharpoons Ag^+(aq) + Cl^-(aq)$$
$$NaCl = Na^+ + Cl^-$$

此时，$[Ag^+][Cl^-]>K_{sp}(AgCl)$，溶液过饱和，AgCl 沉淀析出。建立新的平衡时，由于消耗了 Ag^+，所以 AgCl 的溶解度降低。像这种在难溶电解质的沉淀溶解平衡体系中加入与难溶电解质具有相同离子的易溶强电解质，使难溶电解质的多相离子平衡向左移动，溶解度降低的效应称为沉淀溶解平衡中的同离子效应。

实际工作中，根据同离子效应可降低难溶电解质溶解度的原理，加入适当过量沉淀剂就可使沉淀趋于完全。

在难溶电解质的沉淀溶解平衡体系中加入与难溶电解质不含相同离子的强电解质，使难溶电解质的多相离子平衡向右移动，溶解度略有增大的效应称为沉淀溶解平衡中的盐效应。例如，$BaSO_4$ 在 KNO_3 溶液中的溶解度比在纯水中要大一些，KNO_3 溶液浓度越大，$BaSO_4$ 的溶解度也越大。

同弱电解质的解离平衡一样，同离子效应发生的同时也伴随着盐效应的发生，但盐效应不如同离子效应明显，往往被忽略不计。

六、沉淀的转化

有一些难溶电解质既不溶于酸，也不能利用配位溶解或氧化还原溶解的方法把它直接溶解。这种情况下，可以把某种难溶电解质转化为另一种难溶电解质，然后再使其溶解。在含有某一沉淀的溶液中，加入适当的沉淀剂，使其转化为另一沉淀的过程，称为沉淀的转化。

例如，可用 Na_2CO_3 与 $SrSO_4$ 反应，将 $SrSO_4$ 转化为 $SrCO_3$。反应的离子方程式为：

$$SrSO_4(s) + CO_3^{2-} \rightleftharpoons SrCO_3(s) + SO_4^{2-}$$

沉淀转化平衡常数为：
$$K=\frac{[SO_4^{2-}]}{[CO_3^{2-}]}$$

$$K=\frac{[SO_4^{2-}][Sr^{2+}]}{[CO_3^{2-}][Sr^{2+}]}=\frac{K_{sp}(SrSO_4)}{K_{sp}(SrCO_3)}=\frac{3.4\times10^{-7}}{5.6\times10^{-10}}=6.1\times10^{2}$$

溶解度较大的沉淀转化为溶解度较小的沉淀，沉淀转化平衡常数较大（$K>1$），转化较为容易进行。如果是溶解度较小的沉淀转化为溶解度较大的沉淀，沉淀转化平衡常数较小（$K<1$），转化往往比较困难。所以，沉淀转化平衡常数越大，转化越易实现。

知识链接

医学中的沉淀反应

在医疗诊断中，难溶的 $BaSO_4$ 被用于消化系统的X线透视中。透视前，患者要吃进 $BaSO_4$(s) 在 Na_2SO_4 溶液中的糊状物，使 $BaSO_4$ 到达消化系统。由于 $BaSO_4$ 不能透过X线，这样在屏幕上或照片上就能清楚地显示出消化系统，从而进行诊断。Ba^{2+} 有毒，但由于同离子效应，$BaSO_4$ 在 Na_2SO_4 溶液中溶解度非常小，对患者没有任何危险。

目标检测

一、选择题

（一）单项选择题

1. 相同温度下，浓度为0.20mol/L的下列物质导电能力最弱的是(　　)
   A. 盐酸　　B. 氢氧化钾
   C. 乙酸　　D. 氯化铵
   E. 硫酸
2. $[OH^-]=10^{-11}$mol/L的溶液，pH为(　　)
   A. 14　　B. 1
   C. 13　　D. 11
   E. 3
3. 等物质的量浓度的NaOH和 $NH_3\cdot H_2O$ 溶液中 $[H^+]$(　　)
   A. 两者不能比较
   B. 两者相等
   C. NaOH溶液大于 $NH_3\cdot H_2O$ 溶液
   D. $NH_3\cdot H_2O$ 溶液大于NaOH溶液
   E. 都不存在
4. 在298K时，测得纯水的pH为7，则其pOH应为(　　)
   A. 7.5　　B. 7
   C. 7.5　　D. 5.5
   E. 6.5
5. 已知HCN的 $K_a=5.0\times10^{-10}$，其共轭碱 CN^- 的 K_b 值为(　　)
   A. 2.0×10^{-5}　　B. 5.0×10^{-10}
   C. 5.0×10^{-24}　　D. 2.0×10^{-4}
   E. 2.0×10^{-24}
6. 0.10mol/L $NH_3\cdot H_2O$($K_b=1.8\times10^{-5}$)40.00ml与0.10mol/L HCl 20.00ml混合，所得溶液的pH为(　　)
   A. 1.79　　B. 4.75
   C. 6.75　　D. 9.25
   E. 6.5
7. 欲配制pH=9.0的缓冲溶液，最好选用下列缓冲对中的(　　)
   A. 甲酸($pK_a=3.75$)
   B. 乙酸($pK_a=4.76$)
   C. 甲胺盐酸盐($pK_a=10.63$)
   D. 氨水($pK_b=4.75$)
   E. 邻苯二甲酸($pK_{a_1}=2.89$；$pK_{a_2}=5.51$)
8. 溶液的酸碱度是指溶液中(　　)
   A. $[H^+]$和[酸分子]的大小
   B. [碱分子]和$[OH^-]$的大小

C. [H^+]和[OH^-]的大小

D. [酸分子]和[碱分子]的大小

E. [H^+]和[碱分子]的大小

9. 某一弱酸溶液中,溶质分子的物质的量与离子的物质的量之比为4.5∶1,则此一元弱酸的解离度为(　　)

A. 10%　　B. 11.11%

C. 20%　　D. 18.8%

E. 9%

10. H_2O 的共轭碱是(　　)

A. H^+　　B. OH^-

C. H_3O^+　　D. HCl

E. Cl^-

11. 人体血浆中最重要的抗酸成分为(　　)

A. H_3PO_4　　B. HPO_4^{2-}

C. HCO_3^-　　D. H_2CO_3

E. CO_3^{2-}

12. 温度一定时,加水稀释弱酸,下列各组中,前者减小,后者增大的是(　　)

A. [H^+]和 α

B. α 和 pH

C. pH 和 K_a

D. K_a和[H^+]用酸碱质子理论判断

E. α 和 K_a

13. 0.01mol/L 的 HCl 溶液中[OH^-]是多少(　　)

A. 1.0×10^{-2}mol/L　　B. 1.0×10^{-12}mol/L

C. 1.0×10^{-10}mol/L　　D. 1.0×10^{-1}mol/L

E. 1.0×10^{-14}mol/L

14. 298K 时,HCOOH 溶液中 $K_a=1.8\times10^{-4}$,则其共轭碱的 K_b 为(　　)

A. 5.56×10^{-9}　　B. 5.56×10^{-10}

C. 5.56×10^{-12}　　D. 5.56×10^{-8}

E. 5.56×10^{-11}

15. 在 pH=3 的 HAc 溶液中,$K_a=1.8\times10^{-5}$(298K),则[HAc]为(　　)

A. 5.6×10^{-2}mol/L　　B. 5.6×10^{-1}mol/L

C. 1.8×10^{-3}mol/L　　D. 1.8×10^{-4}mol/L

E. 1.8×10^{-2}mol/L

16. 正常人体血液的 pH 为(　　)

A. =7.5　　B. < 7

C. =7　　D. 7.35~7.45

E. 7.45

17. 电解质溶液能导电的原因是因为溶液中有(　　)

A. 大量水　　B. 分子

C. 少量的离子　　D. 大量的电子

E. 自由移动的离子

18. 甲溶液 pH=6,乙溶液 pH=4,则甲乙溶液的[H^+]之比为(　　)

A. 3∶2　　B. 1∶50

C. 2∶3　　D. 1∶2

E. 1∶100

19. 在同一温度下,解离度越小,则电解质(　　)

A. 酸性越强　　B. 越容易解离

C. 酸性越弱　　D. 溶液中离子数越多

E. 无法判断

20. 下列溶液酸性最强的是 (　　)

A. pH=5　　B. pH=14

C. [H^+]=10^{-4}mol/L　D. [OH^-]=10^{-8}mol/L

E. [OH^-]=10^{-12}mol/L

(二) 多项选择题

1. 下列物质属于强电解质的是(　　)

A. 盐酸　　B. 氢硫酸

C. 乙酸钠　　D. 氨水

E. 氢氧化钠

2. 向 500ml 浓度为 0.20mol/L $NH_3\cdot H_2O$ 溶液中,加入少量 NH_4Cl 晶体,则溶液中(　　)

A. pH 增大　　B. NH_3的解离度减小

C. pH 减小　　D. NH_3的解离常数 K_b减小

E. pH 不变

3. 与缓冲容量有关的因素是(　　)

A. 外加酸量　　B. 总浓度

C. 缓冲比　　D. 外加碱量

E. 溶液的体积

4. 常温时,酸性水溶液中(　　)

A. 只有 H^+存在

B. pH>7

C. H^+与 OH^-同时存在

D. pH<7

E. pH≤7

5. 下列叙述,观点正确的是(　　)

A. 溶液中[H^+]越大,pH 越小

B. 温度升高,K_w增大

C. K_a、K_b与浓度无关

D. 溶液中[OH^-]越大,pH 越小

E. 浓盐酸溶液中,没有 OH^-存在

6. 在乙酸溶液中加入哪种物质不会发生同离子效应 (　　)

A. 乙酸钠　　B. 盐酸
C. 氯化铵　　D. 碳酸钠
E. 氢氧化钾

7. 不属于缓冲对的为(　　)
A. HCl-NaCl　　B. $NH_3 \cdot H_2O$-NH_4Ac
C. HAc-NaAc　　D. NaH_2PO_4-Na_3PO_4
E. H_3PO_4-NaH_2PO_4

8. 能使沉淀溶解的措施为(　　)
A. 配位反应　　B. 氧化还原反应
C. $Q_i>K_{sp}$　　D. 生成弱电解质
E. $Q_i<K_{sp}$

9. 下列叙述正确的是(　　)
A. 弱酸的浓度越大,其解离度就越小
B. K_a受温度影响,与浓度无关
C. 只有满足$c \cdot K_a>20K_w$且$c/K_a>500$的条件时,才能用近似公式计算一元弱酸的pH
D. 只有在纯水中$[H^+][OH^-]=K_w$
E. 弱碱的浓度越小,其解离度就越小

10. 下述观点正确的是(　　)
A. 酸碱反应的实质是质子的转移
B. 酸失去质子后转化成碱
C. 酸越强,其共轭碱也越强
D. 酸越弱,其共轭碱也越强
E. 化合物中没有盐的概念,酸、碱及盐都是强电解质

二、简答题

1. 酸碱质子理论和电离理论有何不同?
2. 根据酸碱质子理论,写出下列分子或离子的共轭碱的化学式。
NH_4^+,H_2S,H_2SO_4,$H_2PO_4^-$
3. 影响缓冲溶液pH的因素有哪些?
4. 举例说明缓冲溶液是如何发挥缓冲作用的?
5. 什么是同离子效应?在$NH_3 \cdot H_2O$中加入①NH_4Cl晶体、②HCl、③NaOH时,$NH_3 \cdot H_2O$的解离平衡是否发生移动?
6. 根据酸碱质子理论,判断下列分子或离子中,哪些是酸?哪些是碱?哪些是两性物质?
HS^-,CO_3^{2-},$H_2PO_4^-$,NH_3,H_2S,OH^-,HAc,H_2O
7. 下列说法若有错误,请纠正。
(1) 在熔融状态或水溶液中能导电的物质称电解质。
(2) 常见的酸、碱及盐都是强电解质。
(3) pH=1.0的溶液酸性最强;pH=14.0的溶液碱性最强。

三、计算题

1. 计算下列溶液中各种离子的浓度:
(1) 0.1mol/L HNO_3
(2) 0.4mol/L NaOH
(3) 0.5mol/L $CaCl_2$
(4) 0.2mol/L HAc
(5) 0.2mol/L $NH_3 \cdot H_2O$
2. 把pH=5.0的强电解质溶液加水稀释1000倍以后,pH为多少?
3. 0.01mol/L HAc溶液的解离度为4.2%,求该HAc溶液的$[H^+]$?
4. 欲配制500ml pH=4.50的缓冲溶液,问需0.50mol/L HAc和0.50mol/L NaAc溶液各多少毫升?
5. 10ml 0.1mol/L的$MgCl_2$溶液和10ml 0.1mol/L的$NH_3 \cdot H_2O$溶液相混合时,是否有$Mg(OH)_2$沉淀生成?
6. 三位住院患者的化验单显示血浆中HCO_3^-和CO_2溶解浓度分别如下:
甲$c(HCO_3^-)$=24.0mmol/L
　$c(CO_2)$=1.20mmol/L
乙$c(HCO_3^-)$=21.6mmol/L
　$c(CO_2)$=1.35mmol/L
丙$c(HCO_3^-)$=56.0mmol/L
　$c(CO_2)$=1.40mmol/L
37℃时的pK_a=6.10,计算各患者血浆的pH为多少?并诊断谁属酸中毒,谁属碱中毒,谁属正常。

(刘　雅)

第7章 氧化还原反应与电极电势

学习目标

1. 掌握:电极电势的概念及影响因素,Nernst 方程式及有关简单计算,电极电势的应用。

2. 熟悉:氧化还原反应的基本概念,能熟练地配平氧化还原反应方程式。

3. 了解:原电池及电动势的概念。

氧化还原反应是自然界普遍存在的一类化学反应,氧化还原反应不仅与工农业生产和日常生活密切相关,与医学的关系也十分密切,生命过程离不开氧化还原反应。例如,人体的许多代谢反应是氧化还原反应。其在水质 COD 耗氧量检测及药品检测如维生素含量、双氧水含量的测定上有着广泛的应用。

最初把有氧参加的反应,根据反应中得氧和失氧,将化学反应分为氧化反应和还原反应。例如,在氢气跟氧化铜反应生成单质铜和水的反应中氢气得氧,是氧化反应,而氧化铜失氧,则是还原反应。但从这个角度认识氧化还原反应不够全面,也不能体现氧化还原反应的实质。

本章主要学习氧化还原反应的一般特征、讨论电极电势的产生原因、影响电极电势的因素,并介绍以此相关的电化学的基本知识。

第1节 氧化还原反应

一、氧化数

为了方便地判断氧化还原反应,进行氧化还原反应方程式的配平,提出了氧化数(又称氧化值,oxidation number)的概念。1970 年,国际纯粹与应用化学联合会(IUPAC)定义了氧化数的概念:氧化数是指某元素一个原子的荷电数(又称表观荷电数,apparent charge number),该荷电数由假定把每个化学键中的电子指定给电负性较大的原子而求得。例如,在 KCl 中,氯元素的电负性比钾元素大,因而钾的氧化值为+1,Cl 的氧化值为-1;又例如,在 NH_3中,三对成键的电子都归电负性大一些的氮原子所有,则 N 的氧化值为-3,H 的氧化值为+1。按照国际纯粹与应用化学联合会对氧化数的定义可以得出确定元素氧化数的规则:

(1) 在单质分子中,元素的氧化数为零。例如,H_2、O_2分子中 H 元素、O 元素的氧化数为 0。

(2) 氢在化合物中的氧化数一般为+1,但在活泼金属的氢化物(如 NaH、CaH_2等)中,H

的氧化数为-1。

(3) 氧在化合物中的氧化数一般为-2。但在过氧化物(如 H_2O_2、Na_2O_2等)中,氧化值为-1;在超氧化物(如 NaO_2)中,氧化数为-1/2(氧化值可以是分数);在氟化物 OF_2中,氧化数为+2。

(4) 在单原子离子中,元素的氧化数等于该离子所带的电荷数,如 Ca^{2+}、H^+的氧化数分别为+2、+1。复杂离子的电荷等于各元素氧化数的代数和。

(5) 中性分子的所有元素的氧化数之和为零。

(6) 一种原子的氧化数可以从同它化合的其他原子的氧化数计算出来。

例 7-1 根据以上规则,计算下列物质中任意元素的氧化数

(1) $KMnO_4$中 Mn 元素的氧化数

(2) $Cr_2O_7^{2-}$ 中 Cr 元素的氧化数

(3) Fe_3O_4中 Fe 元素的氧化数

解:(1) 设在 $KMnO_4$中 Mn 的氧化数为 x:则

$$1+x+4\times(-2)=0, x=+7$$

(2) 设在 $Cr_2O_7^{2-}$ 中 Cr 元素的氧化数为 y:则

$$2\times y+7\times(-2)=-2, y=+6$$

(3) 设在 Fe_3O_4中 Fe 元素的氧化数为 z:则

$$3\times z+4\times(-2)=0, z=8/3$$

二、氧化还原反应

根据氧化数的概念,可以给氧化还原反应下一个更确切的定义:由于电子的得失或电子对偏移使单质或化合物中元素氧化数改变的反应称为氧化还原反应。氧化还原反应的实质是电子的转移。元素氧化数升高的过程称为氧化反应,元素氧化数下降的过程称为还原反应。

(一) 氧化剂和还原剂

在氧化还原反应中,把失去电子氧化数升高的物质称为还原剂(reducing agent),还原剂是使另一种物质还原,本身被氧化,它的反应产物称为氧化产物。氧化数降低的物质称为氧化剂(oxidizing agent),氧化剂是使另一种物质氧化,本身被还原,它的反应产物称为还原产物。

例如,下列反应中:

$$\underset{\text{还原剂}}{3Cu} + \underset{\text{氧化剂}}{8HNO_3(\text{稀})} = \underset{\text{氧化产物}}{3Cu(NO_3)_2} + \underset{\text{还原产物}}{2NO\uparrow} + 4H_2O$$

在这个反应中,HNO_3是氧化剂,N 的氧化数从+5 降低到+2,被还原,使 Cu 氧化,氧化产物是 $Cu(NO_3)_2$;Cu 是还原剂,Cu 的氧化数从 0 升高到+2,被氧化,使 HNO_3还原,还原产物是 NO。

另外还有这种情况,某一单质或化合物在反应中既是氧化剂又是还原剂,氧化数的变化发生在同一物质的同一元素之间的反应。例如,下列两个反应:

$$Cl_2 + H_2O = HCl + HClO$$

$$4KClO_3 = 3KClO_4 + KCl$$

这类氧化还原反应称为歧化反应,是氧化还原反应的一种特殊类型。

(二) 氧化还原电对

任何氧化还原反应都是由两个"半反应"组成的,一个是氧化剂被还原的反应,称为还原反应;另一个是还原剂被氧化的反应,称为氧化反应。例如,下列氧化还原反应:

$$Cu^{2+} + Zn \rightleftharpoons Cu + Zn^{2+}$$

该反应包括以下两个"半反应"(两个共轭电对):

$$Cu^{2+} + 2e^- \rightleftharpoons Cu$$

$$Zn - 2e^- \rightleftharpoons Zn^{2+}$$

在氧化还原反应中,氧化剂与它的还原产物及还原剂与它的氧化产物组成氧化还原电对(redox electric couple),简称电对。每一个半反应中含有同一元素不同氧化数的两种物质,氧化数高的物质称为氧化型或氧化态,用 Ox 表示;氧化数低的物质称为还原型或还原态,用 Red 表示。

氧化还原电对通常写成:氧化态/还原态(Ox/Red),如 Cu^{2+}/Cu,Zn^{2+}/Zn。每个氧化还原半反应中都有一对氧化还原电对。

氧化还原半反应通式写作:

$$Ox + ne^- \rightleftharpoons Red$$

这种关系与质子酸碱中共轭酸碱对的关系相似,电对中的氧化型物质得电子,还原型物质失电子。氧化还原反应的实质也可以理解为两个共轭电对之间的电子转移。氧化型物质的氧化能力与还原型物质的还原能力存在共轭关系,氧化型物质的氧化能力越强,其对应的还原型物质的还原能力越弱;氧化态物质的氧化能力越弱,其对应的还原态物质的还原能力越强。例如,MnO_4^-/Mn^{2+} 电对中,MnO_4^- 氧化能力强,是强氧化剂,而 Mn^{2+} 还原能力弱,是弱还原剂;Zn^{2+}/Zn 电对中,Zn^{2+} 是弱氧化剂,而 Zn 是强还原剂。

当溶液中有介质参与半反应时,虽然它们在反应中没有电子得失,也应写入半反应中,如:

$$MnO_4^- + 8H^+ + 5e^- \rightleftharpoons Mn^{2+} + 4H_2O$$

式中,电子转移数为 5,氧化态包括 MnO_4^-,还原态为 Mn^{2+}(溶剂 H_2O 不包括)。

三、氧化还原反应方程式的配平

参加氧化还原反应的物质比较复杂,除氧化剂和还原剂而外,还涉及介质(如酸、碱、水),因此用一般的观察法很难配平氧化还原反应方程式。下面介绍两种应用比较广泛的氧化还原反应方程式的配平方法——氧化数法和离子-电子法。

(一) 氧化数法

氧化数法的配平依据是物质质量守恒定律,氧化还原反应中氧化剂和还原剂的氧化数的增减总数相等。

下面以 $KMnO_4$ 和 $FeSO_4$ 在稀 H_2SO_4 溶液中的反应为例说明其配平步骤。

(1) 根据反应事实,写出反应物和生成物的化学式,中间用"——→"隔开。

$$KMnO_4 + FeSO_4 + H_2SO_4 \longrightarrow MnSO_4 + Fe_2(SO_4)_3 + K_2SO_4 + H_2O$$

(2) 标出氧化数发生变化的元素,并求出升高值和降低值。

氧化数降低5

$$\overset{+7}{KMnO_4}+\overset{+2}{Fe}SO_4+H_2SO_4 \longrightarrow \overset{+2}{Mn}SO_4+\overset{+3}{Fe_2}(SO_4)_3+K_2SO_4+H_2O$$

氧化数升高1×2

（3）根据氧化剂氧化数降低总数等于还原剂氧化数升高总数，按最小公倍数确定氧化剂和还原剂化学式前的系数。

氧化数降低5×2

$$2\overset{+7}{KMnO_4}+10\overset{+2}{Fe}SO_4+H_2SO_4 \longrightarrow 2\overset{+2}{Mn}SO_4+5\overset{+3}{Fe_2}(SO_4)_3+K_2SO_4+H_2O$$

氧化数升高1×2×5

（4）根据反应前后原子种类和数目相等的原则，用观察法确定其他物质的系数。并把"⟶"改成"══"。配平好的方程式如下：

$$2KMnO_4+10FeSO_4+8H_2SO_4 = 2MnSO_4+5Fe_2(SO_4)_3+K_2SO_4+8H_2O$$

（二）离子-电子法（半反应式法）

配平的原则是氧化剂得到的电子数总数等于还原剂失去的电子数的总数；反应前后各元素的原子总数相等。配平的基本步骤如下：

将反应式改写为半反应式，先将半反应式配平，然后将这些半反应式加合起来，消去其中的电子而配平。

离子-电子法只适用于水溶液中发生的氧化还原反应方程式的配平。

现以高锰酸钾在酸性介质中与亚硫酸钾反应为例，说明离子-电子法的一般步骤：

1. 正确写出化学反应式：

$$KMnO_4+K_2SO_3+H_2SO_4 \longrightarrow MnSO_4+K_2SO_4+H_2O$$

2. 正确写出未配平的离子反应式：

$$MnO_4^-+SO_3^{2-}+H^+ \longrightarrow Mn^{2+}+SO_4^{2-}+H_2O$$

3. 将上述反应拆分成两个半反应：

（1）氧化反应：$SO_3^{2-}-2e^- \longrightarrow SO_4^{2-}$

（2）还原反应：$MnO_4^-+5e^- \longrightarrow Mn^{2+}$

4. 分别配平两个半反应：

（3）$SO_3^{2-}+H_2O-2e^- \longrightarrow SO_4^{2-}+2H^+$

（4）$MnO_4^-+8H^++5e^- \longrightarrow Mn^{2+}+4H_2O$

5. 根据氧化剂和还原剂得失电子数相等的原则。在两个半反应式中各乘以适当的系数（最小公倍数是10），即以（3）×5，（4）×2，然后两式相加得到一个配平的离子方程式：

（3）×5　　$5SO_3^{2-}+5H_2O-10e^- \longrightarrow 5SO_4^{2-}+10H^+$

+（4）×2　　$2MnO_4^-+16H^++10e^- \longrightarrow 2Mn^{2+}+8H_2O$

$$5SO_3^{2-}+MnO_4^-+6H^+ \longrightarrow 5SO_4^{2-}+2Mn^{2+}+3H_2O$$

6. 根据反应前后原子个数相等的原则可写出配平后的化学方程式。

$$5K_2SO_3 + 2KMnO_4 + 3H_2SO_4 = 6K_2SO_4 + 2MnSO_4 + 3H_2O$$

第2节 原电池与电极电势

一、原电池

（一）原电池

将一块锌片放在$CuSO_4$溶液中，锌片逐渐溶解变成Zn^{2+}进入溶液中，而Cu^{2+}则变成红棕色的金属Cu从溶液中析出，并附着在锌片上，并伴有热量放出。

$$Zn + Cu^{2+} \rightleftharpoons Zn^{2+} + Cu$$

上式虽然发生了电子的转移，由于氧化剂（铜离子）和还原剂（锌片）直接接触，不能观察到金属和溶液接触面的电子转移现象，即未发生电子的定向运动，因此观察不到电流的产生，化学能并没有转变为电能。

若设计一个装置，将氧化还原反应中电子转移转变为定向运动，则可将化学能转变为电能。借助于氧化还原反应而产生电流的装置，即将化学能转变为电能的装置称为原电池。

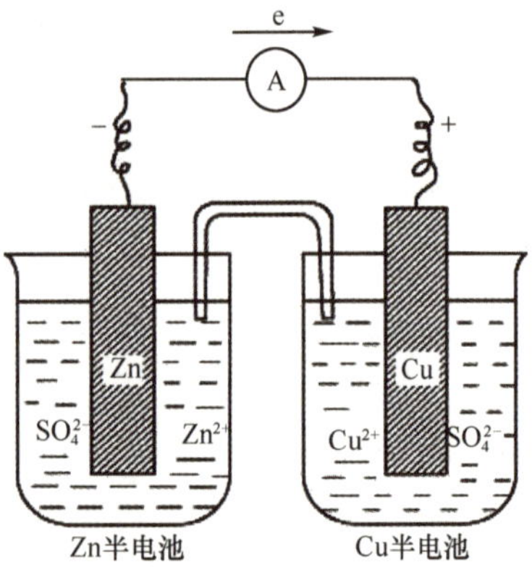

图 7-1 铜-锌原电池示意图

如图 7-1 所示的装置，把锌片置于左边盛有硫酸锌溶液的烧杯中，铜片置于右边盛有硫酸铜溶液的烧杯中。两溶液间用一个充满 KCl 饱和溶液胶冻的倒装“U”形管（称为盐桥，salt bridge）联结起来。两金属片之间用一导线连接检流计，连通后观察到检流计指针发生偏转，说明有电流产生。而外电路检流计指针偏转的方向表明电流是从铜极流向锌极。因此可以判断 Zn 极发生氧化反应，为负极；Cu 极发生还原反应，为正极。这样就构成了一个由$Zn\text{-}ZnSO_4$半电池和$Cu\text{-}CuSO_4$半电池组成的原电池，简称铜-锌原电池。

原电池由两个半电池组成，每个半电池称为一个电极，原电池中根据电子流动的方向来确定正、负极。锌电极发生氧化反应，向外电路输出电子，为负极；铜电极发生还原反应，从外电路接受电子，为正极。电子从负极流向正极，而电流从正极到负极。氧化反应和还原反应分别在两个半电池中进行，因电子的定向移动而产生电流。在铜-锌原电池中，正极和负极发生的半反应分别为：

$$\text{负极：} Zn - 2e^- \rightleftharpoons Zn^{2+}$$

$$\text{正极：} Cu^{2+} + 2e^- \rightleftharpoons Cu$$

两个电极反应之和即为原电池反应：

$$Zn + Cu^{2+} \rightleftharpoons Zn^{2+} + Cu$$

（二）原电池的表示方法

原电池由半电池、电极、盐桥三个部分组成。如果把原电池画出来，很麻烦，为了方便起见，原电池的组成常用一个符号来表示，称为电池符号。书写电池组成式的有如下规定：

(1) 负极写在左侧，正极写在右侧。

(2) 用"|"表示相界面，"‖"表示盐桥，同一相中的两种物质间用"，"隔开。

(3) 注明物质的状态，溶液要注明浓度，气体要注明分压，如没有注明，则表示浓度为1.0mol/L，气体分压为101.3kPa。

(4) 如电对中没有导电极板，需另加惰性金属(如Pt)作为电极极板。惰性电极在原电池符号中也要表示出来。

上述铜-锌原电池可表示为：

$$(-)Zn(s)|ZnSO_4(c_1) \parallel CuSO_4(c_2)|Cu(s)(+)$$

例 7-2　将氧化还原反应 $H_2 + 2Fe^{3+} \rightleftharpoons 2H^+ + 2Fe^{2+}$ 设计成原电池，并写出该原电池的符号。

解：首先，将该反应拆成两个半电池反应：

负极反应：$H_2 - 2e^- \rightleftharpoons 2H^+$

正极反应：$Fe^{3+} + e^- \rightleftharpoons Fe^{2+}$

电池符号为：

$$(-)(Pt), H_2(p) \mid H^+(c_1) \parallel Fe^{3+}(c_2), Fe^{2+}(c_3) \mid Pt(+)$$

理论上任何一个自发进行的氧化还原反应都能组成一个原电池。

二、电极电势

(一) 电极电势

在铜-锌原电池中，导线中有电流通过，说明在原电池中，两个电极之间存在电势差。为什么电子从Zn原子流向 Cu^{2+} 而不是从Cu原子流向 Zn^{2+}，这与金属在溶液中的情况有关。

金属晶体中有金属离子和自由电子，当把金属M放入其盐溶液中时，在金属与其盐溶液的接触界面上会发生两个不同的过程：一方面，受到极性水分子的作用及本身的热运动，金属晶格中金属离子 M^{n+}，有脱离金属表面进入溶液中，成为水合离子而把电子留在金属表面的倾向；金属越活泼，金属离子浓度越小，这种倾向越大。另一方面，溶液中的金属离子 M^{n+} 也有从金属表面获得电子而沉积在金属表面上的倾向，金属越不活泼，溶液中的金属离子浓度越大，这种沉积倾向越大。在一定条件下，当金属溶解的速率与金属离子沉积的速率相等时，就建立了以下动态平衡：

$$M(s) - e^- \rightleftharpoons M^{n+}(aq)$$

若金属溶解的倾向大于金属离子沉积的倾向，则达平衡时，金属表面因留有较多电子而带负电荷，则该电极的电极电势较低。由于静电作用，溶液中的正离子就会排布在金属板表面附近的液层中，于是在金属的界面处形成如图7-2a所示的双电层。相反，若金属离子沉积倾向大于溶解倾向，则达到平衡时，金属表面因沉积了过多的金属离子而带正电荷，则该电极的电极电势较高，溶液中的负离子就会排布在靠近金属板附近的液层中而形成如图7-2b所示的双电层。无论形成哪一种双电层，在金属与溶液之间都可产生电势差。

这种产生在金属和它的盐溶液之间的电势差称为该金属的平衡电极电势(简称电极电势)，用符号 $\varphi_{M^{n+}/M}$ 表示，单位为伏特(V)。例如，铜的电极电势用符号 $\varphi_{Cu^{2+}/Cu}$ 表示，锌

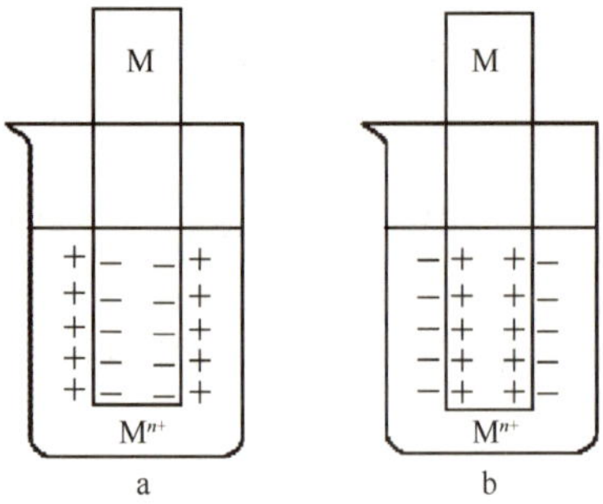

图 7-2 金属电极的电极电势

的电极电势用符号 $\varphi_{Zn^{2+}/Zn}$。电极电势的大小主要取决于电极的本性，并受温度、介质和离子浓度等因素的影响。

由于不同的电极具有不同的电极电势，如果将两个不同的电极组成原电池，原电池就可以产生电流。在没有电流通过的情况下，正、负两极的电极电势之差称为原电池的电动势，用符号 E 表示。

$$E=\varphi(+)-\varphi(-)$$

式中，$\varphi(+)$ 为正极的电极电势，$\varphi(-)$ 为负极的电极电势。

（二）标准电极电势

1. 标准氢电极(standard hydrogen electrode，SHE) 在原电池中，连接两个电极的导线上有电流通过，说明两个电极的电位不相等，它们之间的电位差就是原电池的电动势，单个氧化还原电对的电极电位的绝对值无法测量，只有通过比较求得电极电位的相对大小，这就必须选择一个电对的电位作标准，才能求得各个电对电位的相对大小。电极电势的数值是相对的。

IUPAC 选定标准氢电极作为电极电势的比较标准。

标准氢电极的构成：将铂片表面镀上一层多孔的铂黑（细粉状的铂），放入氢离子浓度为 1.0mol/L 的酸溶液中（如 HCl），于 298.15K 时，不断地通入压力为 101.3kPa 的氢气流，使铂黑电极上吸附的氢气达到饱和，如图 7-3 所示。标准氢电极由电对 H^+/H_2 构成

$$H_2-2e \rightleftharpoons 2H^+$$

在标准态下，标准氢电极（H_2）和盐酸溶液（H^+）之间所产生的电势差就是标准氢电极的电极电势。并规定标准氢电极的电极电势为零，即 $\varphi^{\ominus}_{H^+/H_2}=0.0000V$。

2. 标准电极电势的测定 用标准氢电极与其他的电极组成原电池，测得该原电池的电动势就可以计算各种电极的电极电势。如果参加电极反应的物质均处在标准态，这时的电极称为标准电极，对应的电极电势称标准电极电势。用 $\varphi^{\ominus}$ 表示。所谓的标准态是指组成电极的离子其浓度都为 1mol/L，气体的分压为 101.3kPa，温度为 298.15K。如果组成原电池的两个电极均为标准电极，这时的电池称为标准电池，对应的电动势用 $E^{\ominus}$ 表示。

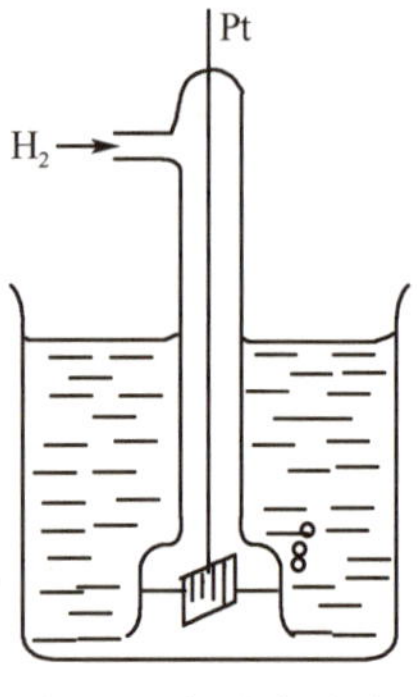

图 7-3 标准氢电极

$$E^{\ominus}=\varphi^{\ominus}(+)-\varphi^{\ominus}(-)$$

测定某给定电极的标准电极电势时，可将待测标准电极与标准氢电极组成一个原电池：

（-）标准氢电极 ‖ 待测标准电极（+）

例如，测定 Zn^{2+}/Zn 电对的标准电极电势 $\varphi^{\ominus}_{Zn^{2+}/Zn}$，可将标准锌电极与标准氢电极组成原电池，用检流计测知电子从锌电极流向标准氢电极，故锌电极为负极，标准氢电极为正极，实验测得该原电池的标准电动势为 0.763V。

$$由\ E^{\ominus}=\varphi^{\ominus}(+)-\varphi^{\ominus}(-)得：$$

$$E^{\ominus}=\varphi^{\ominus}_{H^+/H_2}-\varphi^{\ominus}_{Zn^{2+}/Zn}=0.763(V)$$

则：$\varphi^{\ominus}_{Zn^{2+}/Zn}=0-0.763=-0.763(V)$

用同样的方法测定，理论上可测得各种电极的标准电极电势 $\varphi^{\ominus}$，将各种电极的标准电极电势按代数值从小到大的顺序排列，得到标准电极电势表（见附表 6）。附表中标准氢电极以上的标准电极电势为负值，该电极跟标准氢电极组成原电池时是负极，发生氧化反应；而在标准氢电极以下的标准电极电势为正值，电极跟标准氢电极组成原电池时是正极，发生还原反应。使用标准电极电势表时，需注意以下几点：

（1）电极反应常用 Ox+ne=Red 或氧化态+ne $\rightleftharpoons$ 还原态表示。使用电极电势时，一定要注明相应的电对。例如：

$$Fe^{2+}+2e \rightleftharpoons Fe \qquad \varphi^{\ominus}_{Fe^{2+}/Fe}=-0.440V$$

$$Fe^{3+}+e \rightleftharpoons Fe^{2+} \qquad \varphi^{\ominus}_{Fe^{3+}/Fe}=0.771V$$

两者电极电势相差很大，如不标明电对，很容易混淆。

（2）标准电极电势的数值是在水溶液中测得，不适用于非水体系及高温下的固相反应。

（3）标准电极电势与反应计量系数及得失电子数无关，无加和性。与反应式的书写方向无关。例如：

$$Zn^{2+}+2e \rightleftharpoons Zn \qquad \varphi^{\ominus}_{Zn^{2+}/Zn}=-0.763V$$

$$2Zn^{2+}+4e \rightleftharpoons 2Zn \qquad \varphi^{\ominus}_{Zn^{2+}/Zn}=-0.763V$$

$$Zn \rightleftharpoons Zn^{2+}+2e \qquad \varphi^{\ominus}_{Zn^{2+}/Zn}=-0.763V$$

（4）附表 6 中各电对的标准电极电势值自上而下依次增加，说明各电对中氧化型物质的氧化能力自上而下依次增强，而还原型物质的还原能力自上而下依次减弱。

（5）标准电极电势仅说明氧化还原反应的趋势和程度，不涉及反应速率。

（6）如果电极反应不是标准状态或不在水溶液中进行，则不能用标准电极电势直接比较物质的氧化能力或还原能力的相对强弱。

三、能斯特方程式

标准电极电势是在标准状态下测得的，而绝大多数氧化还原反应都是在非标准状态下进行的。电极电势的大小，不仅取决于电对本身的性质，还与温度、溶液中的相关离子浓度、气体的分压等因素有关。德国科学家能斯特（Nernst）从理论上推导出电极电势与反应温度、浓度等因素的关系。

对于任意一个氧化还原反应来说，均由两个电对 Ox_1/Red_1 和 Ox_2/Red_2 组成。可表示为：

$$Ox_1+Red_2 \rightleftharpoons Ox_2+Red_1$$

电对的电极电势计算公式即能斯特方程式为：

$$\varphi=\varphi^{\ominus}+\frac{RT}{nF}\ln\frac{c_{Ox}}{c_{Red}} \qquad (7\text{-}1)$$

式(7-1)中，$\varphi^{\ominus}$ 为电对的标准电极电势；R 为气体常数，8.314J/(k · mol)；F 为法拉第常数，96487C/mol；n 为电池反应中电子的转移数；T 为热力学温度；c_{Ox} 为氧化态的浓度；c_{Red} 为还原态的浓度。

当温度为 298.15K，将各常数值代入公式(7-1)，并将自然对数换算成常用对数，可简化为：

$$\varphi=\varphi^{\ominus}+\frac{0.0592}{n}\lg\frac{c_{Ox}}{c_{Red}} \quad (7\text{-}2)$$

从能斯特方程式可看出，当温度一定时，电极电势主要与标准电极电势 $\varphi^{\ominus}$有关，另外还与$\frac{c_{Ox}}{c_{Red}}$的比值有关。

书写能斯特方程式的表达式时应注意以下两点：

(1) 如果电对中的物质是固体、纯液体或水时，它们的浓度为常数，不写入能斯特方程中。例如：

$$MnO_4^- + 8H^+ + 5e \rightleftharpoons Mn^{2+} + 4H_2O$$

$$\varphi_{MnO_4^-/Mn^{2+}}=\varphi^{\ominus}_{MnO_4^-/Mn^{2+}}+\frac{0.0592}{5}\lg\frac{c_{MnO_4^-}\cdot c_{H^+}^8}{c_{Mn^{2+}}}$$

(2) 如果反应中有气体参加，应将气体的分压与标准压力的数值代入能斯特方程中。例如：

$$O_2 + 4H^+ + 4e \rightleftharpoons 2H_2O$$

$$\varphi_{O_2/H_2O_2}=\varphi^{\ominus}_{O_2/H_2O_2}+\frac{0.0592}{4}\lg\frac{p_{O_2}\cdot c_{H^+}^4}{p^{\ominus}}$$

例 7-3 已知 298.15K 时，电极反应为 $MnO_4^- + 8H^+ + 5e \rightleftharpoons Mn^{2+} + 4H_2O$，$\varphi^{\ominus}_{MnO_4^-/Mn^{2+}}=1.51$，$c_{MnO_4^-}=c_{Mn^{2+}}$，计算 $c_{H^+}=1.0mol/L$ 和 $c_{H^+}=1.0\times10^{-2}mol/L$ 时 $\varphi_{MnO_4^-/Mn^{2+}}$的值。

解：据式(7-2)可得：

$$\varphi_{MnO_4^-/Mn^{2+}}=\varphi^{\ominus}_{MnO_4^-/Mn^{2+}}+\frac{0.0592}{5}\lg\frac{c_{MnO_4^-}\cdot c_{H^+}^8}{c_{Mn^{2+}}}$$

当 $c_{H^+}=1.0mol/L$ $\quad \varphi_{MnO_4^-/Mn^{2+}}=1.51+\frac{0.0592}{5}\lg\frac{1.0\times(1.0)^8}{1.0}=1.51(V)$

当 $c_{H^+}=1.0\times10^{-2}mol/L$ $\quad \varphi_{MnO_4^-/Mn^{2+}}=1.51+\frac{0.0592}{5}\lg\frac{1.0\times(1.0\times10^{-2})^8}{1.0}=1.32(V)$

从以上计算可以看出，电极的电极电势除了受氧化态物质和还原态物质浓度的影响外，还与溶液酸度有关。

知识链接

能　斯　特

能斯特 (H. W. Nernst)，德国物理化学家，24 岁时开始发表有关电化学方面的论文，25 岁时发表了成名作，即著名的计算电极电势方程式 (1889 年)，并建立了金属双电层理论。由于阐述了热力学第三定律和在电化学方面取得的巨大成就，他于 1920 年 (56 岁) 获得了诺贝尔化学奖。

第 3 节　电极电势的应用

一、比较氧化剂和还原剂的相对强弱

(一) 标准状态

电极电势的高低反映了氧化还原电对得失电子的难易，$\varphi^{\ominus}$值越大，氧化型物质的氧化能力越强，其对应的还原型态物质的还原能力越弱；$\varphi^{\ominus}$值越小，还原型物质的还原能力越强，其对应的氧化型物质的氧化能力越弱。标准状态下氧化剂和还原剂的相对强弱可直接通过比较 $\varphi^{\ominus}$值的大小得出。

例 7-4　指出下列电对在标准状态时最强的氧化剂和还原剂，并排出下列电对中氧化能力和还原能力强弱的顺序：

$$Cu^{2+}/Cu、Fe^{3+}/Fe^{2+}、MnO_4^-/Mn^{2+}、I_2/I^-、Sn^{2+}/Sn$$

解：查表可知，以上电对的标准电极电势如下：

$Cu^{2+} + 2e^- \rightleftharpoons Cu$　　$\varphi^{\ominus} = 0.337V$

$Fe^{3+} + e^- \rightleftharpoons Fe^{2+}$　　$\varphi^{\ominus} = 0.771V$

$MnO_4^- + 8H^+ + 5e^- \rightleftharpoons Mn^{2+} + 4H_2O$　　$\varphi^{\ominus} = 1.51V$

$I_2 + 2e^- \rightleftharpoons 2I^-$　　$\varphi^{\ominus} = 0.535V$

$Sn^{2+} + 2e^- \rightleftharpoons Sn$　　$\varphi^{\ominus} = -0.136V$

由此可见电对 MnO_4^-/Mn^{2+}的 $\varphi^{\ominus}$值最大，在标准状态下，氧化型 MnO_4^- 是最强的氧化剂；电对 Sn^{2+}/Sn 的 $\varphi^{\ominus}$值最小，在标准状态下，还原型 Sn 是最强的还原剂。

在标准状态下，各物质氧化能力由强到弱的顺序为：

$$MnO_4^- > Fe^{3+} > I_2 > Cu^{2+} > Sn^{2+}$$

在标准状态下，各物质还原能力由强到弱的顺序为：

$$Sn > Cu > I^- > Fe^{2+} > Mn^{2+}$$

(二) 非标准状况

非标准状况下可通过 Nernst 方程式计算出电对在某条件的电极电势，从而判断氧化剂和还原剂的相对强弱。

二、判断氧化还原反应进行的方向和进行的程度

(一) 判断氧化还原反应进行的方向

根据两个电对的电极电势可以判断氧化还原反应进行的方向，在标准状态下

$E^{\ominus} > 0$，氧化还原反应正向自发进行。

$E^{\ominus} < 0$，氧化还原反应逆向自发进行。

$E^{\ominus} = 0$，氧化还原反应达到平衡。

如果是在非标准态下的反应，则用 E 代替 $E^{\ominus}$。因此要判断一个氧化还原反应能否自发进行，根据 Nevnst 方程式求出由此反应组装的原电池的电动势即可。具体步骤如下：

(1) 根据给定的化学反应方程式找出氧化剂和还原剂。

(2) 分别查出或计算出氧化剂电对和还原剂电对的电极电势。

(3) 以氧化剂电对为正极，以还原剂电对为负极，组成原电池，求出原电池的电动势 E（或 $E^{\ominus}$）。

(4) 依据 E（或 $E^{\ominus}$）值判断反应方向。

例 7-5 对于氧化还原反应：$2Fe^{3+} + 2I^{-} \rightleftharpoons 2Fe^{2+} + I_2$，已知 $[Fe^{3+}] = 1.0\times10^{-4}$ mol/L，$[I^{-}] = 1.0\times10^{-4}$ mol/L，$[Fe^{2+}] = 1.0$ mol/L，试问该反应在标准状况下和非标准状况下分别向哪个方向进行？

解：(1) 标准状态下：

查表可知，该电极反应的标准电极电势为：

$2Fe^{3+} + 2e^{-} \rightleftharpoons 2Fe^{2+}$ $\qquad \varphi^{\ominus}_{Fe^{3+}/Fe^{2+}} = 0.771V$

$I_2 + 2e^{-} \rightleftharpoons 2I^{-}$ $\qquad \varphi^{\ominus}_{I_2/I^{-}} = 0.535V$

因 $\varphi^{\ominus}_{Fe^{3+}/Fe^{2+}} > \varphi^{\ominus}_{I_2/I^{-}}$，所以 Fe^{3+} 是氧化剂，I^{-} 是还原剂。

根据 $E^{\ominus} = \varphi^{\ominus}(+) - \varphi^{\ominus}(-) = 0.771 - 0.535 = 0.236 > 0$

该反应在标准状态下正向自发进行。

(2) 非标准状态下：

由式(7-2)可得：$\varphi_{Fe^{3+}/Fe^{2+}} = \varphi^{\ominus}_{Fe^{3+}/Fe^{2+}} + \dfrac{0.0592}{2}\lg\dfrac{c^2_{Fe^{3+}}}{c^2_{Fe^{2+}}}$

$$= 0.771 + \frac{0.0592}{2}\lg\frac{(1.0\times10^{-4})^2}{(1.0)^2} = 0.534(V)$$

$$\varphi_{I_2/I^{-}} = \varphi^{\ominus}_{I_2/I^{-}} + \frac{0.0592}{2}\lg\frac{1}{c^2_{I^{-}}}$$

$$= 0.535 + \frac{0.0592}{2}\lg\frac{1}{(1.0\times10^{-4})^2} = 0.772(V)$$

根据 $E = \varphi(+) - \varphi(-) = 0.534 - 0.653 = -0.119 < 0$

所以该反应逆向自发进行。

(二) 判断氧化还原反应进行的程度

因氧化还原反应属于可逆反应，因此氧化还原反应进行的程度可以用反应的平衡常数来衡量。

平衡常数与温度有关，根据能斯特方程，在温度固定的情况下，电极的电极电势与浓度有关。那么电极电势与浓度跟氧化还原反应的平衡常数与原电池的电动势之间存在什么关系呢？

现以下面的反应构成的原电池为例推导出氧化还原反应的标准平衡常数与原电池的标准电动势的关系式。

$$Zn + Cu^{2+} \rightleftharpoons Zn^{2+} + Cu$$

半电池反应如下：

负极：$Zn - 2e^{-} \rightleftharpoons Zn^{2+}$ $\qquad \varphi^{\ominus}_{Zn^{2+}/Zn} = -0.763V$

正极：$Cu^{2+} + 2e^{-} \rightleftharpoons Cu$ $\qquad \varphi^{\ominus}_{Cu^{2+}/Cu} = 0.337V$

$$E^{\ominus} = \varphi^{\ominus}(+) - \varphi^{\ominus}(-) = 0.337 - (-0.763) = 1.100(V)$$

因 $E^{\ominus} > 0$，故该反应正向自发进行。

随着反应的进行，当 $\varphi(+) = \varphi(-)$ 时，该反应达到平衡状态。

即 $E=\varphi(+)-\varphi(-)=0$

$$E=\varphi_{Cu^{2+}/Cu}-\varphi_{Zn^{2+}/Zn}=0$$

$$\varphi_{Cu^{2+}/Cu}=\varphi_{Zn^{2+}/Zn}$$

由式(7-2)可得：

$$\varphi_{Zn^{2+}/Zn}=\varphi^{\ominus}_{Zn^{2+}/Zn}+\frac{0.0592}{2}\lg\frac{c_{Zn^{2+}}}{1}$$

因此 $$\varphi^{\ominus}_{Cu^{2+}/Cu}+\frac{0.0592}{2}\lg\frac{c_{Cu^{2+}}}{1}=\varphi^{\ominus}_{Zn^{2+}/Zn}+\frac{0.0592}{2}\lg\frac{c_{Zn^{2+}}}{1}$$

上式整理得：

$$\varphi^{\ominus}_{Cu^{2+}/Cu}-\varphi^{\ominus}_{Zn^{2+}/Zn}=\frac{0.0592}{2}\lg\frac{c_{Zn^{2+}}}{c_{Cu^{2+}}}$$

$K^{\ominus}=\frac{[Zn^{2+}]}{[Cu^{2+}]}$代入上式得：

$$\lg K^{\ominus}=\frac{2\times[\varphi^{\ominus}_{Cu^{2+}/Cu}-\varphi^{\ominus}_{Zn^{2+}/Zn}]}{0.0592}=\frac{2\times[0.337-(-0.763)]}{0.0592}=37.16$$

$$K^{\ominus}=1.45\times10^{37}$$

由计算可知 $K^{\ominus}$值很大，表示该氧化还原反应进行得很彻底。上述推导可得在 298.15K 时氧化还原反应的平衡常数与原电池的标准电动势的关系为：

$$\lg K^{\ominus}=\frac{nE^{\ominus}}{0.0592}=\frac{n[\varphi^{\ominus}(+)-\varphi^{\ominus}(-)]}{0.0592} \qquad (7\text{-}3)$$

式中，n 代表电池反应中转移的电子数。

由式(7-3)可知原电池的标准电动势越大，氧化还原反应的标准平衡常数也越大，氧化还原反应进行得就越完全。反之亦然。

三、元素标准电势图及应用

把同一元素的不同氧化态物质按照其氧化数由高到低的顺序排列成图，并在两种氧化态物质之间的连线上标出对应电对的标准电极电势的数值而得的图称为元素标准电极电势图 。

例如，氯的部分元素标准电极电势图：

酸性溶液中：

$$\varphi^{\ominus}_{A}:\quad ClO_4^- \xrightarrow{1.19V} \overbrace{ClO_3^- \xrightarrow{1.21V} HClO_2 \xrightarrow{1.64V} HClO \xrightarrow{1.63V} Cl_2}^{1.47V} \xrightarrow{1.36V} Cl^-$$

碱性溶液中：

$$\varphi^{\ominus}_{B}:\quad ClO_4^- \xrightarrow{0.36V} \overbrace{ClO_3^- \xrightarrow{0.33V} ClO_2^- \xrightarrow{0.66V} ClO^- \xrightarrow{0.42V} Cl_2}^{0.48V} \xrightarrow{1.36V} Cl^-$$

元素电极电势图除了可以直观地了解同一元素的各种氧化态之间电势变化，判断其氧化态在酸性或碱性溶液中能稳定存在外，还有两个作用。

1. 用电势图求其他电对的 $\varphi^{\ominus}$ 值

$$\varphi^{\ominus}=\frac{n_1\varphi_1^{\ominus}+n_2\varphi_2^{\ominus}+n_3\varphi_3^{\ominus}+\cdots}{n_1+n_2+n_3+\cdots} \tag{7-4}$$

式中，$\varphi_1^{\ominus}$、$\varphi_2^{\ominus}$、$\varphi_3^{\ominus}$、…分别表示相邻电对的标准电极电势；n_1、n_2、n_3、…分别表示相邻电对电子转移数；$\varphi^{\ominus}$表示两端电对的标准电极电势。上式中若任一标准电极电势是未知的，其他均已知，则可求解未知电的标准电极电势。

2. 判断歧化反应能否进行 根据电势图，通过判断反应进行的方向从而可判断歧化反应能否进行。所谓歧化反应即自身氧化还原反应，是指在氧化还原反应中某元素由中间氧化态同时向较高和较低氧化态转化。

对于下列电势图：

$$M_1 \overset{\varphi_1^{\ominus}}{\text{——}} M_2 \overset{\varphi_2^{\ominus}}{\text{——}} M_3$$

当 $\varphi_2^{\ominus}>\varphi_1^{\ominus}$，$M_2$将自发发生歧化反应，即：$M_2 \rightarrow M_1+M_3$；当 $\varphi_2^{\ominus}<\varphi_1^{\ominus}$，$M_2$不能发生歧化反应，而自发地发生歧化反应的逆反应，即：$M_1+M_3 \rightarrow M_2$。

例 7-6 已知铁元素在酸性溶液中的部分电势图，求（1）$\varphi^{\ominus}$；（2）判断 Fe^{2+}能否发生歧化反应。

$\varphi^{\ominus}=?$ (Fe³⁺ 至 Fe)

$$\varphi^{\ominus}_A:\quad Fe^{3+} \overset{0.771V}{\text{———}} Fe^{2+} \overset{0.440V}{\text{———}} Fe$$

解：（1）根据电势图

因 $\varphi^{\ominus}=\dfrac{n_1\varphi_1^{\ominus}+n_2\varphi_2^{\ominus}+n_3\varphi_3^{\ominus}+\cdots}{n_1+n_2+n_3+\cdots}$

故 $\varphi^{\ominus}=\dfrac{0.771\times1+(-0.440)\times2}{1+2}=-0.036(V)$

（2）从电势图得知：$\varphi^{\ominus}_{Fe^{2+}/Fe}=-0.440V$ $\varphi^{\ominus}_{Fe^{3+}/Fe^{2+}}=0.771V$

因 $\varphi^{\ominus}_{Fe^{2+}/Fe}<\varphi^{\ominus}_{Fe^{3+}/Fe^{2+}}$，故 Fe^{2+}不能发生歧化反应。

第4节 电势法应用

根据 Nernst 方程式可知，电极的电极电势与溶液中离子浓度有关，通过测定电极电势或电动势，可定量分析物质的含量。电势法是利用测定原电池的电动势来测定待测离子的浓度（活度）的方法。

电势法中原电池的两个电极功能不同，按其作用分为参比电极（reference electrode）和指示电极（indicator electrode）。

一、离子选择性电极

电势值随被测离子浓度（活度）的变化而改变的电极称为指示电极。指示电极的共同特点是电极电势与被测离子浓度（活度）的关系符合 Nernst 方程。电极响应速度快，重现性好、结构简单，操作方便。电势法所用的指示电极有多种，一般可分为金属基电极和离子选择性电极两大类。下面着重介绍离子选择性电极。

离子选择性电极又称为膜电极，是一种对某种离子具有选择性的指示电极。离子选择性电极具有选择性好、灵敏度高等特点，是电势分析法中发展最快、应用最广的一类指示电极。例如，玻璃电极是对 H^+ 浓度具有选择性的响应电极，是测定 pH 最常用的指示电极。测定溶液的 pH 通常用玻璃电极作为负极，玻璃电极是由特种玻璃膜制成的电极，结构如图 7-4 所示。

测量时，将电极放入试液中，在膜外表面与试样间固-液两相界面，因 H^+ 交换形成外相界电位（φ_1），膜内表面与内参比液固-液相界面也产生内相界电位（φ_2），pH 玻璃电极的电极电位包括膜电位和内参比电极电位（一定温度下为一常数）。

$$\varphi_{玻}=k_{玻}-0.0592\text{pH} \tag{7-5}$$

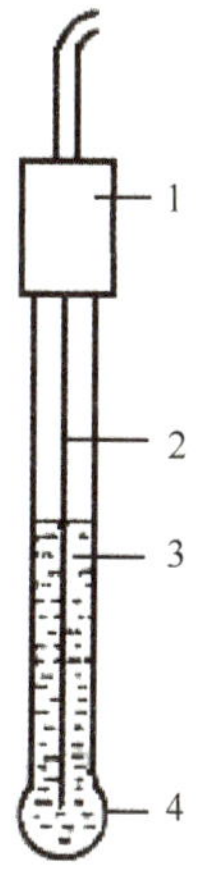

图 7-4　玻璃电极的结构

1. 绝缘套；2. Ag-AgCl 电极；3. 内部缓冲溶液；4. 玻璃膜

二、电势法测定溶液的 pH

测定 pH 时，由于单个电极的电极电位无法测量，电势分析法是基于原电池的电动势来求被测物质的含量。设计测量中，通常选用一个电极电势能随溶液中被测离子浓度（活度）改变而变化的常用玻璃电极（指示电极）和一个在一定条件下电极电势恒定的饱和甘汞电极（SCE）与待测溶液组成原电池：

（－）玻璃电极｜待测 pH 溶液｜饱和甘汞电极（＋）

298.15K 时，该电池的电动势为：$E=\varphi_{甘汞}-\varphi_{玻}=0.2412-(K_{玻}-0.0592\text{pH})$

由于 $K_{玻}$ 为玻璃电极的性质常数，因此将 $K_{玻}$ 和 0.2412 合并得一新的常数 K，故：

$$E=K+0.0592\text{pH} \tag{7-6}$$

由于上式中的常数 K 很难确定，其包括内外参比电极的电极电位、膜内表面相界电位、不对称电位和液接电位，后两项难以测量和计算，并且每支玻璃电极的不对称电势也不相同。所以，实际测量采用两次测量法。以消除玻璃电极的不对称电势和公式中的常数项。其测定步骤为：

第一步测定标准溶液（pH_S）构成的原电池的电动势（E_S）：

$$E_s=K+0.0592\text{pH}_S$$

第二步测定待测溶液（pH_x）构成的原电池的电动势（E_x）：

$$E_x=K+0.0592\text{pH}_X$$

将两式相减并整理得：

$$\text{pH}_x=\text{pH}_S+\frac{E_x-E_S}{0.0592} \tag{7-7}$$

例 7-7　某电池溶液，pH＝9.18 时，测得电动势为 0.418 V，若换一个未知溶液，测得电动势为 0.312 V，计算未知溶液的 pH。

解：据式（7-7）得：$\text{pH}_x=\text{pH}_S+\dfrac{E_x-E_S}{0.0592}$

$$=9.18+\frac{0.312-0.418}{0.0592}=7.39(\text{V})$$

目标检测

一、选择题

（一）单项选择题

1. MnO_4^- 中 Mn 元素的氧化数是(　　)

A. +3　　B. +4

C. +5　　D. +6

E. +7

2. 在氧化还原反应 $Cl_2+2NaOH = NaClO+NaCl+H_2O$ 中，Cl_2(　　)

A. 是还原剂

B. 是氧化剂

C. 既是氧化剂，又是还原剂

D. 既不是氧化剂，又不是还原剂

E. 以上均不是

3. 在标准状况下，查表后判断下列物质中还原能力最强的是(　　)

A. I^-　　B. F^-

C. Br^-　　D. Cl^-

E. S^{2-}

4. 下列反应中，Fe^{2+}作为氧化剂的是(　　)

A. $Ag^++Fe^{2+}=Ag\downarrow+Fe^{3+}$

B. $Zn+Fe^{2+}=Zn^{2+}+Fe$

C. $Fe^{2+}+S^{2-}=FeS\downarrow$

D. $2Fe^{2+}+H_2O_2+2H^+=2Fe^{3+}+2H_2O$

E. 以上均不是

5. 已知 $E=0.337V$，$\varphi^{\ominus}_{H^+/H_2}=0.000V$，则 $\varphi^{\ominus}_{Cu^{2+}/Cu}$ 为(　　)

A. 0.337V　　B. 0.18V

C. 0.86V　　D. 0.70V

E. 0.431V

6. 一个电对中，氧化态的氧化能力越强，则其共轭还原态的还原能力(　　)

A. 无法确定　　B. 越强

C. 越弱　　D. 影响不大

E. 以上均不是

7. 电子流出的电极发生(　　)

A. 还原反应　　B. 配位反应

C. 氧化还原反应　　D. 氧化反应

E. 以上均不是

（二）多项选择题

1. 某氧化还原反应组装成原电池，下列说法错误的是(　　)

A. 氧化还原反应达平衡时平衡常数 $K^{\ominus}$ 为零

B. 负极是还原态物质失电子，正极是氧化态物质得电子

C. 负极发生还原反应，正极发生氧化反应

D. 氧化还原反应达平衡时标准电动势 $E^{\ominus}$ 为零

E. 电子从正极流向负极

2. 下列有关氧化值的叙述中，正确的是(　　)

A. 中性分子的所有元素的氧化数之和为零

B. H 的氧化数在化合物中不一定是+1，O 的氧化数不一定是-2

C. 氧化值可以是整数或分数

D. 在单质分子中，元素的氧化值为零

E. H 的氧化数总是+1，O 的氧化数总是-2

3. 下列电对中书写正确的是(　　)

A. Zn^{2+}/Zn　　B. Fe^{2+}/Fe

C. Mn^{2+}/MnO_4^-　　D. H^+/H_2

E. Cu^{2+}/Cu

4. 用标准电极电势判断下列反应方向，向逆反应方向进行的是(　　)

A. $Fe^{3+}+Cu^+ \rightleftharpoons Fe^{2+}+Cu^{2+}$

B. $2Ce^{3+}+H_3AsO_4+2H^+ \rightleftharpoons 2Ce^{4+}+H_3AsO_3+H_2O$

C. $MnO_4^-+5H_2O_2+6H^+ \rightleftharpoons 2Mn^{2+}+5O_2+8H_2O$

D. $2Fe^{3+}+Cd \rightleftharpoons 2Fe^{2+}+Cd^{2+}$

E. $Br_2+2Fe^{2+} \rightleftharpoons 2Fe^{3+}+2Br^-$

5. 在 $Cu^{2+}+Zn \rightleftharpoons Zn^{2+}+Cu$ 原电池中，要降低电池电动势，采用的方法(　　)

A. 降低溶液中锌离子的浓度

B. 降低铜离子的浓度

C. 增大氢离子的浓度

D. 增大锌离子的浓度

E. 升高温度

二、写出下列反应的半电池反应

1. $Zn+Cu^{2+} \rightleftharpoons Zn^{2+}+Cu$

2. $H_2+2\ Fe^{3+} \rightleftharpoons 2H^++2\ Fe^{2+}$

3. $2Fe^{3+}+Cu \rightleftharpoons 2Fe^{2+}+Cu^{2+}$

4. $2MnO_4^-+5H_2C_2O_4+6H^+ \rightleftharpoons Mn^{2+}+10CO_2\uparrow+8H_2O$

三、试判断下列反应在标准状况下能否向右进行

1. $2Fe^{3+}+Cu \rightleftharpoons 2Fe^{2+}+\ Cu^{2+}$

2. $Zn^{2+}+Sn \rightleftharpoons Zn+Sn^{2+}$

（吴小琼）

第8章 配位化合物

学习目标

1. 掌握：配位化合物的概念、组成及命名，配位平衡常数及其应用，配位平衡的移动。

2. 熟悉：配位化合物的价键理论。

3. 了解：配位化合物的顺反异构现象，配位化合物的应用。

配位化合物简称配合物，早期也称为络合物，是一类组成复杂，分布极广的化合物。自1798年法国化学家塔索尔特（Tassaert）获得钴氨配合物$[Co(NH_3)_6]Cl_3$以来，人们已相继获得了成千上万种配合物，并在动植物的机体中发现了许多重要的配合物。例如，在植物生长中起光合作用的叶绿素，是一种含Mg^{2+}的配合物；人和动物血液中起着输送氧作用的血红素，是一种含有Fe^{2+}的配合物；维生素B_{12}是一种含Co^{2+}的配合物；生物体中的许多必需微量元素，如Mn、Fe、Co、Cu等都是以配合物形成存在于体内；许多生物催化剂——酶，都是金属配合物，它们在体内起着支配生化反应的作用。此外，在生化检验、环境检测和药物分析等方面，配合物的应用也很广泛。配合物的制备、性质和结构已成为无机化学的重要研究课题，其应用也日益广泛。

第1节 配位化合物

一、配合物的概念

大家知道NH_3、H_2O、$ZnSO_4$、$Hg(NO_3)_2$、KI等都是由共价键或离子键结合而成的简单化合物。这些简单的化合物之间还可以进一步反应形成复杂的分子间化合物。例如，在$ZnSO_4$溶液中加入过量$NH_3 \cdot H_2O$或在$Hg(NO_3)_2$溶液中加入过量KI溶液，会有如下复杂化合物生成：

$$ZnSO_4 + 4NH_3 = [Zn(NH_3)_4]SO_4$$

$$Hg(NO_3)_2 + 4KI = K_2[HgI_4] + 2KNO_3$$

实验证明，在$[Zn(NH_3)_4]SO_4$溶液中含有大量的$[Zn(NH_3)_4]^{2+}$离子，Zn^{2+}和NH_3的浓度则极低；同样在$K_2[HgI_4]$溶液中含有大量的$[HgI_4]^{2-}$离子，Hg^{2+}和I^-离子却极少。

分析$[Zn(NH_3)_4]^{2+}$离子的结构可知，$Zn^{2+}(3d^{10})$外层有4s、4p空轨道，而NH_3分子中的N原子核外含有孤对电子，因此N原子的一对孤对电子可以进入Zn^{2+}外层的空轨道而形成配位键。同理，$[HgI_4]^{2-}$离子中的$Hg^{2+}(5d^{10})$和I^-离子之间也形成了配位键。可见上述这些复杂的分子间化合物的本质特征就是形成了配位键，故称之为配位化合物（简称配合物）。根据配合物的结构特征，将配合物定义为：由金属离子（或原子）结合一定数目的中性分子或阴离子通过配位键而形成，并按一定的组成和空间构型所形成的复杂化合物，简称配合物。配合物的复杂离子称为配离子（coordination ion）。

根据上述配合物的定义，$[Zn(NH_3)_4]^{2+}$、$[HgI_4]^{2-}$、$[CoCl_3(NH_3)_3]$、$Ni(CO)_4$、$[Fe(CN)_6]^{3-}$等复杂分子或离子都是配离子，也称为配位单元。$[CoCl_3(NH_3)_3]$、$Ni(CO)_4$和由配位单元所形成的相应化合物$[Zn(NH_3)_4]SO_4$、$K_2[HgI_4]$、$H_2[PtCl_6]$、$[Cu(NH_3)_4](OH)_2$、$H_2[SiF_6]$等都是配合物。

案例 8-1

向 2 支试管中分别滴入少量$NH_4Fe(SO_4)_2$和$K_3[Fe(CN)_6]$溶液，然后各加入几滴NH_4SCN溶液，发现盛有$NH_4Fe(SO_2)_2$溶液的试管出现血红色，而另外 1 支试管中无现象。请从分子结构加以解释。

二、配合物的组成

配合物一般包括内界（inner sphere）和外界（outer sphere）两部分。中心原子和配体组成配合物的内界，写化学式时，通常将内界写在方括号内。括号以外的部分为外界。例如，$[Fe(CO)_5]$配位分子只有内界，而没有外界。

配合物的内界和外界之间是以离子键结合的，配合物在水溶液中容易解离出外界离子，而配位单元（内界）很难发生解离。

$[Cu\ \ (NH_3)_4]\ \ SO_4$

↑ ↑ ↑

中心原子 配位体 外界

（中心原子、配位体：内界）

（一）中心原子

中心原子（central atom）一般是金属阳离子，特别是过渡金属阳离子，如Fe^{3+}、Fe^{2+}、Co^{3+}、Co^{2+}、Ni^{3+}、Ni^{2+}、Cu^{2+}、Zn^{2+}、Ag^+等。但也有中性原子作为中心原子的，如$Ni(CO)_4$、$Fe(CO)_5$、$Cr(CO)_6$中的 Ni、Fe、Cr 均为中性原子。而某些具有高氧化态的非金属元素原子也是较常见的中心原子，如$[SiF_6]^{2-}$中的 Si(Ⅳ)，$[BF_4]^-$中的 B(Ⅲ)，$[PF_6]^-$中的 P(Ⅴ)等。

（二）配体

配体（ligand）可以是阴离子，如X^-（X = F, Cl, Br, I）、OH^-、CN^-、SCN^-等，也可以是中性分子，如H_2O、NH_3、CO 等。配体中直接与中心原子以配位键相连的原子称配位原子（ligating atom）。例如，NH_3分子中的 N 原子，H_2O分子中的 O 原子。配位原子的最外电子层中都含有孤对电子，通常为周期表中ⅤA、ⅥA、ⅦA 主族的元素。

配体可根据其能配位的原子数目，分为单齿配体和多齿配体。

只含一个配位原子的配体称为单齿配体（unidentate ligand），如X^-（X = F, Cl, Br, I）、

S^{2-}、$\overset{*}{N}H_3$、$H_2\overset{*}{O}$、$\overset{*}{C}O$ 等(标 * 者为配位原子)。含两个或两个以上配位原子的配体称为多齿配体(multidentate ligand),如草酸根($^-\overset{*}{O}OC—CO\overset{*}{O}^-$,缩写为 ox)、乙二胺($H_2\overset{*}{N}—CH_2—CH_2—\overset{*}{N}H_2$,缩写为 en)、氨基乙酸根($H_2\overset{*}{N}—CH_2—CO\overset{*}{O}^-$)等均为二齿配体,乙二胺四乙酸根(用 edta 或 Y^{4-} 表示)为六齿配体。

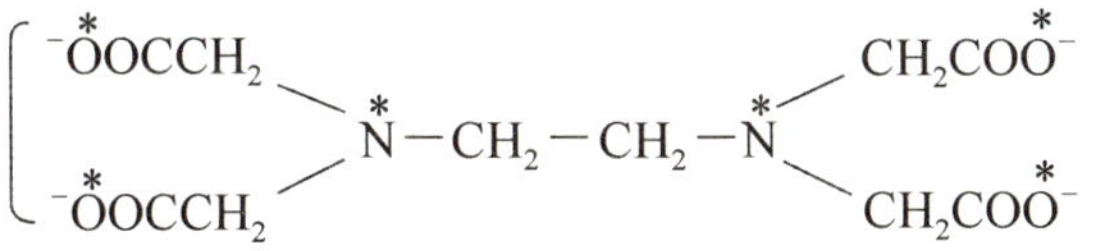

缩写为edta

有少数配体虽有两个或两个以上的配位原子,但只选择其中一个与中心原子成键,故仍属单齿配体,如硝基 $\overset{*}{N}O_2^-$、亚硝酸根 $\overset{*}{O}NO^-$、硫氰酸根 $\overset{*}{S}CN^-$、异硫氰酸根 $\overset{*}{N}CS^-$ 等,这类配体也常称为异性双基配体或两可配体(ambident ligand)。

(三) 配位数

直接与中心原子结合的配位原子的数目称为配位数(coordination number)。若配体是单齿的,则配位数与配体数相等,如 $[Ag(NH_3)_2]^+$、$[Co(SCN)_4]^{2-}$、$[Fe(CN)_6]^{4-}$ 的配位数分别为 2、4、6;若配体是多齿的,则配位数与配体数不相等。例如 $[Pt(en)_2]^{2+}$ 配离子,一个 en 分子可同时提供 2 个配位原子,故配位数不是 2 而是 4;又例如,$[Fe(edta)]^-$ 配离子,一个 edta 可同时提供 6 个配位原子,故配位数不是 1 而是 6。因此在计算配位数时,不能只看配体的数目,还必须考虑配体中所提供的配位原子的数目。一般中心原子的配位数为 2、4、6、8,最常见的是 4 和 6。一些常见金属离子的配位数见表 8-1。

表 8-1　常见金属离子的配位数

配位数	金属离子	实例
2	Ag^+、Cu^+、Au^+	$[Ag(NH_3)_2]^+$、$[Cu(CN)_2]^-$
4	Cu^{2+}、Zn^{2+}、Cd^{2+}、Hg^{2+}、Al^{3+}、Sn^{2+}、Pb^{2+}、Co^{2+}、Ni^{2+}、Pt^{2+}	$[HgI_4]^{2-}$、$[Zn(CN)_4]^{2-}$、$[Pt(NH_3)_2Cl_2]$ $[Ni(CN)_4]^{2-}$
6	Cr^{3+}、Al^{3+}、Pt^{4+}、Fe^{2+}、Fe^{3+}、Co^{2+}、Co^{3+}、Ni^{2+}、Pb^{4+}	$[Co(NH_3)_3(H_2O)Cl_2]$、$[Fe(CN)_6]^{3-}$、$[Ni(NH_3)_6]^{2+}$、$[Cr(NH_3)_4Cl_2]^+$

(四) 配离子的电荷

配离子的电荷数等于中心原子和配体电荷的代数和。也可以根据外界离子的电荷数来决定配离子的电荷数。例如,$K_3[Fe(CN)_6]$ 和 $K_4[Fe(CN)_6]$ 中的配离子电荷数分别为 −3和−4。

三、配合物的命名

配合物的内外界命名服从一般无机化合物的命名原则。即阴离子名称在前,阳离子名称在后,分别为某化某、某酸某、氢氧化某等。

内界的命名比较复杂,一般依照如下顺序:配体数(配体数为 1 时可省略不写)— 配体名称(不同配体名称之间以中圆点“·”分开)—“合”字 — 中心原子名称 — 中心原子氧化数(用罗马数字在括号内注明,中性原子可不用注明)。

配体命名按如下顺序确定：配离子或配位分子中既有无机配体又有有机配体，则无机配体命名在前，有机配体命名在后；在无机配体或有机配体中，先命名阴离子，后命名中性分子；在同类配体中（同为阴离子或同为中性分子），按配位原子的元素符号的英文字母顺序命名配体；配体的化学式相同，但配位原子不同时，则按配位原子的元素符号的英文字母顺序命名；在配位原子相同、所含原子的数目也相同的几个配体同时存在时，则按配体中与配位原子相连的原子的元素符号的英文字母顺序命名。例如：

$[Pt(NH_3)_6]Cl_4$	四氯化六氨合铂（Ⅳ）
$[Zn(NH_3)_4]SO_4$	硫酸四氨合锌（Ⅱ）
$K_2[HgI_4]$	四碘合汞（Ⅱ）酸钾
$H_2[SiF_6]$	六氟合硅（Ⅳ）酸
$[Ni(CO)_4]$	四羰基合镍
$[CoBr_2(NH_3)_4]^+$	二溴·四氨合钴（Ⅲ）离子

四、配合物的顺反异构现象

异构是指化学式相同但结构不同的现象。例如，乙醇（C_2H_5OH）和甲醚（CH_3OCH_3）的化学组成都为 C_2H_6O，但两者结构不同，性质也不同。

由于产生异构现象的原因不同，因而有各种不同类型的异构体。研究结果证明，配合物的顺反异构（又称几何异构）现象是由于配体在中心原子周围的空间排布方式不同而引起的。

配合物的顺反异构现象相当普遍，主要存在于配位数为 4 的平面正方形和配位数为 6 的八面体配合物中。

在配合物的几何异构中，当同种配体处于相邻位置时称为顺式异构体，处于对角线位置时称为反式异构体。例如，平面正方形的配合物$[PtCl_2(NH_3)_2]$有两种几何异构体：

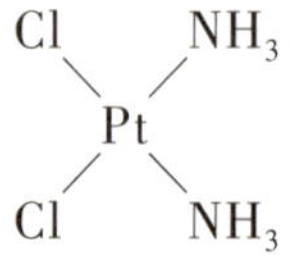

顺二氯·二氨合铂（Ⅱ）

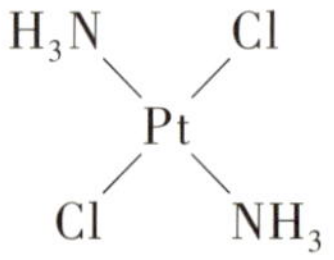

反二氯·二氨合铂（Ⅱ）

这两种异构体组成相同，但性质不同。其中顺式呈橙黄色，溶解度为 0.2523g/100g 水（298K）；反式的为淡黄色，溶解度为 0.0366g/100g 水（298K）。两者的药理性质更不一样。顺式的在医学上称为顺铂（cisplatin），由于它能迅速而又牢固地与脱氧核糖核酸（DNA）结合，干扰 DNA 的复制，阻止癌细胞的再生，因而表现出抗癌作用，已用于临床；而反式的不具备抗癌作用。

在配位数为 6 的配合物中，几何异构现象更为普遍，如$[Co(NH_3)_4Cl_2]$的两种异构体的结构为：

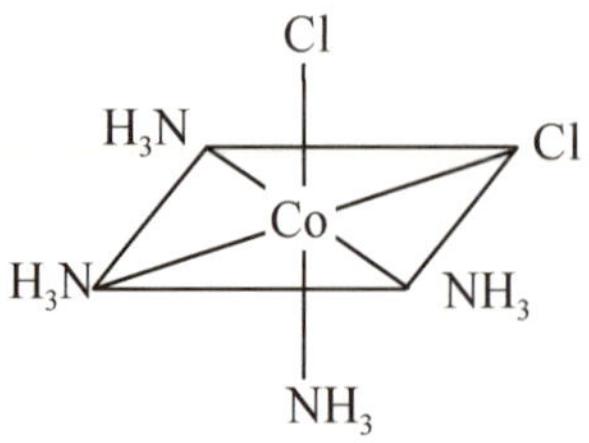

顺二氯·四氨合钴(Ⅱ)

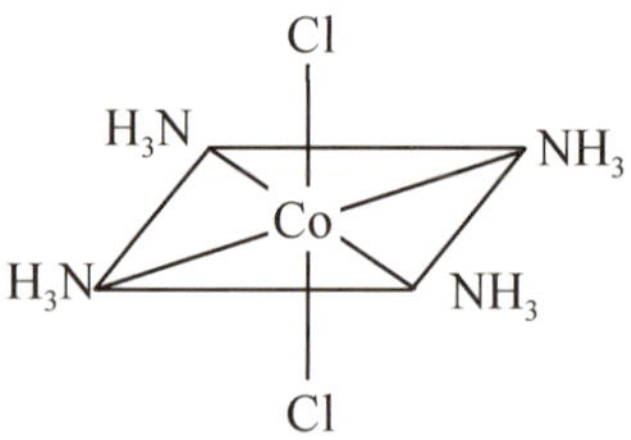

反二氯·四氨合钴(Ⅱ)

五、螯合物

（一）螯合物的概念

螯合物(chelate compound)是由一个中心原子与多齿配体中两个或两个以上的配位原子形成的一类具有环状结构的配合物,也称内配合物。例如,$[Cu(en)_2]^{2+}$和$[Cu(C_2O_4)_2]^{2-}$离子:

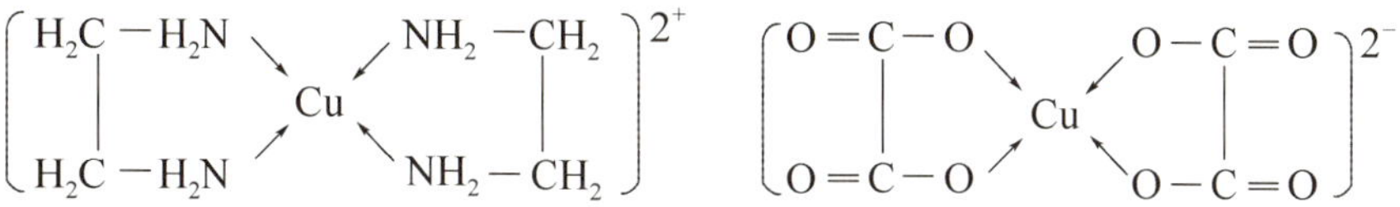

多齿配体 en 或 $C_2O_4^{2-}$ 与 Cu^{2+}形成的环状结构,称为螯合环,而能形成螯合环的多齿配体则称为螯合剂(chelate agent)。由 5 个原子组成的螯合环称为五元螯合环。由于螯合环的形成,与相应的非螯合配合物相比,其螯合物的稳定性显著增加,这种稳定性增加的效应称为螯合效应(chelate effect)。例如:

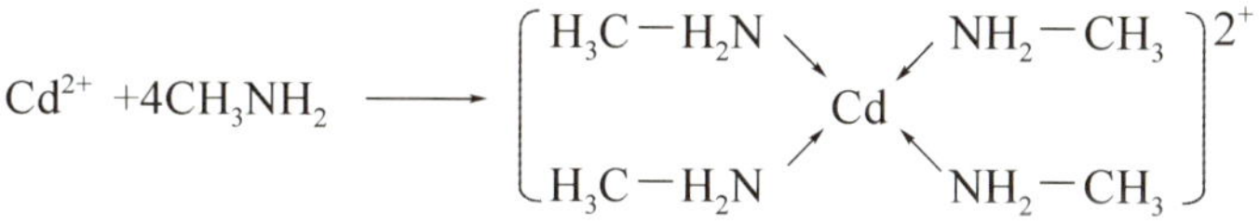

$K_s=3.55\times10^6$

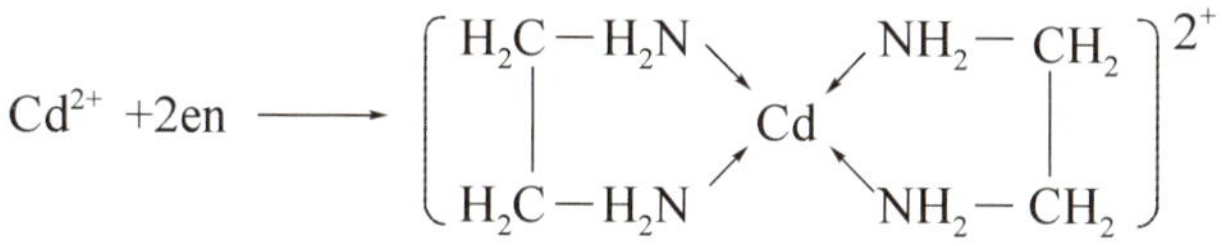

$K_s=1.66\times10^{10}$

（二）螯合物的稳定性

螯合物的稳定性与螯合环的大小和螯合环的数目有关。

在所有螯合物中,以五元环或六元环的螯合物最稳定。这是因为五元环的键角(108°)更接近于 C 的 sp^3杂化轨道的夹角(109°28′),张力小,形成稳定的五元环或六元环螯合物。

实验证明,1 个配体与中心原子形成的螯合环数目越多,螯合物越稳定。例如,EDTA 与金属离子形成 1∶1 的螯合物中含有 5 个五元环,因此十分稳定。不易形成配合物的 Mg^{2+}、Ca^{2+}离子都可以和 EDTA 形成稳定的螯合物,其空间构型如图 8-1 所示。

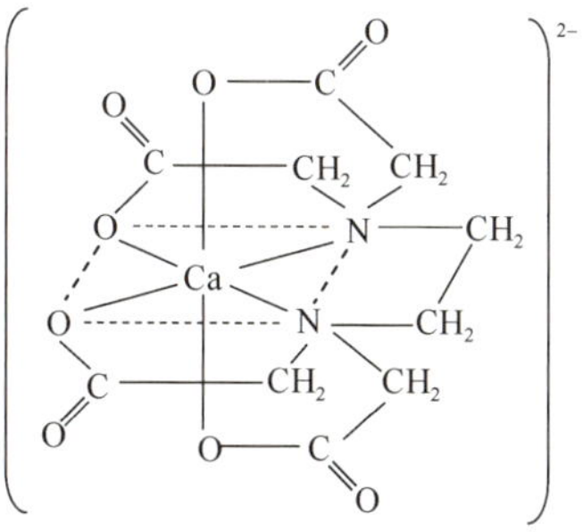

图 8-1　$[CaY]^{2-}$的空间构型

知识链接

血红素的生理作用

血红素是Fe^{2+}离子的卟啉类螯合物。血红素和不同的蛋白质结合，可形成血红蛋白、肌红蛋白、细胞色素、过氧化氢酶和过氧化物酶等，它们在生物体内都具有重要的生理功能。其中在人体内输送O_2的血红蛋白（Hb）是由亚铁血红素和1分子珠蛋白构成的。一个亚铁血红素分子中的Fe^{2+}除了同卟啉大环配体上4个吡咯N原子形成4个配位键外，还与珠蛋白中肽键上1个组氨酸残基的咪唑N原子形成第5个配位键，Fe^{2+}的第6个配位位置由水分子占据，它能被O_2置换形成氧合血红蛋白（$Hb·O_2$）以保证体内对氧的需要。

第2节　配合物的价键理论

为了阐明配合物化学键的本质并解释配合物的配位数、空间构型、磁性、颜色和稳定性等性质，化学家先后提出了各种有关配合物的化学键理论。主要有价键理论、晶体场理论和配位场理论。本节只介绍价键理论。

将配合物的形成及杂化轨道理论应用于配合物，即构成了配合物的价键理论。

一、价键理论基本要点

1931年，美国化学家鲍林把轨道杂化理论应用到配合物上，提出了配合物的价键理论，其基本要点如下：

(1) 配合物的中心原子（用M表示）必须具有空轨道，而配体（用L表示）则至少含有1对孤对电子。

(2) 为了增加成键能力，中心原子中能量相近的几个空轨道进行杂化，形成数目相同、能量相等并具有一定方向性的杂化空轨道。

(3) 杂化空轨道与配位原子孤对电子所占据的轨道发生重叠，而且共享孤对电子而形成配位键，这可表示为M←:L，其本质是共价键。

根据价键理论的基本要点，可判断一些常见配离子的杂化轨道类型和空间构型。

例如，配位数为2的$[Ag(NH_3)_2]^+$配离子中，Ag^+的价电子层结构为$4d^{10}$，在Ag^+与NH_3形成$[Ag(NH_3)_2]^+$配离子时，Ag^+外层的1个5s空轨道和1个5p空轨道杂化为2个能量相等的sp杂化空轨道，它们分别与2个NH_3分子中含孤对电子的N原子轨道"头碰头"重叠并共享该孤对电子，形成2个σ键，结合为稳定的$[Ag(NH_3)_2]^+$配离子。

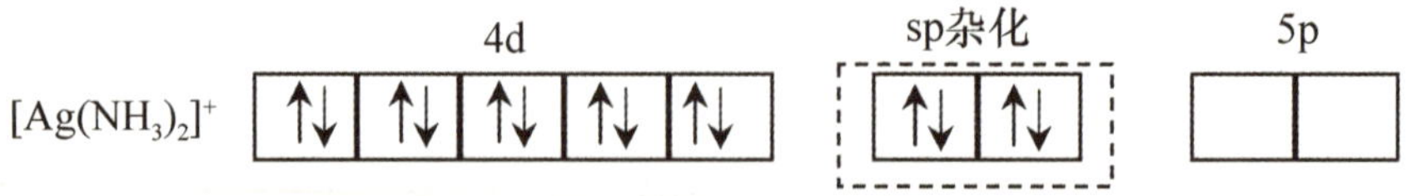

轨道图中虚线框内是中心原子Ag^+提供的杂化空轨道，里面的电子对表示来自2个NH_3分子中N原子所提供的2个孤对电子。由于2个sp杂化轨道之间的夹角是180°，故$[Ag(NH_3)_2]^+$配离子的空间构型为直线形。

配位数为4的配离子，中心原子外层空轨道通常有sp^3和dsp^2两种类型的杂化。

例如，[Ni(NH_3)$_4$]$^{2+}$配离子中，Ni^{2+}的价电子层结构为$3d^8$，在Ni^{2+}与NH_3形成[Ni(NH_3)$_4$]$^{2+}$配离子时，Ni^{2+}外层的1个4s空轨道和3个4p空轨道杂化为4个能量相等的sp^3杂化空轨道，它们分别与4个NH_3分子中含孤对电子的N原子轨道“头碰头”重叠并共享该孤对电子，形成4个σ键，结合为稳定的[Ni(NH_3)$_4$]$^{2+}$配离子。

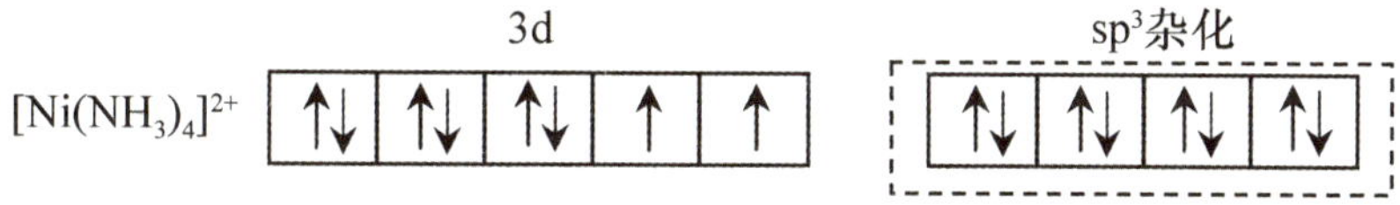

由于4个sp^3杂化轨道之间的夹角为109°28′，故[Ni(NH_3)$_4$]$^{2+}$配离子的空间构型为四面体。而在[Ni(CN)$_4$]$^{2-}$配离子中，由于配体[：C≡N：]$^-$中的配位原子C的电负性较小，较易给出孤对电子，因而对中心原子的影响较大，使Ni^{2+}离子次外层d电子发生重排。重排的结果是2个成单的3d电子被挤在同一轨道上进行配对，腾出内层的1个3d空轨道，并和1个4s空轨道、2个4p空轨道杂化成4个能量相等的dsp^2杂化空轨道，与4个CN^-形成稳定的[Ni(CN)$_4$]$^{2-}$配离子。

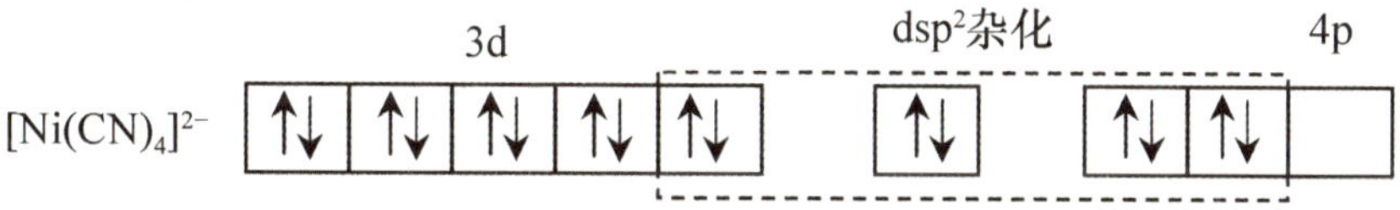

由于4个dsp^2杂化轨道处于同一平面且夹角为90°，故[Ni(CN)$_4$]$^{2-}$配离子的空间构型为平面正方形。

配位数为6的配离子，中心原子外层空轨道通常有sp^3d^2和d^2sp^3两种类型的杂化。

例如，[FeF_6]$^{3-}$配离子，Fe^{3+}的价电子层结构为$3d^5$，由于F^-离子的电负性很大，不易给出孤对电子，因而对Fe^{3+}离子的影响较小，Fe^{3+}离子次外层d电子排布不发生变化，仅用外层的1个4s、3个4p、2个4d空轨道进行sp^3d^2杂化，与6个F^-离子以σ键结合形成八面体构型的稳定的[FeF_6]$^{3-}$配离子。

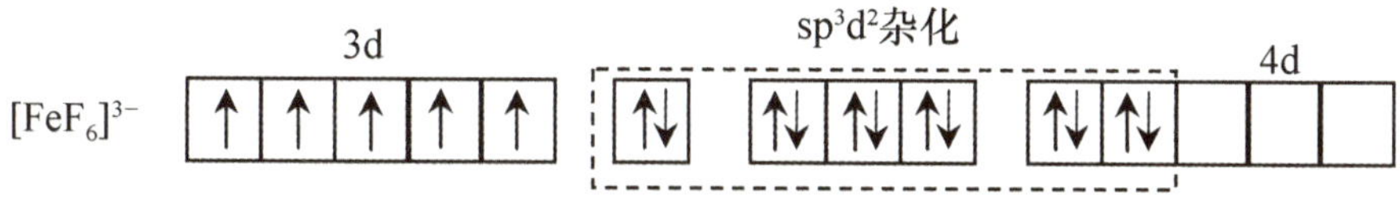

而在[Fe(CN)$_6$]$^{3-}$配离子中，Fe^{3+}离子在配体CN^-离子的影响下，3d轨道中的5个单电子发生重排并挤进3个轨道，腾出2个空的3d轨道与外层的1个4s、3个4p空轨道进行d^2sp^3杂化，与6个CN^-以σ键结合形成稳定的[Fe(CN)$_6$]$^{3-}$配离子，空间构型也是八面体。

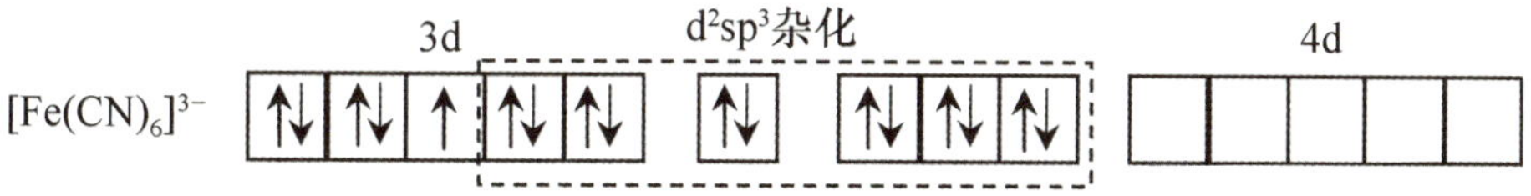

一些常见配离子的杂化轨道类型和空间构型见表8-2。

表 8-2　一些常见配离子的杂化轨道类型和空间构型

杂化轨道类型	配位数	空间构型	实例
sp	2		$[Ag(NH_3)_2]^+$　$[Ag(CN)_2]^-$　$[Cu(NH_3)_2]^+$
sp^2	3	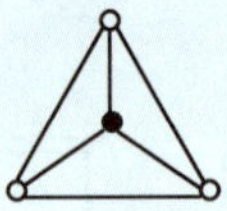	$[Cu(CN)_3]^{2-}$　$[HgI_3]^-$　$[CuCl_3]^{2-}$
sp^3	4	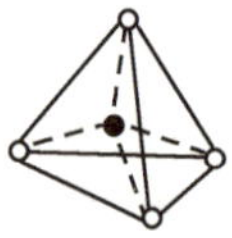	$[Zn(NH_3)_4]^{2+}$　$[Ni(NH_3)_4]^{2+}$　$[Cd(NH_3)_4]^{2+}$　$[Co(SCN)_4]^{2-}$　$[FeCl_4]^{2-}$
dsp^2	4	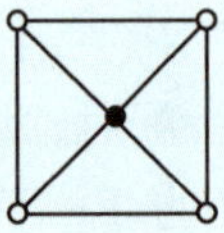	$[Ni(CN)_4]^{2-}$　$[PtCl_4]^{2-}$　$[Cu(H_2O)_4]^{2+}$
sp^3d^2	6	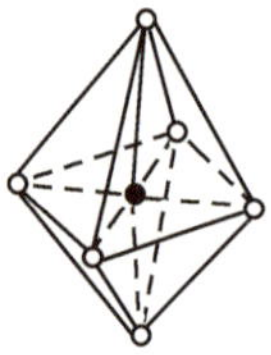	$[FeF_6]^{3-}$　$[Fe(H_2O)_6]^{2+}$
d^2sp^3	6		$[Fe(CN)_6]^{3-}$　$[Cr(NH_3)_6]^{3+}$

二、内轨型配合物与外轨型配合物

由表 8-2 可见，有些配离子的中心原子是利用最外层 ns、np 或 ns、np、nd 空轨道杂化成键的，如$[Ag(NH_3)_2]^+$、$[Ni(NH_3)_4]^{2+}$、$[FeF_6]^{3-}$等，这类配合物称为外轨型配合物(outer orbital coordination compound)；而另一些配离子的中心原子是利用$(n-1)d$、ns、np 空轨道杂化成键的，如$[Ni(CN)_4]^{2-}$、$[Fe(CN)_6]^{3-}$等。这类配合物称为内轨型配合物(inner orbital coordination compound)。由于$(n-1)d$ 轨道能量低于 nd 轨道，所以一般内轨型配合物比外轨型配合物稳定。

当形成外轨型配合物时，因配体的电子进入到中心原子外层杂化空轨道，中心原子的电子层结构未发生变化，未成对的 d 电子数较多，因此外轨型配合物又称为高自旋(high spin)配合物；在形成内轨型配合物时，中心原子的 d 电子发生了重排，电子挤入少数 d 轨道，故自旋平行的成单 d 电子数减少或等于零，因此内轨型配合物又称为低自旋(low spin)配合物。

配体与中心原子结合后是形成外轨型还是内轨型配合物，主要取决于中心原子和配体的性质。例如，Zn^{2+}、Cd^{2+}、Hg^{2+}的价电子层结构为 nd^{10}，外层 d 轨道已充满电子，不能再发生重排，因此通常以 sp^3 杂化空轨道成键，形成外轨型配合物；而 $Ni^{2+}(3d^8)$、$Pt^{2+}(5d^8)$、$Cr^{3+}(3d^3)$、$Co^{3+}(3d^6)$、$Fe^{3+}(3d^5)$等离子，有可能在配体的影响下发生 d 电子重排，空出$(n-1)d$ 轨道参与杂化，从而形成内轨型配合物。

实验证明，当中心原子与配位原子电负性相差较大时，倾向于生成外轨型配合物；电负性相差较小时，倾向于生成内轨型配合物。

三、配合物的磁性

案例 8-2

实验测得配离子[$Fe(H_2O)_6$]$^{3+}$的磁矩为5.3μ_B。请判断该配离子中中心原子的杂化轨道类型、配离子的空间构型和内外轨型。

判断配合物是外轨型还是内轨型，一般可通过磁矩的测定来确定。根据磁学原理，配合物的中心原子若有成单电子，则由成单电子自旋产生的自旋磁矩就不能相互抵消，在外加磁场的作用下，所产生的附加磁矩与前者一致，表现出顺磁性；若没有成单电子，则成对电子自旋产生的磁矩相互抵消表现出反磁性。顺磁性物质的永久磁矩与外加磁场的磁化方向一致，增加了磁场强度；反磁性物质本身没有磁性，在外加磁场诱导下所产生的磁化方向与外磁场方向相反，减弱了磁场强度。利用磁天平可以测定物质的磁化率，进而计算出磁矩μ。对第一过渡系列(Sc→Zn)的金属离子来说，磁矩μ与中心原子的成单电子数n之间有如下的近似关系：

$$\mu=\sqrt{n(n+2)}\mu_B \tag{8-1}$$

式中，μ_B称为玻尔磁子(Bohr magneton)，是磁矩单位。表8-3列出了一些配合物的磁矩与中心原子的电子层结构的关系。

表 8-3　配合物的磁矩、电子层结构与类型的关系

配离子	中心原子 d 电子数	未成对 d 电子数	磁矩 μ/μ_B		配合物类型
			理论值	实验值	
[FeF_6]$^{3-}$	5	5	5.92	5.88	外轨型
[$Fe(CN)_6$]$^{3-}$	5	1	1.73	2.25	内轨型
[$Fe(H_2O)_6$]$^{2+}$	6	4	4.90	5.30	外轨型
[$Co(NH_3)_6$]$^{3+}$	6	0	0	0	内轨型
[$MnCl_4$]$^{2-}$	5	5	5.92	5.88	外轨型
[$Mn(CN)_6$]$^{4-}$	5	1	1.73	1.70	内轨型
[$Ni(CN)_4$]$^{2-}$	8	0	0	0	内轨型

价键理论简单形象，较成功地阐明了配合物中中心原子与配体间化学键的形成过程、配合物的空间构型、配位数及配合物的稳定性和磁性。但由于价键理论只是定性理论，不能定量或半定量说明配合物的许多性质，因而也存在着较大的局限性。例如，它不能解释过渡金属配合物的稳定性和中心原子d电子数的关系；也不能解释配合物的可见和紫外吸收光谱，以及过渡金属配合物普遍具有特征颜色的现象；此外，还无法说明[$Cu(NH_3)_4$]$^{2+}$、[$Cu(H_2O)_4$]$^{2+}$等配离子的稳定性。因为X射线衍射实验证明这两种配离子的空间构型均为平面正方形。如按价键理论，Cu^{2+}($3d^9$)应采用dsp^2杂化空轨道参与成键，形成内轨型配合物：

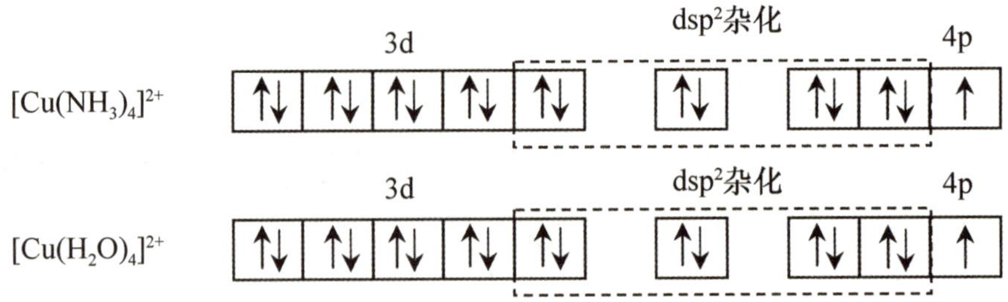

这样，应有 1 个 3d 电子激发到能量较高的 4p 轨道，因而此电子较易失去而生成$[Cu(NH_3)_4]^{3+}$或$[Cu(H_2O)_4]^{3+}$配离子。但事实上$[Cu(NH_3)_4]^{2+}$或$[Cu(H_2O)_4]^{2+}$配离子均十分稳定，并不具有还原性。这是因为价键理论只考虑配体中配位原子的孤对电子进入中心原子外层杂化空轨道形成配位键，而没有充分考虑在配体电场的影响下，中心原子的 d 电子云将发生变化，d 轨道能级也会发生分裂，因而无法解释配合物的一些性质。

为了弥补价键理论的不足，1929 年皮塞（H · Bethe）首先提出了晶体场理论（crystal field theory）。该理论从纯粹静电理论出发，描述了中心原子在配体电场影响下 d 轨道能级的分裂，从而成功地解释了配合物的稳定性和光谱特征。从 1952 年开始，人们又将分子轨道理论与晶体场理论结合起来，形成了配位场理论。该理论不仅考虑到中心原子与配体之间的静电效应，而且也考虑到它们之间一定程度的共价结合，较全面地解释了配体的光谱化学序列。

第 3 节　配位平衡

在应用或研究配合物时，我们首先要关注的是它的稳定性。稳定性这一词含意较广，如配合物的热稳定性、氧化还原稳定性及在溶液中的稳定性等。其中应用最广的是配合物在溶液中的稳定性，即配合物在溶液中是否容易解离为简单的离子和配体。

一、配位平衡和稳定常数

在 $AgNO_3$溶液中加入过量氨水，会产生$[Ag(NH_3)_2]^+$配离子。

$$Ag^+ + 2NH_3 \longrightarrow [Ag(NH_3)_2]^+$$

该反应称为配位反应。

若向上述溶液中加入 NaCl 溶液，无 AgCl 沉淀产生；但若加入 KI 溶液，则有黄色的 AgI 沉淀析出。这表明溶液中还是有少量 Ag^+存在，即溶液中不仅有 Ag^+和 NH_3分子的配位反应，也有$[Ag(NH_3)_2]^+$配离子的解离反应：

$$[Ag(NH_3)_2]^+ \longrightarrow Ag^+ + 2NH_3$$

在一定温度下，当配位反应和解离反应速率相等时，体系达到动态平衡，称为配位平衡。可表示为：

$$Ag^+ + 2NH_3 \underset{\text{解离}}{\overset{\text{配位}}{\rightleftharpoons}} [Ag(NH_3)_2]^+$$

根据化学平衡定律，有

$$K = \frac{[Ag(NH_3)_2^+]}{[Ag^+][NH_3]^2}$$

K 称为配位平衡常数。显然，K 值越大，表明离子的解离倾向越小，即配离子越稳定，因此又称为配离子的稳定常数(stability constant)，用 $K_{稳}$ 或 K_s 表示。在实际工作中，由于 K_s 值很大，故也常用 $\lg K_s$ 表示(表 8-4)。

利用 K_s 值，可比较相同类型配离子的稳定性。例如，$K_s([Ag(NH_3)_2]^+)=1.1\times10^7$，$K_s([Ag(S_2O_3)_2]^{3-})=2.9\times10^{13}$，$K_s([Ag(CN)_2]^-)=1.3\times10^{21}$，故稳定性 $[Ag(CN)_2]^- > [Ag(S_2O_3)_2]^{3-} > [Ag(NH_3)_2]^+$。但不同类型的配离子，不能根据 K_s 值直接进行稳定性大小的比较。

$K_{稳}$ 的倒数称为不稳定常数，用 $K_{不稳}$ 表示：

$$K_{不稳}=\frac{1}{K_{稳}}$$

显然，$K_{不稳}$ 值越大，表明配离子越容易解离，越不稳定。

表 8-4 一些常见配离子的稳定常数 K_s 和 $\lg K_s$ 值(298K)

配离子	K_s	$\lg K_s$	配离子	K_s	$\lg K_s$
$[CdCl_4]^{2-}$	6.3×10^2	2.80	$[HgCl_4]^{2-}$	1.2×10^{15}	15.08
$[Co(NH_3)_6]^{2+}$	1.3×10^5	5.11	$[Cd(CN)_4]^{2-}$	6.0×10^{18}	18.78
$[Ag(NH_3)_2]^+$	1.1×10^7	7.04	$[AlF_6]^{3-}$	6.9×10^{19}	19.84
$[Cd(NH_3)_6]^{2+}$	1.3×10^7	7.11	$[Ag(CN)_2]^-$	1.3×10^{21}	21.11
$[Ni(NH_3)_6]^{2+}$	5.5×10^8	8.74	$[Cu(CN)_2]^-$	1.0×10^{24}	24.00
$[Zn(NH_3)_4]^{2+}$	2.9×10^9	9.46	$[HgI_4]^{2-}$	6.8×10^{29}	29.83
$[FeF_6]^{3-}$	1.1×10^{12}	12.04	$[Fe(CN)_6]^{4-}$	1.0×10^{35}	35.00
$[Cu(NH_3)_4]^{2+}$	2.1×10^{13}	13.32	$[Co(NH_3)_6]^{3+}$	2×10^{35}	35.30
$[Ag(S_2O_3)_2]^{3-}$	2.9×10^{13}	13.46	$[Fe(CN)_6]^{3-}$	1.0×10^{42}	42.00

实际上，配离子的形成和解离都是分步进行的。因此溶液中存在着一系列的配位平衡，对应于每步平衡都有一个稳定常数，称逐级稳定常数。例如，$[Cu(NH_3)_4]^{2+}$ 配离子的形成可表示为：

$$Cu^{2+}+NH_3 \rightleftharpoons [Cu(NH_3)]^{2+} \qquad K_{s_1}=\frac{[Cu(NH_3)^{2+}]}{[Cu^{2+}][NH_3]}$$

$$[Cu(NH_3)]^{2+}+NH_3 \rightleftharpoons [Cu(NH_3)_2]^{2+} \qquad K_{s_2}=\frac{[Cu(NH_3)_2^{2+}]}{[Cu(NH_3)^{2+}][NH_3]}$$

$$[Cu(NH_3)_2]^{2+}+NH_3 \rightleftharpoons [Cu(NH_3)_3]^{2+} \qquad K_{s_3}=\frac{[Cu(NH_3)_3^{2+}]}{[Cu(NH_3)_2^{2+}][NH_3]}$$

$$[Cu(NH_3)_3]^{2+}+NH_3 \rightleftharpoons [Cu(NH_3)_4]^{2+} \qquad K_{s_4}=\frac{[Cu(NH_3)_4^{2+}]}{[Cu(NH_3)_3^{2+}][NH_3]}$$

K_{s_1}、K_{s_2}、K_{s_3}、K_{s_4} 分别为四氨合铜(Ⅱ)配离子的第一、二、三、四级生成反应的平衡常数，分别称为第一、二、三、四级稳定常数。

若将第一、二步平衡式相加，得

$$Cu^{2+}+2NH_3 \rightleftharpoons [Cu(NH_3)_2]^{2+}$$

其平衡常数用 β_2 表示：

$$\beta_2=\frac{[Cu(NH_3)_2^{2+}]}{[Cu^{2+}][NH_3]^2}=\frac{[Cu(NH_3)^{2+}]}{[Cu^{2+}][NH_3]}\times\frac{[Cu(NH_3)_2^{2+}]}{[Cu(NH_3)^{2+}][NH_3]}$$

$$\beta_2=K_{s_1}\cdot K_{s_2}$$

显然

$$\beta_3=K_{s1}\cdot K_{s_2}\cdot K_{s_3}$$

$$\beta_4=K_{s1}\cdot K_{s_2}\cdot K_{s_3}\cdot K_{s_4}$$

式中，β_n称为积累稳定常数，最后一级积累稳定常数β_n与K_s相等。

由于一般配离子的逐级稳定常数彼此相差不大，因此在计算离子浓度时应考虑各级配离子的存在。但在实际工作中，一般总是加入过量的配体试剂，因此溶液中以最高配位数的配离子为主，其他各级配离子可忽略不计，这样能使计算大为简化。

利用配合物的稳定常数可以计算配体、中心原子和配离子的平衡浓度。

例 8-1 在 10ml 0.040mol/L $AgNO_3$溶液中加入 10ml 2.0mol/L NH_3溶液，计算平衡时溶液中配体、中心原子和配离子的平衡浓度。

解：两种溶液混合后，Ag^+和 NH_3的起始浓度为：

$$c_{0,Ag^+}=\frac{0.010\times0.040}{0.010+0.010}=0.020(mol/L)$$

$$c_{0,NH_3}=\frac{0.010\times2.0}{0.010+0.010}=1.0(mol/L)$$

由于 NH_3过量，且 $K_s([Ag(NH_3)_2]^+)$很大，可先假定 Ag^+全部生成$[Ag(NH_3)_2]^+$，再求平衡时$[Ag(NH_3)_2]^+$解离出来的 Ag^+浓度。设平衡时 Ag^+的浓度为 $x$mol/L

	$[Ag(NH_3)_2]^+ \rightleftharpoons$	$Ag^+ +$	$2NH_3$
起始浓度/(mol/L)	0.020	0	0.960
平衡浓度/(mol/L)	$0.020-x$	x	$0.960+2x$

$$K_s=\frac{[Ag(NH_3)_2^+]}{[Ag^+][NH_3]^2}=\frac{0.020-x}{x(0.960+2x)^2}=1.67\times10^7$$

由于 K_s较大，故 $0.020-x\approx0.020$，$0.960+2x\approx0.960$，上式可简化为：

$$\frac{0.020}{x\times0.960^2}=1.67\times10^7$$

解得 $x=1.3\times10^{-9}(mol/L)$

NH_3和$[Ag(NH_3)]^+$的平衡浓度分别为 $0.960+2\times1.3\times10^{-9}\approx0.960$mol/L 和 $0.020\times1.3\times10^{-9}\approx0.020$mol/L。

例 8-2 在含有 0.10mol/L 的$[Cu(NH_3)_4]^{2+}$配离子溶液中，当 NH_3浓度分别为 1.0mol/L、2.0mol/L 和 4.0mol/L 时，Cu^{2+}离子的平衡浓度各为多少？（已知 $K_s([Cu(NH_3)_4]^{2+})=2.1\times10^{13}$）

解：设 NH_3浓度分别为 1.0mol/L、2.0mol/L、4.0mol/L 时$[Cu^{2+}]$分别为 $x$mol/L、$y$mol/L、$z$mol/L

$$Cu^{2+}+4NH_3\rightleftharpoons[Cu(NH_3)_4]^{2+}$$

平衡浓度/(mol/L)　(1) x　$1.0+4x$　$0.10-x$

(2) y　$2.0+4y$　$0.10-y$

(3) z　$4.0+4z$　$0.10-z$

$$K_s=\frac{[Cu(NH_3)_4^{2+}]}{[Cu^{2+}][NH_3]^4}=2.1\times10^{13}$$

(1) $\frac{0.10-x}{x(1.0+4x)^4}=2.1\times10^{13}$

由于 K_s 值很大，x 一定很小，则

$$0.10-x\approx0.10 \qquad 1.0+4x\approx1.0$$

所以 $x=[Cu^{2+}]\approx4.8\times10^{-15}$(mol/L)

(2) $\frac{0.10-y}{y(2.0+4y)^4}=2.1\times10^{13}$

因为 $0.10-y\approx0.10$　$2.0+4y\approx2.0$

所以 $y=[Cu^{2+}]\approx3.0\times10^{-16}$(mol/L)

(3) $\frac{0.10-z}{z(4.0+4z)^4}=2.1\times10^{13}$

因为 $0.10-z\approx0.10$　$4.0+4z\approx4.0$

所以 $z=[Cu^{2+}]\approx1.9\times10^{-17}$(mol/L)

计算结果表明，NH_3浓度越大，$[Cu(NH_3)_4]^{2+}$的离解程度越小，Cu^{2+}离子浓度越低。即过量配位剂的存在可增加配离子的稳定性。

二、配位平衡的移动

中心原子 M 和配体 L 生成的配离子 ML_x 在水溶液中存在如下配位平衡：

$$M + xL \rightleftharpoons ML_x$$

根据平衡移动的原理，若在含配离子 ML_x 的溶液中加入某种试剂而产生酸碱反应，或沉淀反应，或氧化还原反应，均会使配位平衡发生移动。这一过程所涉及的就是配位平衡与其他各种化学平衡相互联系的多重平衡。

（一）溶液酸度的影响

1. 酸效应　根据酸碱质子理论，很多配体如 F^-、CN^-、SCN^-、OH^-、NH_3 等都是质子碱，它们能与溶液中的 H^+ 离子结合生成难电离的共轭弱酸而使配位平衡向解离方向移动，导致配离子的稳定性降低，这种现象称为酸效应。例如，在$[Cu(NH_3)_4]^{2+}$溶液中加酸，由于 NH_3 与 H^+ 生成 NH_4^+，使$[Cu(NH_3)_4]^{2+}$配离子发生解离。

$$[Cu(NH_3)_4]^{2+} + 4H^+ \rightleftharpoons Cu^{2+} + 4NH_4^+$$

2. 水解效应　当溶液 pH 升高时，中心原子 M(特别是高价金属离子)将发生水解而使配位平衡向解离方向移动，导致配离子的稳定性降低，这种现象称为水解效应。例如，溶液 pH 升高时，配离子$[FeF_6]^{3-}$可发生水解反应，其结果是使$[FeF_6]^{3-}$配离子解离。

$$[FeF_6]^{3-} + 3H_2O \rightleftharpoons Fe(OH)_3\downarrow + 3H^+ + 6F^-$$

在水溶液中，酸效应与水解效应同时存在，以哪个效应为主，取决于配离子的稳定常数、配体的碱性及金属氢氧化物的溶解性。一般在不发生水解效应的前提下，提高溶液的

pH 有利于配合物的生成。

（二）沉淀平衡的影响

若在配离子溶液中加入沉淀剂，由于金属离子和沉淀剂形成沉淀，会使配位平衡向解离方向移动；反之，若在沉淀中加入能与金属离子形成配合物的配位剂，则沉淀可转化为配离子而溶解。例如，在含有 AgCl 沉淀的溶液中加入 $NH_3 \cdot H_2O$，AgCl 溶解转化为$[Ag(NH_3)_2]^+$配离子；向此溶液中加入 KBr 溶液，可见到淡黄色的 AgBr 沉淀生成；然后加入 $Na_2S_2O_3$溶液，AgBr 又溶解转变为$[Ag(S_2O_3)_2]^{3-}$配离子；接着加入 KI 溶液，将有黄色的 AgI 沉淀生成；再加入 KCN 溶液，AgI 溶解生成$[Ag(CN)_2]^-$配离子；最后加入 Na_2S 溶液，则有黑色的 Ag_2S 沉淀产生。这一系列配位平衡与沉淀平衡的转化过程可表示为：

$$AgCl + 2NH_3 \rightleftharpoons [Ag(NH_3)_2]^+ + Cl^-$$

$$[Ag(NH_3)_2]^+ + Br^- \rightleftharpoons AgBr\downarrow + 2NH_3$$

$$AgBr + 2S_2O_3^{2-} \rightleftharpoons [Ag(S_2O_3)_2]^{3-} + Br^-$$

$$[Ag(S_2O_3)_2]^{3-} + I^- \rightleftharpoons AgI\downarrow + 2S_2O_3^{2-}$$

$$AgI + 2CN^- \rightleftharpoons [Ag(CN)_2]^- + I^-$$

$$2[Ag(CN)_2]^- + S^{2-} \rightleftharpoons Ag_2S\downarrow + 4CN^-$$

分析上述反应，可知均为配位剂与沉淀剂共同争夺金属离子的过程，即溶液中同时存在配位平衡与沉淀平衡。这两个平衡既相互联系，又相互制约。当配合物的 K_s 越大，或沉淀的 K_{sp} 越大时，沉淀越容易转化为配离子；反之，当配合物的 K_s 越小，或沉淀的 K_{sp} 越小时，配离子越容易转化为沉淀。

例 8-3 要使 0.10mol AgCl 溶于 1L 氨水中，所需氨水的最低浓度是多少？已知 $K_{sp}(AgCl) = 1.77\times10^{-10}$，$K_s([Ag(NH_3)_2]^+) = 1.1\times10^7$。

解：设 0.10mol AgCl 溶解达到平衡时氨水的浓度为为 $x$mol/L

$$AgCl + 2NH_3 \rightleftharpoons [Ag(NH_3)_2]^+ + Cl^-$$

平衡浓度/(mol/L)　　x　　0.10　　0.10

该反应的平衡常数

$$K = \frac{[Ag(NH_3)_2^+][Cl^-]}{[NH_3]^2} \cdot \frac{[Ag^+]}{[Ag^+]}$$

$$= K_s \cdot K_{sp} = 1.1\times10^7 \times 1.77\times10^{-10} = 1.95\times10^{-3}$$

即 $\dfrac{0.10\times0.10}{x^2} = 1.95\times10^{-3}$

解之，$x = 2.30$(mol/L)

由反应式可知，溶解 0.10mol AgCl，必定消耗 0.20mol 氨水，故所需氨水的最低浓度为 2.30+0.20=2.50(mol/L)。

例 8-4 在 0.1mol/L $[Ag(CN)_2]^-$溶液中加入 KI 固体，使 I^-离子的浓度为 0.1mol/L，问：(1)能否产生 AgI 沉淀？(2)若要阻止 AgI 沉淀析出，则在原溶液中 CN^-离子的最低浓度应达到多少？已知 $K_{sp}(AgI) = 8.51\times10^{-17}$，$K_s([Ag(CN)_2]^-) = 1.3\times10^{21}$。

解：(1) 设溶液中$[Ag^+]$为 $x$mol/L

$$Ag^+ + 2CN^- \rightleftharpoons [Ag(CN)_2]^-$$

平衡浓度/(mol/L)　　x　　$2x$　　$0.1-x$

$$K_s=\frac{0.1-x}{x(2x)^2}=1.3\times10^{21}$$

因为 K_s 很大，x 一定很小，所以 $0.1-x\approx0.1$。

$$x=[Ag^+]\approx2.7\times10^{-8}(mol/L)$$

$$Q=[Ag^+][I^-]=2.7\times10^{-8}\times0.1=2.7\times10^{-9}>K_{sp}$$

有 AgI 沉淀产生。

（2）不产生 AgI 沉淀时所允许的最大 $[Ag^+]$ 为

$$[Ag^+]=\frac{K_{sp}(AgI)}{[I^-]}=\frac{8.51\times10^{-17}}{0.1}=8.5\times10^{-16}(mol/L)$$

又因为
$$K_s=\frac{[Ag(CN)_2^-]}{[Ag^+][CN^-]^2}$$

所以
$$[CN^-]=\sqrt{\frac{[Ag(CN)_2^-]}{[Ag^+]\cdot K_s}}=\sqrt{\frac{0.1}{8.51\times10^{-16}\times1.3\times10^{21}}}=3.0\times10^{-4}(mol/L)$$

（三）氧化还原平衡的影响

当在配离子溶液中加入能与金属离子或配体发生氧化还原反应的物质时，金属离子或配体的浓度将降低，导致配位平衡向离解方向移动。例如，在血红色的 $[Fe(SCN)]^{2+}$ 配离子溶液中加入 $SnCl_2$ 溶液，则血红色褪去，反应式如下：

$$2[Fe(SCN)]^{2+}+Sn^{2+}\rightleftharpoons 2Fe^{2+}+Sn^{4+}+2SCN^-$$

这是氧化还原平衡对配位平衡的影响。反之，配位平衡也可影响氧化还原平衡。例如，Fe^{3+} 离子通常能将 I^- 离子氧化为 I_2，但若在 Fe^{3+} 离子溶液中先加入 F^- 离子，由于生成 $[FeF_6]^{3-}$ 配离子使 Fe^{3+} 离子浓度降低，此时再加入 I^- 离子则不会析出 I_2。

配位平衡和氧化还原平衡之间的这种既相互联系又相互制约的关系可通过能斯特方程讨论如下。

设金属离子 M^{n+} 和金属单质 M 组成的电对的电极反应式为：

$$M^{n+}+ne\rightleftharpoons M$$

298K 时，其根据能斯特方程为：

$$\varphi_{M^{n+}/M}=\varphi^{\ominus}_{M^{n+}/M}+\frac{0.0592}{n}\lg[M^{n+}] \tag{1}$$

在上述电对的溶液中加入配体 L^- 后，发生如下反应：

$$M^{n+}+nL^-\rightleftharpoons ML_n$$

由于生成配离子 ML_n，溶液中的 M^{n+} 离子浓度大大降低，此时溶液中 M^{n+} 离子的浓度可利用 K_s 计算：

$$[M^{n+}]=\frac{1}{K_s}\cdot\frac{[ML_n]}{[L^-]^n} \tag{2}$$

代入(1)，可得

$$\varphi_{M^{n+}/M}=\varphi^{\ominus}_{M^{n+}/M}+\frac{0.0592}{n}\lg\left[\frac{1}{K_s}\cdot\frac{[ML_n]}{[L^-]^n}\right] \quad (3)$$

(3) 所对应的电极反应为

$$ML_n + ne \rightleftharpoons M + nL^-$$

若平衡时$[L^-]=1mol/L$,$[ML_n]=1mol/L$,(3)可表示为

$$\varphi_{M^{n+}/M}=\varphi^{\ominus}_{M^{n+}/M}+\frac{0.0592}{n}\lg\frac{1}{K_s}$$

此时的$\varphi_{M^{n+}/M}$值就是配离子ML_n和金属单质M组成的电对的标准电极电势$\varphi^{\ominus}_{ML_n/M}$。即

$$\varphi^{\ominus}_{ML_n/M}=\varphi^{\ominus}_{M^{n+}/M}+\frac{0.0592}{n}\lg\frac{1}{K_s} \quad (8\text{-}2)$$

一般来说$K_s\gg1$,根据上式可知,$\varphi^{\ominus}_{ML_n/M}$小于$\varphi^{\ominus}_{M^{n+}/M}$。表明金属离子生成配离子后电极电势降低,即金属离子的氧化能力减弱,或金属单质的还原能力增强。

例 8-5 已知 $Ag^+ + e \rightleftharpoons Ag$, $\varphi^{\ominus}=0.80V$, $K_s([Ag(S_2O_3)_2]^{3-})=2.9\times10^{13}$,试计算$[Ag(S_2O_3)_2]^{3-}+e \rightleftharpoons Ag+2S_2O_3^{2-}$ 体系的$\varphi^{\ominus}$值(298K)。

解:由式(8-2)有

$$\varphi^{\ominus}_{[Ag(S_2O_3)_2]^{3-}/Ag}=\varphi^{\ominus}_{Ag^+/Ag}+\frac{0.0592}{1}\lg\frac{1}{K_s}$$

$$=0.80+\frac{0.0592}{1}\lg\frac{1}{2.9\times10^{13}}$$

$$=0.01(V)$$

第4节 配合物在医药中的应用

由于自然界中许多化合物是以配合物的形式存在的,因此配合物所涉及的范围和应用十分广泛。与配合物相联系的学科也很多,如生物无机化学、药物化学、有机化学、分析化学、结构化学等。

一、金属元素中毒的解毒剂

环境污染、职业性中毒、过量服用金属元素药物及金属代谢障碍均能引起体内 Hg、Pb、Cd、As、Be 等污染元素的积累和 Fe、Ca、Cu 等必需元素的过量,造成金属中毒。

对于体内的有毒或过量的金属离子,一般可选择合适的螯合剂与其结合而排除体外,这种方法称为螯合疗法,所用的螯合剂称为促排剂(或解毒剂)。例如,D-青霉胺常用来排除体内积累的铜和治疗或控制 Wilson 氏病。D-青霉胺的结构式为:

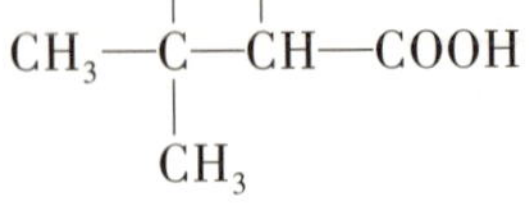

它能和Cu^{2+}离子螯合,形成相对分子质量约为 2600 的深紫色螯合物。每天 1~2 g 的剂量能使初疗者排除 8~9 mg Cu^{2+},而且不会引起正常储存铜的释放。

在采用螯合疗法排除体内有害金属离子时，必须注意由于促排剂缺乏选择性，常会引起体内正常储存的必需元素的排出。例如，当以EDTA钠盐促排体内的铅时，常会导致血钙水平的降低而引起痉挛。但若改用 $Na_2[Ca(EDTA)]$，即可顺利排出铅而使血钙不受影响。又例如，采用2,3-二巯基丙醇治疗汞、铅中毒时，会导致脑组织中汞、铅含量的升高而造成脑损伤。但若改用2,3-二巯基丁二酸时，则可有效地排除体内的汞和铅而避免上述的有害不良反应。

二、杀菌抗病毒药物

多数抗微生物的药物配体，和金属配位后往往能增加其活性。例如，丙基异烟肼与一些金属生成的配合物的抗结核杆菌的能力比配体更强，其原因可能是由于配合物的形成提高了药物的脂溶性和透过细胞膜的能力，从而活性更高。β-羟基喹啉和铁单独存在时均无抗菌活性，但形成的配合物却有很强的抗菌作用，且以1∶3的中性配合物透过细胞膜能力最强。

某些配合物具有抗病毒活性。病毒的核酸和蛋白体均为配体，能和配阳离子作用，生成生物金属配合物。配阳离子和（或）细胞外病毒作用，或占据细胞表面防止病毒的吸附，或防止病毒在细胞内的再生，从而阻止病毒的增殖。抗病毒的配合物一般是以二价的Ⅶ、Ⅷ族过渡金属作中心原子，以1,10-菲绕啉或其他乙酰丙酮为配体的配合物。

三、抗癌药物

1969年美国科学家Rosenberg发现的顺式二氯·二氨合铂(Ⅱ)（简称顺铂）具有广谱且较高的抗癌活性，为第一代抗癌药物，取得了良好的疗效。该配合物具有脂溶性载体配体 NH_3，可顺利地通过细胞膜的脂质层进入癌细胞内。进入癌细胞的顺式二氯·二氨合铂(Ⅱ)，由于有可取代配体 Cl^- 存在，Cl^- 即被配位能力更强的DNA中的配位原子所取代，进而破坏癌细胞的DNA的复制能力，抑制了癌细胞的生长。在配合物顺式二氯·二氨合铂(Ⅱ)结构模式的启发下，人们广泛开展了研制抗癌金属配合物的探索工作。研究表明，凡具有顺式结构 $[Pt(Ⅱ)A_2X_2]$（A为胺类，X为酸根）的中性配合物均具有抗癌活性。例如，我国南京大学配位化学研究所经过多年的悉心研究，制得了一种水溶性大，抗癌活性与顺铂相近，而肾毒性小于顺铂的新配合物 $[Pt(TMCPDA)(Ac\text{-}Cl)_2]$（TMCPDA代表1,2,2′-三甲基-1,3-环戊二胺，Ac-Cl代表氯乙酸根）。此外，研究表明，金属茂类络合物、钌配合物、有机锗配合物、有机锡配合物等也具有一定的抗癌活性。虽然现在已经合成、筛选了一些金属抗癌配合物，并已经或正在应用于临床。但这些药物一方面抗肿瘤有一定的局限性，另一方面，有不同程度的毒副作用和持续时间短等缺点，因此，设计、筛选、合成新一代高效、广谱、低毒、持续时间长的抗癌药物，仍为当前努力的方向。

四、临床生化检验

由于离子在形成配合物时，常显示某种特征的颜色，故可用于离子的定性检验，有时还可根据显色的深浅进行定量分析。例如，要检验体内是否含有有机汞农药，可将试样酸化后，加入二苯胺脲醇溶液，若出现紫色或蓝紫色，则证明有汞存在；尿中铅含量的测定，常用二硫腙与 Pb^{2+} 离子生成红色螯合物，然后进行比色分析；血清中铁含量的测定是先用 Na_2SO_3 将 Fe^{3+} 离子还原为 Fe^{2+} 离子，然后与 α,α'-双吡啶生成红色 α,α'-双吡啶-铁螯合物，再进行比色分析；血清中铜含量的测定是先用三氯乙酸除去蛋白质，然后在溶液中加入铜试剂（二乙胺基二硫代甲酸钠），Cu^{2+}与其作用生成黄色配合物，用比色法测定其含量。

知识链接

其他配合物药物

许多药物本身就是配合物。例如，治疗糖尿病的胰岛素是锌配合物；抗恶性贫血的维生素B_{12}是钴配合物；治疗缺铁性贫血的枸橼酸铁铵是铁的配合物；酒石酸锑钾可以治疗血吸虫病；8-羟基喹啉的铜、铁配合物有明显的抗菌作用；抗风湿药物如阿司匹林及水杨酸衍生物等与铜形成配合物后疗效大增等。特别值得提出的是，我国采用口服剂量的亚硒酸钠对地方性心肌病——克山病的防治取得了显著的成效，有关的研究单位荣获了国际生物无机化学协会授予的1984年“施瓦茨奖”。

目标检测

一、选择题

1. 下列命名错误的是（　　）
   A. $[CoCl_2(NH_3)_4]^+$，二氯·四氨合钴（Ⅲ）离子
   B. $[Ag(NH_3)_2]NO_3$，硝酸二氨合银（Ⅰ）
   C. $K_2[PtCl_6]$，六氯合铂（Ⅳ）酸钾
   D. $K_3[Fe(CN)_6]$，六氰合铁（Ⅱ）酸钾
   E. $[Cu(NH_3)_4]SO_4$，硫酸四氨合铜
2. 下列配合物中属于弱电解质的是（　　）
   A. $[Ag(NH_3)_2]Cl$　　B. $[Ni(CO)_4]$
   C. $[Co(en)_3]Cl_3$　　D. $K_3[FeF_6]$
   E. $[Cu(NH_3)_4]SO_4$
3. 在配合物中，中心原子的杂化轨道类型属于内轨型的是（　　）
   A. sp^3d^2杂化　　B. dsp^2杂化
   C. sp^3杂化　　D. sp杂化
   E. sp^2杂化
4. 氨水溶液不能装在铜质容器中，其原因是（　　）
   A. 发生置换反应
   B. 发生还原反应
   C. 发生氧化反应
   D. 发生配位反应，生成$[Cu(NH_3)_4]^{2+}$，使铜不断被空气氧化、溶解
   E. 发生氧化还原反应
5. 下列配离子的中心原子采用sp杂化呈直线型的是（　　）
   A. $[Cu(en)_2]^{2+}$　　B. $[Ag(CN)_2]^-$
   C. $[Zn(NH_3)_4]^{2+}$　　D. $[Hg(CN)_4]^{2-}$
   E. $[Cu(NH_3)_4]SO_4$
6. 在配合物中$K[Co(en)(C_2O_4)_2]$，中心原子的电荷数及配位数分别是（　　）
   A. +3和3　　B. +1和3
   C. +1和4　　D. +3和6
   D. +4和6
7. 下列说法中错误的是（　　）
   A. 螯合物的配体是多齿配体，与中心原子形成环状结构
   B. 螯合物中螯合环越多越稳定
   C. 螯合物中以五原子或六原子螯合环比较稳定
   D. 螯合物中的配位原子间隔越远越稳定
   E. 一般螯合物比非螯合物的稳定性要高
8. 在配位平衡$Cu^{2+}+4NH_3 \rightleftharpoons [Cu(NH_3)_4]^{2+}$中，增加酸度，则平衡将（　　）
   A. 不移动　　B. 向右移动
   C. 向左移动　　D. 无法判断
   E. 沉淀析出
9. 某金属离子生成的两种配合物的磁矩分别为μ=4.90M.B和0，则该金属可能是（　　）
   A. Cr^{3+}　　B. Mn^{2+}
   C. Mn^{3+}　　D. Fe^{2+}
   E. Fe^{3+}
10. 临床上，常用EDTA二钠钙盐（记为$CaNa_2Y$）作为铅中毒的解毒剂，是由于（　　）
    A. $CaNa_2Y$可以与铅螯合形成可溶性的CaPbY排出体外
    B. $CaNa_2Y$可以与铅螯合形成可溶性的PbY^{2-}排出体外，而且防止血浆中钙浓度降低
    C. $CaNa_2Y$溶解度比Na_4Y大
    D. $CaNa_2Y$可以增大Y^{4-}对Pb^{2+}的螯合能力

E. $CaNa_2Y$ 溶解度比 Na_4Y 小

二、命名下列配离子和配合物，并指出中心原子、配体、配位原子和配位数

1. $Na_3[Ag(S_2O_3)_2]$　2. $[Co(en)_3]_2(SO_4)_3$
3. $H[Al(OH)_4]$　4. $Na_2[SiF_6]$
5. $[PtCl_5(NH_3)]$　6. $[Pt(NH_3)_4(NO_2)Cl]$
7. $[Co(ONO)(NH_3)_5]SO_4$
8. $[Co(NCS)(NH_3)_5]Cl_2$

三、写出下列配合物的化学式

1. 六氯合铂(Ⅱ)酸钾
2. 硫酸氯·硝基·二乙二胺合铂(Ⅳ)
3. 二氯·四硫氰根合铬(Ⅲ)酸铵
4. 五羰基合铁

四、判断下列反应进行的方向，并指出哪个反应正向进行的最完全

1. $[Cu(NH_3)_4]^{2+} + Zn^{2+} \rightleftharpoons [Zn(NH_3)_4]^{2+} + Cu^{2+}$
2. $[HgCl_4]^{2-} + 4I^- \rightleftharpoons [HgI_4]^{2-} + 4Cl^-$
3. $[Hg(NH_3)_4]^{2+} + Y^{4-} \rightleftharpoons HgY^{2-} + 4NH_3$
4. $[Fe(CN)_6]^{3-} + 3C_2O_4^{2-} \rightleftharpoons [Fe(C_2O_4)_3]^{3-} + 6CN^-$

五、计算题

1. 在298 K时，$[Ni(NH_3)_6]^{2+}$溶液中，$c([Ni(NH_3)_6]^{2+})$为0.10 mol/L，$c(NH_3)$为1.0 mol/L，加入乙二胺(en)后，使开始时 $c(en)$ 为 2.30 mol/L，计算平衡时，溶液中$[Ni(NH_3)_6]^{2+}$、NH_3、$[Ni(en)_3]^{2+}$和 en 的浓度。
2. 向 50 ml 浓度为 0.10 mol/L $AgNO_3$溶液中加入质量分数为 18.3%($\rho = 0.929$ kg/L)的氨水 30 ml，然后用水稀释至 100 ml，求：
(1) 溶液中 Ag^+、$[Ag(NH_3)_2]^+$、NH_3的浓度；
(2) 加 0.100 mol/L KCl 溶液 10 ml 时，是否有 AgCl 沉淀生成？通过计算指出，溶液中无 AgCl 沉淀生成时，NH_3的最低平衡浓度应为多少？
3. 298K 时，在 1 L 浓度为 0.05 mol/L $AgNO_3$过量氨水溶液中，加入 KCl 固体，使 Cl^-的浓度为 9×10^{-3} mol/L(忽略因加入固体而引起的体积变化)，回答下列各问：
(1) 298 K 时，为了阻止 AgCl 沉淀生成，上述溶液中 NH_3分子浓度至少应为多少？
(2) 298 K 时，上述溶液中各成分的平衡浓度各为多少？
(3) 298 K 时，上述溶液中 $\varphi([Ag(NH_3)_2]^+/Ag)$为多少？

(李炎武)

第9章 常见非金属元素及其化合物

学习目标

1. 掌握:常见的非金属元素及其化合物的性质。
2. 熟悉:常见非金属化合物的通性。
3. 了解:常见非金属化合物在医学上的应用。

在元素周期表中,除氢外,ⅢA~ⅦA 族的右上角,从硼到砹,属于 P 区元素,这些元素均称为非金属元素。

第1节 卤族元素

元素周期表中第ⅦA 族包括氟(F)、氯(Cl)、溴(Br)、碘(I)、砹(At)五种元素,称为卤族元素,简称卤素。价电子构型为 ns^2np^5,除砹外,电负性都较大,得到电子的能力从大到小的顺序为:F>Cl>Br>I。卤素的希腊文原意是成盐元素,因为它们都能与金属直接化合生成典型的盐。卤素在自然界中分布广泛,一般以卤素化合物形式存在,如海水、盐矿中均含有丰富的 NaCl、KCl 等氯化物;少量的溴化物常与氯化物共存;碘主要存在于海水和海洋生物中;砹是一种放射性元素,在自然界中含量很少。

一、卤化氢和卤化物

(一) 卤化氢

氟、氯、溴、碘都能与氢气直接化合,生成卤化氢(HX)。生成的氟化氢、氯化氢、溴化氢、碘化氢在室温下均为无色、具有强烈刺激性气味、有毒的气体。其中氟化氢的毒性最大。卤化物的稳定性从大到小的顺序为 HF>HCl>HBr>HI。HX 易溶于水,其水溶液称为氢卤酸,除氢氟酸是弱酸外,其余氢氯酸、氢溴酸、氢碘酸均为强酸,氢卤酸的酸性从大到小的顺序为 HI>HBr>HCl>HF。卤化氢具有还原性,其还原性从大到小的顺序为 HI>HBr>HCl>HF。

(二) 卤化物

卤素和电负性较小的元素生成的化合物称为卤化物。卤化物又可分为金属卤化物和非金属卤化物两大类。

1. 非金属卤化物 非金属如硼、碳、硅、氮、磷等的卤化物都是以共价键结合,具有挥发性,有较低的熔点和沸点,有的不溶于水(如 CCl_4、SiF_6),溶于水的往往发生强烈水解反应(如 $AlCl_3$)。

2. 金属卤化物　是指金属与卤素所形成的简单化合物。金属卤化物中，卤素与金属之间所形成的价键类型，主要与离子极化相关。

典型的离子型卤化物包括碱金属、碱土金属及较活泼金属、镧系和锕系元素的低价态卤化物，如 NaCl、CaF_2、$BaCl_2$、$FeCl_2$、$CeCl_3$ 等。而大多数金属的高价态卤化物，表现出较大的共价化合物的性质，如 $AlCl_3$、$FeCl_3$、$SnCl_4$、$TiCl_4$ 等。

离子型卤化物大多易溶于水，共价型卤化物易溶于有机溶剂。常见金属卤化物有：

（1）NaCl：俗名食盐。纯的氯化钠是无色透明的晶体，常见的为白色结晶性粉末。氯化钠是人体正常生理活动不可缺少的物质，所以每天要摄入适量食盐来补充通过尿液、汗液等排泄掉的氯化钠。临床上用的生理盐水是浓度为 9g/L 的氯化钠溶液，用于出血过多、严重腹泻等引起的脱水病症，也可用来洗涤伤口。

（2）KCl：是无色晶体，农业上用作钾肥。医药上用于低血钾的治疗，亦可用作利尿药。

（3）$CaCl_2$：通常为含结晶水的无色晶体，加热后会失去结晶水，成为白色的无水氯化钙。$CaCl_2$ 有很强的吸水性，常用作干燥剂。医药上用于钙缺乏症，也可用作抗过敏药。

（4）NaBr：是白色结晶性粉末，具有吸湿性，易潮解。医药上用作镇静剂。

（5）KI：是白色晶体或结晶性粉末，具有微弱的吸湿性。医药上用于治疗甲状腺肿大和配制碘酒。

3. 卤素离子的检验　多数金属卤化物为白色晶体，易溶于水。但卤化银除 AgF 外一般难溶于水，不溶于稀硝酸，并具有不同的颜色。可利用这一特性来检验卤素离子。

二、含氧酸及其盐

卤素含氧酸根据其卤素氧化值不同从而具有不同的形式：XOH、HXO_2、HXO_3、HXO_4，卤素含氧酸都是氧化剂。除 F 外，卤素均可形成正氧化数的含氧酸及其盐。卤素的各种氧化值对应的含氧酸见表 9-1。

表 9-1　卤素的各种氧化值对应的含氧酸

氧化值	Cl	Br	I	含氧酸名称
+1	HClO	HBrO	HIO	次卤酸
+3	$HClO_2$	$HBrO_2$	—	亚卤酸
+5	$HClO_3$	$HBrO_3$	HIO_3	卤酸
+7	$HClO_4$	$HBrO_4$	HIO_4	高卤酸

（一）次卤酸（HOX）及其盐（XO^-）

1. 次卤酸的性质　酸性、氧化性、稳定性从大到小的顺序均为 HClO>HBrO>HIO。次卤酸均不稳定，易分解，只存在于水溶液中。

$$2HXO \xlongequal{\text{光照}} 2HX + O_2$$

$$3\ HXO \xlongequal{\text{加热}} 2HX + HXO_3$$

HClO 具有不稳定性和强氧化性，可用于杀菌和漂白。

2. 次卤酸盐的性质　所有盐均溶于水，且水解后溶液显碱性：

$$XO^- + H_2O \rightleftharpoons HXO + OH^-$$

次卤酸盐氧化性、稳定性大小的顺序均为：$ClO^- > BrO^- > IO^-$。

在次卤酸盐中次卤酸钙是漂白粉的主要成分。工业上可用氯气跟氢氧化钙制取漂白粉，漂白时加酸，生成 HClO，有强氧化性，具有漂白、消毒作用。

（二）亚卤酸（HXO_2）及其盐（XO_2^-）

亚卤酸的酸性、氧化性均强于次卤酸。

（三）卤酸（HXO_3）及其盐（XO_3^-）

1. 卤酸氧化性 从大到小的顺序为：$HBrO_3 > HClO_3 > HIO_3$，稳定性从大到小的顺序为：$HIO_3 > HBrO_3 > HClO_3$。

2. 卤酸盐的性质 卤酸盐在酸性溶液中为强氧化剂，中性、碱性溶液中氧化能力极弱。

$$2BrO_3^- + I_2 = 2IO_3^- + Br_2$$

$$2BrO_3^- + Cl_2 = 2ClO_3^- + Br_2$$

所有氯酸盐都溶于水，K^+、Rb^+、Cs^+、NH_4^+ 的氯酸盐溶解度较小；Ag^+、Ba^{2+}、Pb^{2+}、Hg_2^{2+} 的溴酸盐易溶于水；除碱金属外，其余碘酸盐难溶于水。卤酸盐溶解性从大到小的顺序为：$MClO_3 > MBrO_3 > MIO_3$。

固体 $KClO_3$ 是强氧化剂，遇易燃物 S、C、P 及有机物等碰撞易爆，常用于制火柴、信号弹、礼花等。

（四）高卤酸（HXO_4）及其盐（XO_4^-）

1. 高卤酸（HXO_4）性质 纯态的 $HClO_4$ 为无色液体，不稳定，易爆，稀溶液稳定；酸性为已知无机酸中最强的；浓、热的为强氧化剂，稀、冷溶液几乎无氧化性。高卤酸酸性从大到小的顺序为：$HClO_4 > HBrO_4 > HIO_4$，氧化性从大到小的顺序为：$HIO_4 > HBrO_4 > HClO_4$

$$2Mn^{2+} + 5IO_4^- + 3H_2O = 2MnO_4^- + 5IO_3^- + 6H^+$$

2. 高卤酸盐的性质 氯的含氧酸盐最稳定，中性溶液无氧化性，酸化后有氧化性。溶解性类同 $MClO_3$，K^+、Rb^+、Cs^+、NH_4^+ 的高氯酸盐溶解度很小。

三、拟卤素

氰 $(CN)_2$、硫氰 $(SCN)_2$、氧氰 $(OCN)_2$、硒氰 $(SeCN)_2$ 等物质，其性质与卤素单质 X_2 的性质相似，而且它们相应的阴离子氰离子（CN^-）、硫氰酸根（SCN^-）、氧氰酸根（OCN^-）的性质也与卤素阴离子 X^- 的性质相似，我们把这类物质称为“拟卤素”。拟卤素和卤素性质相似是因为它们有相似的外层电子结构，如硫氰的单体 SCN，其价电子总和为 15，最外层为 7 个电子。

（一）拟卤素的性质

拟卤素可以和金属、非金属、水、碱等发生与卤素单质 X_2 相类似的化学反应。因此，模仿 X_2 发生的化学反应，可以写出拟卤素发生的对应的化学反应方程式。

1. 与金属的反应

$$2Fe + 3(SCN)_2 = 2Fe(SCN)_3 \text{（硫氰化铁）}$$

2. 与卤素单质的置换反应

$$Cl_2 + 2KSCN\text{（硫氰化钾）} = 2KCl + (SCN)_2$$

3. 与氢气反应生成氢某酸

$$(SCN)_2 + H_2 \xlongequal{\text{点燃}} 2HSCN$$

但该酸酸性一般比氢卤酸弱，其中氢氰酸（HCN）酸性最弱。

4. 与水发生歧化反应

$$(SCN)_2 + H_2O \xlongequal{} HSCN + HSCNO$$

5. 与碱的反应

$$(SCN)_2 + 2NaOH \xlongequal{} NaSCN + NaSCNO + H_2O$$

（二）常见的拟卤酸及其盐

1. 氢氰酸及氰化物　氰$(CN)_2$与氢气作用生成氰化氢（HCN）。氰化氢是一种无色挥发性气体，有剧毒，易溶于水，其水溶液称为氢氰酸，氢氰酸是一种弱酸。

氢氰酸的盐称为氰化物。CN^-离子具有配位性，NaCN、KCN 在冶金工业中用于从矿物中提取金、银等贵重金属。NaCN 和 KCN 也是有机药物合成的重要原料和实验室的常用试剂。

2. 硫氰化物　又称硫氰酸盐。大多数硫氰酸盐易溶于水，一些贵重金属硫氰化物如 AgSCN、$Pb(SCN)_2$、$Hg(SCN)_2$等难溶于水。常见的硫氰酸盐有 KSCN、NaSCN、NH_4SCN。硫氰酸根离子能与许多过渡金属离子形成配合物，如与Fe^{3+}离子生成血红色的配合物。

$$Fe^{3+} + 6SCN^- \rightleftharpoons [Fe(SCN)_6]^{3-}$$

此反应常用于Fe^{3+}或SCN^-的检验。

知识链接

氰化物中毒及解毒

（一）氰化物中毒

1. 中毒原因　无机和有机氰化物在工农业生产中应用广泛，尤其是电镀工业常用氰化物，故易获得。民间常有食用大量处理不当或未经处理的苦杏仁、木薯而致意外中毒者。

2. 毒理作用　氰化物进入机体后分解出具有毒性的氰离子（CN^-），氰离子能抑制组织细胞内 42 种酶的活性，如细胞色素氧化酶、过氧化物酶、脱羧酶、琥珀酸脱氢酶及乳酸脱氢酶等。其中，细胞色素氧化酶对氰化物最为敏感。氰离子能迅速与氧化型细胞色素氧化酶中的三价铁离子结合，以阻止其还原成二价铁离子，使传递电子的氧化过程中断，组织细胞不能利用血液中的氧而造成内窒息。中枢神经系统对缺氧最敏感，故大脑首先受损，导致中枢性呼吸衰竭而死亡。此外，氰化物在消化道中释放出的氢氧离子具有腐蚀作用。吸入高浓度氰化氢或吞服大量氰化物者，可在 2~3 分钟内呼吸停止，呈“电击样”死亡。

3. 中毒途径　氰化物的中毒途径有多种，可经皮肤吸收、由伤口侵入、误食或经呼吸道进入体内。因此使用时要特别谨慎。

（二）氰化物解毒

应用适量的高铁血红蛋白生成剂（亚硫酸异戊酯），使体内形成一定量的高铁血红蛋白，利用高铁血红蛋白的Fe^{3+}与血液中的CN^-络合成不太稳定的氰化高铁血红蛋白。血中的CN^-被结合后，组织与血液间CN^-含量平衡破坏，组织中高浓度的CN^-又回到血液中，继续与高铁血红蛋白结合，使组织中的细胞色素氧化酶活性逐渐恢复。再迅速给予供硫剂硫代硫酸钠，在体内硫氰酸酶的作用下，氰离子转变为硫氰酸盐，经尿排出。

第2节 氧族元素

氧族元素有氧(O)、硫(S)、硒(Se)、碲(Te)和钋(Po)。在元素周期表中处于ⅥA族。氧是地球表面丰度最大的元素,它既以自由单质O_2分子形式存在,也以化合态的形式存在。氧构成了大气质量的23%,岩石质量的46%,水层质量的85%以上。

硫在自然界占地壳质量的0.034%,元素丰度序中居第16位,火山多发地区常含有单质硫;天然气中的H_2S、原油中的有机硫化合物和煤中的有机硫化合物;硫铁矿和其他金属硫化物矿及硫酸盐。另外硫也存在于许多植物、动物蛋白中,在三种主要的氨基酸半胱氨酸、胱氨酸、蛋氨酸中含有硫。

硒和碲存在于金属硫化物矿中,制备硒和碲的主要原料是电解法精炼铜的阳极泥;在硫化物矿焙烧的烟道气中出尘时,也可回收硒和碲。

钋,是居里夫人在铀矿和钍(Th)矿中发现,为放射性元素。

一、臭氧与过氧化氢

(一) 臭氧(O_3)

臭氧(O_3)和氧气(O_2)是由同一种元素组成的不同单质,互称为同素异形体。常温、常压下,臭氧是一种有特殊臭味(鱼腥味)的淡蓝色气体,它的密度比氧气大,比氧气易溶于水,在161K时,凝结为液态,液态臭氧呈深蓝色,在80K时,凝结为固态,固态臭氧呈紫黑色,水中的溶解度是氧气的10倍。臭氧的氧化能力比氧气强得多,稳定性小于氧气。

在离地面20~40km处有个臭氧层,进行着臭氧的形成和分解反应,正是臭氧层吸收了高空紫外线的强辐射,使地球上的生物免遭伤害,可以说,没有臭氧层就没有生机盎然的地球。但近来大气污染物氟氯烃和氮氧化物的不断增加使臭氧层遭到破坏。臭氧在处理工业废水中有广泛用途,不但可以分解不易降解的多氯联苯、苯酚、萘等多种芳烃和不饱和链烃,而且还能使发色团如重氮、偶氮等的双键断裂,臭氧对亲水性染料的脱色效果也很好,所以它是一种优良的污水净化剂、脱色剂、饮用水消毒剂。

$$O_2+h\upsilon(\lambda=242nm)\longrightarrow O+O$$

$$O+O_2\longrightarrow O_3$$

$$O_3+h\upsilon(\lambda=220\text{-}320nm)\longrightarrow O+O_2$$

很微量的臭氧使人产生爽快和振奋的感觉,微量的臭氧能消毒杀菌,能刺激中枢神经,加速血液循环。但空气中臭氧含量超过1ppm时,不仅对人体有害,而且对庄稼及其他暴露在大气中的物质也有害,它的破坏性也是基于它的强氧化性。

(二) 过氧化氢(H_2O_2)

纯的H_2O_2是一种淡蓝色的黏稠液体,能跟水互溶,过氧化氢的水溶液俗称双氧水。H_2O_2不稳定,容易分解,在酸介质中H_2O_2是一种强氧化剂,碱介质中是强还原剂,用它作氧化剂或还原剂,不会给体系带来杂质。H_2O_2最主要的用途是漂白和杀菌消毒,医疗上常用3%的H_2O_2溶液消毒杀菌。

在酸性溶液中H_2O_2能使重铬酸盐生成蓝色的二过氧合铬的氧化物,即$CrO(O_2)_2$或

CrO_3,在乙醚中比较稳定,检验时在乙醚层中显蓝色,可以相互检验。

$$4H_2O_2 + H_2Cr_2O_7 = 5H_2O + 2CrO(O_2)_2\text{(蓝色加合物)}$$

$$2CrO_5 + 7H_2O_2 + 6H^+ = 2Cr^{3+} + 7O_2\uparrow + 10H_2O$$

$$\text{或:}4CrO_5 + 12H^+ = 4Cr^{3+} + 7O_2\uparrow + 6H_2O$$

二、硫的化合物

(一) 硫化氢(H_2S)

具有臭鸡蛋气味的有毒气体,比空气略重。饱和的硫化氢的水溶液浓度为 0.1mol/L,其水溶称为氢硫酸。由于 H_2S 有毒,制备时要注意通风。另外硫化氢水溶液易被空气中的氧气氧化,所以要现配现用。氢硫酸为二元弱酸,具有还原性。

1. 弱酸性

$$H_2S \rightleftharpoons H^+ + HS^- \qquad HS^- \rightleftharpoons H^+ + S^{2-}$$

2. 还原性

$$H_2S + I_2 = 2HI + S\downarrow \qquad H_2S + Br_2 + 4H_2O = H_2SO_4 + 8HBr$$

(二) 硫的含氧酸及盐

1. 亚硫酸及盐 二氧化硫的水溶液称为亚硫酸,它是一种二元弱酸。

$$SO_2 + H_2O \rightleftharpoons H_2SO_3 \rightleftharpoons H^+ + HSO_3^-$$

在酸性介质中 H_2SO_3 的氧化性不强,而在碱性介质中还原性很强,亚硫酸及其盐主要表现还原性,生成氧化数为+6 的硫酸或硫酸盐。在医药上亚硫酸可作为卤素中毒的解毒剂。$NaHSO_3$ 大量用于染料工业,漂白织物时的去氯剂。$NaHSO_3$ 还可以作为抗氧剂用于注射剂中,以保护药品中主要成分不被氧化。

2. 硫酸及盐 三氧化硫的水溶液称为硫酸,纯硫酸是无色的油状液体,283.4K 时凝固。在液态和固态的硫酸分子间都存在着氢键,所以属于高沸点酸。我们通常所说的浓硫酸的浓度是 98%(18 mol/L),可用来制低沸点酸,有吸水性(做干燥剂)、脱水性和氧化性。硫酸是化学工业中一种重要的化工原料。往往用硫酸的年产量来衡量一个国家的化工生产能力。硫酸大量用于肥料工业中制造过磷酸钙和硫酸铵;还大量用于石油的精炼上,炸药的生产上及制造各种矾、染料、颜料、药物等。

硫酸盐的种类很多,有的在医药上应用较广。硫酸的所有酸式盐和大部分的正盐都易溶于水。硫酸的固体盐中常常含有结晶水而形成矾。大多数矾和一些硫酸盐在医疗上有重要作用。硫酸盐及结晶水合物在医疗上用途如表 9-2 所示。

表 9-2 部分硫酸盐及其结晶水合物一览表

名称	化学式	在医药上的用途
芒硝	$Na_2SO_4\cdot 10H_2O$	用作泻药,还可作为钡盐和铅盐中毒时毒剂
石膏	$CaSO_4\cdot 2H_2O$	制作石膏绷带
泻盐	$MgSO_4\cdot 7H_2O$	内服用作泻剂,注射时用作解痉剂
皓矾	$ZnSO_4\cdot 7H_2O$	用作收敛剂和治疗沙眼
硫酸钡	$BaSO_4$	用作 X 线透视肠胃时的内服造影剂,钡餐
胆矾	$CuSO_4\cdot 5H_2O$	可作催吐剂、治疗磷中毒及沙眼等
绿矾	$FeSO_4\cdot 7H_2O$	用于治疗缺铁性贫血症

第3节 氮族元素

氮族元素包括氮(N)、磷(P)、砷(As)、锑(Sb)、铋(Bi),在元素周期表中位于VA族。该族元素在周期表中从上到下由典型的非金属元素过渡到典型的金属元素。其中氮(N)、磷(P)是典型的非金属元素,砷(As)、锑(Sb)是两性元素,氮族元素原子的价电子构型为 ns^2np^3,主要形成-3、+3,+5 三个氧化数的化合物,氮族元素中的典型元素是氮,能表现出较显著的还原性。

一、氨和铵盐

(一) 氨(NH_3)

氨气是一种无色有刺激性气味的气体。在标准状况下,氨的密度比空气轻。很容易液化,在常压下冷却到-33.4℃,气态氨就凝结为液体,同时放出大量的热。液态氨蒸发时,要吸收大量的热,而使它的周围温度急剧降低,因此氨是常用的制冷剂。氨极易溶于水,常温常压下 1 体积水约溶解 700 体积的氨。氨的水溶液称为氨水。

氨的化学性质相当活泼,能跟水、酸、氧化剂等作用。

(1) 氨跟水反应生成一水合氨($NH_3 \cdot H_2O$),$NH_3 \cdot H_2O$ 部分电离生成铵离子(NH_4^+)和氢氧根离子(OH^-),因此氨水显弱碱性。

$$NH_3 + H_2O \rightleftharpoons NH_3 \cdot H_2O \rightleftharpoons NH_4^+ + OH^-$$

一水合氨不稳定,受热容易发生分解生成氨气和水。

$$NH_3 \cdot H_2O \xlongequal{加热} NH_3 \uparrow + H_2O$$

(2) 氨跟酸反应,生成铵盐。例如,氨跟盐酸、硫酸反应分别生成氯化铵、硫酸铵。

$$NH_3 + HCl \xlongequal{} NH_4Cl$$

$$2NH_3 + H_2SO_4 \xlongequal{} (NH_4)_2SO_4$$

(3) 氨还具有还原性,能跟许多氧化剂(Cl_2、$KMnO_4$、H_2O_2)反应。例如,氨气跟 Cl_2 作用生成 N_2 和 HCl。

$$2NH_3 + 3Cl_2 \xlongequal{} N_2 + 6HCl$$

氨是一种重要的化工产品,不仅是氮肥工业的基础,同时又是制造硝酸、铵盐及有机合成工业(如合成尿素、纤维、塑料、染料等)的重要原料。氨是一种常用的制冷剂。氨在医药上用作兴奋剂和消毒剂。

(二) 铵盐

铵盐可由氨跟酸作用制取,铵盐为结晶性粉末,能溶于水。铵盐的化学性质主要体现在以下两个方面:

(1) 铵盐受热容易发生分解,分解产物常与组成的酸有关。如果生成的酸是挥发性酸,则生成的氨和酸遇冷又重新结合成铵盐。

$$NH_4Cl \xlongequal{加热} NH_3 \uparrow + HCl$$

$$(NH_4)_2SO_4 \xlongequal{加热} NH_3 \uparrow + NH_4HSO_4$$

NH_4NO_3受热分解生成的硝酸具有氧化性，使分解产生的氨气进一步氧化。

$$2NH_4NO_3 \xlongequal{加热} 2N_2 + O_2\uparrow + 4H_2O$$

（2）铵盐跟碱作用生成氨气及相应的盐。

$$NH_4Cl + NaOH \xlongequal{} NaCl + NH_3\uparrow + H_2O$$

$$(NH_4)_2SO_4 + 2KOH \xlongequal{} K_2SO_4 + 2NH_3\uparrow + 2H_2O$$

实验室可用铵盐与碱作用来制备氨气和检验铵离子的存在。这也是检验铵盐的特效反应。

铵盐在工农业生产上有重要的用途，硝酸铵可用来制取炸药。氯化铵在医药上用作祛痰剂，氯化铵溶液可治疗碱中毒。在农业上硫酸铵、硝酸铵、碳酸氢铵作为化学肥料。

二、硝酸及其盐

（一）硝酸

纯硝酸是无色透明有刺激性气味的液体，易挥发。硝酸与水能以任意比混溶。市售浓硝酸为恒沸混合物，质量分数为 69.2%。质量分数在 98% 以上的浓硝酸极易挥发，在空气中产生酸雾，通常称为发烟硝酸。

硝酸是一种强酸，除了具有酸的通性外，还具有以下性质。

1. 不稳定性 硝酸不稳定，见光或受热容易发生分解。为防止硝酸分解变质，实验室通常把浓硝酸盛于棕色瓶中，置于低温、阴凉处保存。

$$4HNO_3 \xlongequal{} 4NO_2 + O_2\uparrow + 2H_2O$$

2. 氧化性 不管是稀硝酸还是浓硝酸均具有强氧化性。硝酸几乎可以氧化所有金属（除 Au、Pt 等贵重金属外）。

浓硝酸与浓盐酸按 1∶3 的体积比混合可以制成具有强腐蚀性的王水。王水是一种比硝酸的氧化性更强的氧化剂，能溶解一些不溶于硝酸的金属（如 Au、Pt 等）。

硝酸在工业上主要以氨氧化法生产，用以制造化肥、炸药、硝酸盐等；在有机化学中，浓硝酸与浓硫酸的混合液是重要的硝化试剂。

（二）硝酸盐

硝酸盐通常由硝酸跟金属作用制得，硝酸的浓度不同，跟金属作用产生的还原产物不同。一般说来，浓硝酸的主要还原产物是 NO_2，稀硝酸的主要还原产物是 NO，但如果是跟活泼金属（如 Zn）反应，其主要还原产物是 N_2O。例如：

$$3Cu + 8HNO_3(稀) \xlongequal{} 3Cu(NO_3)_2 + 2NO\uparrow + 4H_2O$$

$$Cu + 4HNO_3(浓) \xlongequal{} Cu(NO_3)_2 + 2NO_2\uparrow + 2H_2O$$

$$Zn + 10HNO_3(稀) \xlongequal{} 4Zn(NO_3)_2 + N_2O\uparrow + 5H_2O$$

硝酸盐都是离子化合物，大多溶于水，硝酸根离子无色，硝酸盐的颜色决定于正离子的颜色。硝酸盐的中性或碱性溶液中几乎无氧化性，而在酸性溶液中显示出较强的氧化性。

硝酸盐受热容易发生分解放出氧气，硝酸盐与可燃性物质混合在一起，引燃后会迅速燃烧，产生大量气体，引起体积膨胀。根据这种性质，硝酸盐可用于焰火和黑火药的制造。保存硝酸盐时要谨慎。

三、磷和砷

（一）磷的主要含氧酸及盐

1. 磷的主要含氧酸 为磷酸（H_3PO_4），市售磷酸是含 85% H_3PO_4的黏稠状浓溶液，磷酸与水能以任意比混溶。磷酸在空气中容易发生潮解。

磷酸是一种中强酸，除了具有酸的通性而外，磷酸受强热时还能脱水，依次生成焦磷酸（$H_4P_2O_7$）、三磷酸（$H_5P_3O_{10}$）和多聚的环状结构的偏磷酸[$(HPO_3)_4$]。

磷酸主要用于制药、食品、肥料等工业，也可用作化学试剂。磷酸是食品添加剂之一，在食品中作为酸味剂、酵母营养剂，可口可乐中就含有磷酸。在医学上磷酸可用于制取含磷药物，如甘油磷酸钠等。

2. 磷酸盐 磷酸的含氧酸盐有三种：磷酸正盐、磷酸一氢盐和磷酸二氢盐。磷酸正盐和磷酸一氢盐中仅钠盐、钾盐和铵盐易溶于水，其余磷酸盐难溶于水，而所有磷酸二氢盐易溶于水。磷酸正盐、磷酸一氢盐和磷酸二氢盐可以互相转化，向磷酸中滴加碱液，随着碱液的增多，先后生成磷酸二氢盐、磷酸一氢盐、磷酸盐。向磷酸盐溶液中滴加强酸，随着酸的增多，先后生成磷酸一氢盐、磷酸二氢盐、磷酸。磷酸盐是人体血液缓冲溶液的重要成分。磷酸根离子与过量钼酸铵的浓硝酸溶液作用析出淡黄色的磷钼酸铵晶体。这是鉴定磷酸根离子的特征反应。

$$PO_4^{3-} + 12MoO_4^{2-} + 3NH_4^+ + 24H^+ = (NH_4)_3[P(Mo_{12}O_{40})] \cdot 6H_2O\downarrow + 6H_2O$$

磷酸盐是几乎所有食物的天然成分之一，作为重要的食品配料和功能添加剂被广泛用于食品加工中，可作为营养增强剂。在无机化学、生物化学及生物地质化学上是很重要的物质。

（二）砷的化合物

砷的氢化物胂（AsH_3）有大蒜气味，在缺氧条件下，AsH_3在玻璃管中受热分解生成亮黑色的砷镜。

$$2AsH_3 = 2As + 3H_2\uparrow$$

利用此反应可检出 0.007mg 的砷，称为马氏（Marsh）试砷法。将 AsH_3通入盛有 $AgNO_3$的试管，在试管壁上可生成银白色的银镜。

利用此反应可检出 0.005mg 的砷，称为古氏（Gutzeit）试砷法。

知识链接

砷的硫化物

古代，As_2S_3和 As_4S_4产于四川成都，As_2S_3产于山阴（山北面）故称为“雌黄”，As_4S_4产于山阳（山南面）故称为“雄黄”。“雌黄”是一种橙黄色的矿物，即鸡冠石，可做原料。古时候，用黄纸书写，如果写错了，拿雌黄一涂就可盖住，还可以再用，在中国古代雌黄被文人用来涂改文字。因此，也将随意改动别人文字的行为称为“信手雌黄”，后来演化为“信口雌黄”，意思是不切实际地胡乱发表意见。

第 4 节 碳、硅、硼

碳（C）、硅（Si）、锗（Ge）、锡（Sn）、铅（Pb）五种元素统称为碳族元素，位于元素周期表中的ⅣA族。碳族元素原子的价电子构型为ns^2np^2，碳(C)、硅(Si)是非金属元素，而锗(Ge)、锡(Sn)、铅(Pb)是典型的金属元素。

硼(B)、铝(Al)、镓(Ga)、铟(In)、铊(Tl)五种元素统称为硼族元素，位于元素周期表中的ⅢA族。硼族元素原子的价电子构型为ns^2np^1，硼(B)是非金属元素，而铝(Al)、镓(Ga)、铟(In)、铊(Tl)是典型的金属元素。

下面着重介绍碳族元素、硼族元素中碳、硅和硼的化合物。

一、碳和硅的化合物

(一) 碳酸(H_2CO_3)及其盐

碳的含氧无机酸只有碳酸，习惯上把二氧化碳的水溶液称为碳酸。碳酸是一种二元弱酸。碳酸是二氧化碳气体溶于水而生成的酸，它的酸性很弱，且极为不稳定，温度稍高一些，便会分解成二氧化碳和水，是一种低沸点酸。碳酸和我们的日常生活有着密切的关系。我们喝的汽水就是一种碳酸饮料。

由于碳酸是二元弱酸，因此可以形成正盐和酸式盐，即碳酸盐和碳酸氢盐。大多数碳酸盐是白色固体，少数碳酸盐有色，如碳酸铜呈蓝色，碳酸锰呈浅棕色。

1. 溶解性 正盐中只有钾盐、钠盐、铵盐能溶于水，而碳酸钡、碳酸钙等不溶于水。所有的酸式盐均能溶于水。对于难溶的碳酸盐，其对应的酸式盐通常比正盐的溶解度大，如碳酸钙难溶，而碳酸氢钙易溶；对于易溶的碳酸盐，其对应的酸式盐溶解度却比较小，主要是由于HCO_3^-离子在溶液中形成了氢键相互缔合。例如，工业上生产碳酸氢铵肥料就是向碳酸铵的浓溶液中通入二氧化碳至饱和。

$$2NH_4^+ + CO_3^{2-} + CO_2 + H_2O = 2NH_4HCO_3$$

2. 稳定性 难溶的碳酸盐、碳酸铵及酸式盐受热易分解；可溶性的碳酸盐较稳定，受热难分解。

3. CO_3^{2-}和HCO_3^-的检验 所有碳酸盐均能跟强酸作用放出CO_2，再用澄清的石灰水检验CO_2。这是检验CO_3^{2-}的特效反应。

$$CaCO_3 + 2HCl = CaCl_2 + CO_2\uparrow + H_2O$$

大多数碳酸盐是重要的化工原料，其中Na_2CO_3(苏打)和$NaHCO_3$(小苏打)广泛应用于医药和食品工业。

(二) 硅的化合物

1. 硅酸 硅酸为组成复杂的白色固体，通常用化学式H_2SiO_3表示。SiO_2即此酸的酸酐，但是SiO_2不溶水，所以不能用SiO_2与水直接作用得到H_2SiO_3，只能用可溶性硅酸盐与酸反应制得，反应的实际过程很复杂。反应式一般写为：

$$SiO_3^{2-} + 2H_2O \rightleftharpoons H_2SiO_3 + 2OH^-$$

H_4SiO_4称为正硅酸，它是个原酸，经过脱水可得到一系列酸，包括偏硅酸和多硅酸。

产物的组成随形成条件的不同而不同，常以通式$xSiO_2 \cdot yH_2O$表示。

正硅酸	H_4SiO_4	$x=1, y=2$
偏硅酸	H_2SiO_3	$x=1, y=1$
二偏硅酸	$H_2Si_2O_5$	$x=2, y=1$
焦硅酸	$H_6Si_2O_7$	$x=2, y=3$

因为在各种硅酸中以偏硅酸的组成最简单，所以常用 H_2SiO_3 式子代表硅酸。硅酸为一个二元弱酸，H_4SiO_4 在水中的溶解度不大，但生成后并不立即沉淀下来，因为开始形成的单分子硅酸能溶于水。当这些单分子硅酸逐渐缩合为多酸时，形成硅酸溶胶。在此溶液中加电解质，或者在适当浓度的硅酸溶液中加酸，则得到半凝固状态、软而透明且有弹性的硅酸凝胶（在多酸骨架里包含有大量的水）。将硅酸凝胶充分洗涤以除去可溶性盐类，干燥脱水后即成为多孔性固体，称为硅胶。它是很好的干燥剂、吸附剂及催化剂载体，对 H_2O、BCl_3、PCl_5 等极性物质都有较强的吸附作用。因为它的吸附作用主要是物理吸附易于再生可反复使用。市售的变色硅胶是将硅酸凝胶用氯化钴溶液浸泡，干燥活化后制得的一种干燥剂。

2. 硅酸盐 除了碱金属以外，其他金属的硅酸盐都不解于水。硅酸钠是最常见的可溶性硅酸盐，可由石英砂与烧碱或纯碱作用而制得。

硅酸钠水解溶液显强碱性，水解产物为二硅酸盐或多硅酸盐：

$$Na_2SiO_3 + 2H_2O = NaH_3SiO_4 + NaOH$$

$$2Na_2SiO_3 = Na_2H_4SiO_7 + H_2O$$

工业上制多硅酸钠的方法是将石英砂、纯碱和煤粉混合后放在反射炉内进行，反应温度为 1373～1623K。1 小时以后，待产物冷却，即得玻璃块状物。这产物常因含有铁盐等杂质而呈灰色或绿色。用水蒸气处理使之熔解成为黏稠液体，成品俗称“水玻璃”，又名“泡花碱”。它是多种多硅酸盐的混合物，其化学组成为 $Na_2O \cdot nSiO_2$。水玻璃的用途很广，建筑工业及造纸工业用它作黏合剂。木材或织物用水玻璃浸泡以后既可以防腐又防火。浸过水玻璃的鲜蛋可以长期保存。水玻璃还用作软水剂、洗涤剂和制肥皂的填料。它也是制硅胶和分子筛的原料。

地壳的 95% 为硅酸盐矿。陨石和月球岩石的主要成分也是硅酸盐。最重要的天然硅酸盐是铝硅酸盐，其中丰度最大的是长石。

人工制造的硅酸盐则有砖瓦、玻璃、水泥、陶瓷，以及一种有效吸附剂分子筛等。

知识链接

分子筛

分子筛有天然的和合成的两大类。天然的分子筛就是泡沸石，它是一类含有结晶水的铝硅酸盐，经过脱水所得到的多孔性物质。合成分子筛的原料是水玻璃、偏铝酸钠和氯化钠。将这些原料分别配成溶液，按一定比例混合均匀即得一种白色悬浊液，然后在 373K 保温使之逐渐转变为固体。将此固体洗涤、干燥、成型和脱水即得产品。

分子筛具有吸附能力和离子交换能力，其吸附选择性高，容量大，热稳定性好，可以活化再生反复使用。所以它是一种优良的吸附剂。分子筛已广泛用于化工、环保、食品、医疗、能源及日常生活中。

二、硼的化合物

（一）硼酸

硼酸 H_3BO_3 为白色片状晶体，微溶于水。加热灼烧时起下列变化：

$$H_3BO_3 \longrightarrow HBO_2 \longrightarrow B_2O_3$$

B_2O_3 溶于水放出少量的热，在热的水蒸气中，形成可挥发的偏硼酸，在水中形成硼酸。

硼酸是一个一元弱酸。它之所以有酸性并不是因为它本身给出质子，而是由于硼是缺电子原子，它加合了来自水分子的 OH^-（其中氧原子有孤电子对）而释出 H^+离子。

利用硼酸的这种缺电子性质，加入多羟化合物（如甘油或甘露醇）生成稳定配合物，可使硼酸的酸性增强。

常利用硼酸和甲醇或乙醇在浓硫酸存在的条件下，生成挥发性硼酸酯燃烧所特有的绿色火鉴别硼酸根。

$$H_3BO_3 + 3CH_3OH = B(OCH_3)_3 + 3H_2O$$

硼酸与强碱 NaOH 中和，得到偏硼酸钠 $NaBO_2$，在碱性较弱的条件下则得到四硼酸盐，如硼砂，而得不到单个 BO_3^{3-}离子的盐。相反，在任何一种硼酸盐的溶液中加酸时，总是得到硼酸，因为硼酸的溶解度小，它容易从溶液中析出。

硼酸被大量地用于玻璃和陶瓷工业。因为它是弱酸，对人体的受伤组织有和缓的防腐消毒作用，为医药上常用的消毒剂之一。硼酸也是减少排汗的收敛剂，为痱子粉的成分之一。此外，它还用于食物防腐。

（二）硼酸盐

除ⅠA 族金属元素以外，多数金属的硼酸盐不溶于水。多硼酸盐与硅酸盐一样，加热时容易玻璃化。

最常用的硼酸盐即硼砂。硼砂是无色半透明的晶体或白色结晶粉末，其化学式习惯上写成 $Na_2B_4O_5(OH)_4 \cdot 8H_2O$。其结构式为：

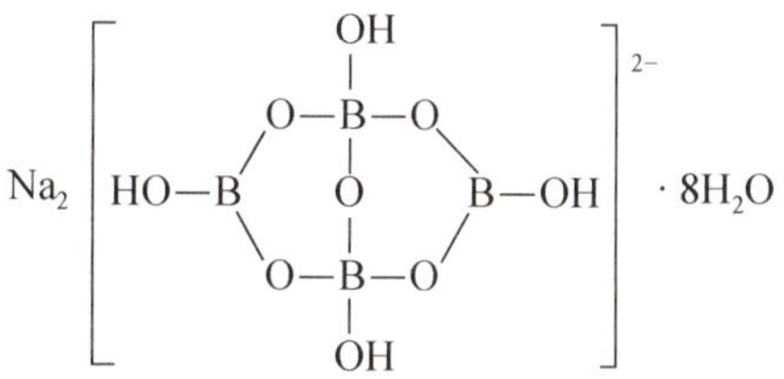

硼砂同 B_2O_3一样，在熔融状态能溶解一些金属氧化物，并依金属的不同而显出特征的颜色（硼酸也有此性质）。此为硼砂珠试验。例如：

$$Na_2B_4O_7 + CoO = 2NaBO_2 \cdot Co(BO_2)_2 \text{（蓝宝石色）}$$

因此，在分析化学中可以用硼砂来做“硼砂珠试验”，以鉴定金属离子。此性质也被应用于搪瓷和玻璃工业（上釉、着色并耐高温）和焊接金属（去金属表面的氧化物）。硼砂还用于制造特种光学玻璃和人造宝石。硼砂的水溶液，由于水解而显强碱性，所以硼砂除了前面提过的用途以外，它还是肥皂和洗衣粉的填料。

目标检测

一、选择题

（一）单项选择题

1. HClO、$HClO_3$、$HClO_4$酸性强弱排列顺序正确的是（　　）

   A. $HClO>HClO_3>HClO_4$

   B. $HClO>HClO_4>HClO_3$

   C. $HClO_4>HClO>HClO_3$

   D. $HClO_4>HClO_3>HClO$

   E. $HClO_3>HClO_4>HClO$

2. 在含有 I^-的酸性溶液中，加入含 Fe^{3+}的溶液时产生（　　）

   A. FeI_2　　B. FeI_3

   C. $Fe(OH)_3$　　D. I_2+Fe^{2+}

   E. Fe^{2+}

3. 下列几种氧化物中不是两性氧化物的是(　　)

A. BeO　　B. LiO

C. ZnO　　D. Cr_2O_3

E. Al_2O_3

4. 在 Na_2S、Na_2S_2、Na_2SO_3 和 $Na_2S_2O_3$ 四种固体药品中,加入盐酸进行鉴别,能产生臭鸡蛋气味气体和黄色沉淀的是(　　)

A. Na_2S　　B. Na_2S_2

C. Na_2SO_3　　D. $Na_2S_2O_3$

E. 以上均不是

5. 人们十分重视高层大气中的臭氧,这是由于它(　　)

A. 有漂白作用　　B. 毒性

C. 有消毒作用　　D. 能吸收紫外线

E. 以上均不是

(二) 多项选择题

1. 下列物质中,可用作消毒剂的是(　　)

A. 氯水　　B. 氨水

C. 臭氧　　D. 硝酸

E. 双氧水

2. 下列试剂中能使淀粉碘化钾溶液变蓝的是(　　)

A. 氯水　　B. 碳酸

C. 溴水　　D. 硝酸铵

E. 硼酸

3. 下列关于过氧化氢的叙述不正确的是(　　)

A. 只有还原性

B. 只有氧化性

C. 既没有氧化性,也没有还原性

D. 既有氧化性,也有还原性

E. 具有漂白作用

4. 某单质和足量的浓硝酸反应时,每 0.25mol 单质反应消耗 1mol HNO_3,还原产物为 NO_2,则单质氧化后的化合价可能是(　　)

A. +1　　B. +2

C. +3　　D. +4

E. +5

5. 下列各组溶液中不能发生化学反应的是(　　)

A. 氯水和氯化钠　　B. 氯水和溴化钾

C. 溴水和氯化钠　　D. 溴水和碘化钾

E. 碘水和溴化钾

二、简答题

1. 今有 KCl、KBr 和 KI 三种溶液,怎样用化学方法鉴别?
2. 大气臭氧层对地球有什么保护作用,哪些物质会破坏大气层?应采取什么措施?
3. 在用铜与硝酸反应制备硝酸铜时,应选用稀硝酸还是浓硝酸?
4. 何为马氏试砷法与古氏试砷法?
5. 水玻璃的主要成分是什么?有什么用途?
6. 举例说明什么是“硼砂珠试验”试验,有什么用途?

(吴小琼)

第 10 章　常见金属元素及其化合物

学习目标

1. 掌握：金属的通性；碱金属、碱土金属单质及其化合物的性质；重要过渡金属的物理和化学性质。

2. 熟悉：常见金属的氧化物、氢氧化物、盐的主要性质。

3. 了解：一般过渡金属及其化合物的性质。

第 1 节　金属通论

一、概述

金属中存在金属键，金属键是一种依靠流动的自由电子，使金属原子和阳离子相互结合在一起的作用力。

在元素周期表中，金属元素占了绝大部分，按照元素周期表从左到右的顺序，金属元素分为碱金属、碱土金属、过渡金属；按冶金工业分为黑色金属（铁、铬、锰）和有色金属（除铁、铬、锰以外的金属）；按密度分为轻金属（$\rho \leq 4.5g/cm^3$）和重金属（$\rho > 4.5g/cm^3$）；按储量分为常见金属和稀有金属。

常见金属与人类的生活息息相关，它们参与人体的新陈代谢，维持人体的酸碱平衡；同时常见金属元素存在于人类生活的环境中，人类有时需要从环境中获取人体必需的微量元素，但如果环境中某种金属的含量过高，对人体就会造成伤害。

二、金属的物理性质和化学性质

金属的物理性质相似，主要表现为还原性，有光泽，导电性与导热性良好，质硬，有延展性，常温下一般是固体（汞在常温下为银白色液体，俗称“水银”）。

由于金属的最外层电子数最多为 4，所以在化学反应中，金属有较强的还原性，容易失去电子，形成金属阳离子。

第 2 节　碱　金　属

碱金属（alkali metal）元素属于第 Ⅰ A 族（除氢元素），包括锂、钠、钾、铷、铯、钫六种元素，钠和钾在自然界中含量较多，应用十分广泛，锂、铷、铯在自然界中丰度较小，属于稀有金属，钫具有放射性。由于它们氢氧化物的水溶液呈强碱性，所以称为碱金属。

碱金属元素随着原子序数的增大，密度依次增加，熔点和沸点依次降低。碱金属元素的价电子构型为 ns^1，容易失去电子，因此碱金属元素的性质很活泼，在自然界中只能以化合态存在于某些矿物中。

一、钠、钾的物理性质和化学性质

钠、钾都具有银白色金属光泽，硬度较小，能用刀子切开，新切开的金属表面呈银白色，接触空气后表面会变灰暗，这是因为在空气中与氧气化合，表面生成了一层氧化膜，它们的密度都比水小，可浮在水面上。碱金属和碱土金属钙、锶、钡的挥发性盐在高温无色火焰中灼烧时，会使火焰呈现特殊颜色，这一性质称为焰色反应。根据碱金属火焰的颜色可以进行离子的定性鉴别，焰色反应时，钠为黄色，钾为紫色。因其火焰有颜色，可用碱金属元素的硝酸盐或氯酸盐，再加上火药等其他辅料按比例混合制造美丽的焰火。实验室常用的钠、钾存放在煤油中（钾还需要先用石蜡包裹），隔绝空气和水分，以防止燃烧和爆炸。钠、钾都是活泼的金属，在反应中很容易失去电子，做还原剂。

二、钠、钾的重要化合物

1. 过氧化物 含有过氧键 —O—O—，也称为过氧离子或过氧链。过氧化钠是淡黄色固体，过氧化钾是白色固体。它们都能与水反应，生成相应的氢氧化物，并放出氧气。其中过氧化钠最为常见，用途也广泛，过氧化钠可用作漂白剂和氧气发生剂，如在呼吸面具中作为氧气的来源，潜水艇在紧急情况时也可用过氧化钠来供氧，其原理如下：

$$2Na_2O_2 + 2CO_2 = 2Na_2CO_3 + O_2$$

过氧化钠在碱性介质中是强氧化剂，在分析化学中，碱熔法就是用过氧化钠来氧化某些矿物，例如：

$$MnO_2 + Na_2O_2 = Na_2MnO_4$$

2. 氯化物 碱金属的氯化物大多是离子型晶体，熔点高、溶解度大，所以最大特征是易溶于水，并在水中完全电离，其中最常见和应用最广泛的是氯化钠。氯化钠俗称食盐，主要存在于海水中，是常用的调味剂和营养剂。在临床上氯化钠用来配制生理盐水，大量的生理盐水用于出血过多，或补充因腹泻引起的缺水症，还可用来洗涤伤口。

氯化钾在临床上可作为利尿剂，多用于心脏性或肾脏性水肿，还用于治疗缺钾症。

3. 碘化物 碘化钠和碘化钾都可用于配制碘酊，能增大碘的溶解度。碘化钠还可用于配制造影剂。

4. 硫代硫酸钠 俗称海波或大苏打，一般带 5 个结晶水，分子式是 $Na_2S_2O_3 \cdot 5H_2O$。它是中等强度的还原剂，与 I_2 作用时，能定量的生成 $Na_2S_4O_6$。这一反应是分析化学中氧化还原分析的定量依据。其反应为：

$$2Na_2S_2O_3 + I_2 = Na_2S_4O_6 + 2NaI$$

$Na_2S_2O_3$ 是常用的配位剂，可作为重金属中毒的解毒剂，也可以利用此性质作为定影剂，除去胶片上未曝光的溴化银。

$Na_2S_2O_3$ 水溶液不稳定，配制 $Na_2S_2O_3$ 水溶液时应使用新煮沸的冷蒸馏水，并加入少量的碳酸钠以使溶液呈微碱性，增加 $Na_2S_2O_3$ 水溶液的稳定性。

5. 碳酸氢钠 又名小苏打，为吸收性抗酸药，内服能中和胃酸及碱化尿液，5% $NaHCO_3$

注射液用于治疗酸中毒。

链接

钠和钾的生理功能

钠是生物体必需的组成元素，在人体中钠约占体重的 0.16%，其总量的 80% 分布在细胞外液中，主要生物功能是维持细胞外液的渗透压和电荷平衡，以及参与神经信息的传递过程等。

钾是生物体不可缺少的组成元素，K^+ 在红细胞内液中的浓度为 0.110~0.125mol/L，而在血浆中的浓度仅有 0.005 mol/L。K^+ 主要生物功能是：维持细胞内液渗透压、稳定细胞的内部结构、参与神经信息的传递过程，同时它也是某些酶的激活剂，在重要的生化反应中起作用。钾对植物体内糖类和蛋白质的形成，对植物机械组织的发育都有极大的影响。缺钾时，不但植物的外观出现病症，而且植物果实部位的淀粉和蛋白质含量也显著降低，因此，钾肥对农作物生长至关重要。

第 3 节　碱土金属

碱土金属(alkaline-earth metal)属于第ⅡA 族，包括铍、镁、钙、锶、钡、镭六种元素。碱土金属中，镁、钙、钡在自然界含量最多，应用广泛，铍是稀有金属，镭是放射性元素。它们的氧化物和氢氧化物都有碱性，但比碱金属弱，而比土族(第ⅢA 族也称为土族，因为其氧化物是黏土的主要成分)的碱性强，因此称为碱土金属元素。

碱土金属元素随着原子序数的增大，从上到下，元素的金属性依次增强，密度依次增大，熔点和沸点依次降低。碱土金属元素的价电子构型为 ns^2，容易失去电子，碱土金属的金属性仅次于碱金属，自然界中存在的碱土金属的化合物多是离子化合物。

一、镁、钙的物理性质和化学性质

镁、钙都具有银白色金属光泽，钙能用刀子切开，新切开的金属表面呈银白色，接触空气后由于表面生成了氧化膜而变暗。镁的主要用途是制取合金，这种合金的特点是硬度和韧性都很大，而密度却很小，广泛用于飞机、导弹和汽车制造工业。

镁、钙都是较活泼的金属元素，表现出较强的还原性，易与氧气、水和某些非金属元素发生反应。

二、镁、钙的化合物

1. 氧化镁　主要用于配制内服药剂以中和过多的胃酸，常制成不同的制剂。

2. 硫酸镁　硫酸镁晶体易溶于水，溶液带有苦味，常温下从水溶液中析出含有 7 分子结晶水的水化物。硫酸镁又称为泻盐，内服用作缓泻剂和十二指肠引流剂。硫酸镁注射剂用于抗惊厥。

3. 三硅酸镁　内服中和胃酸时能生成胶状的 SiO_2，对胃及十二指肠溃疡面有保护作用。

4. 硫酸钙　俗称石膏，加热到 160~200℃时，失去大部分结晶水而变成熟石膏。

$$2\,CaSO_4 \cdot 2H_2O \xlongequal{加热} (CaSO_4)_2 \cdot H_2O + 3H_2O$$

熟石膏粉与水混合成糊状后，很快凝固硬化，重新变成 $CaSO_4 \cdot 2H_2O$。利用这种性质，熟石膏可以铸造模型和雕像，在医疗外科上用作石膏绷带。

钙的其他化合物主要有葡萄糖酸钙、磷酸氢钙、乳酸钙和氯化钙，用于治疗急性血钙缺失症、慢性钙缺失症、抗炎、抗过敏，以及作为镁中毒时的拮抗剂。

三、硬水及其软化

天然水中含有钙、镁的多种盐，如碳酸氢盐、硫酸盐和氯化物等。通常情况下，把含有较多钙盐、镁盐的水称为硬水，不含或少含钙镁盐的水称为软水。硬水又分为暂时硬水和永久性硬水，含有钙镁酸式碳酸盐的硬水称为暂时硬水，含有钙镁硫酸盐或氯化物的硬水称为永久性硬水。因为永久性硬水的钙盐和镁盐加热时不能除去，而暂时硬水中的盐类通过加热煮沸后会分解，生成不溶性碳酸盐沉淀而除去。

$$Mg(HCO_3)_2 \xlongequal{\triangle} MgCO_3\downarrow + H_2O + CO_2\uparrow$$

$$Ca(HCO_3)_2 \xlongequal{\triangle} CaCO_3\downarrow + H_2O + CO_2\uparrow$$

水中钙盐和镁盐的含量常用水的硬度来表示，硬水对日常生活和工业生产造成不利影响，严重时会危害机器设备的管道，在药厂和卫生检验中要严格控制水的硬度。减少硬水中钙盐、镁盐含量的过程称为硬水的软化。硬水软化方法很多，最常用的有离子交换法和化学沉淀法，在离子交换法中，水中的钙、镁等离子被交换树脂吸附，离子交换树脂交换放出氢离子，化学沉淀法主要是加入化学沉淀剂（消石灰和纯碱的混合物）使水中溶解的钙盐、镁盐生成碳酸钙、氢氧化镁沉淀而除去。

知识链接

钙和镁的生理功能

钙是人体和植物生长发育不可缺少的元素，在人体中约占体重的2%，其中99%的钙分布在骨骼和牙齿中，1%的钙分布在体液内，人体中的钙对于某些酶的反应、神经系统的反应，以及维持细胞膜的完整性等都有一定的作用。

镁（II）是人体多种生物酶的特异性激活剂，能催化许多重要的生化反应，人体肌肉的新陈代谢、中枢神经系统的调节、DNA复制和蛋白质的合成等都有镁的参与。在植物体内，镁（II）是叶绿素的中心离子，也是植物果实形成时的重要元素。

第4节 铝

铝是第ⅢA族的金属元素，它的价电子构型为 $3s^2 3p^1$，容易失去电子，在化合物中的氧化数为+3，铝在地壳中含量较高，仅排在氧和硅后面。

一、铝的物理性质和化学性质

单质铝是银白色金属，俗称钢精，质轻，密度为 2.7g/cm^3，熔点 660.4℃，沸点 2467℃。它的硬度比较小，具有良好的延展性，可以拉成细丝，也可以碾压成铝箔，后者常用来包装糖果、香烟，也可以用于药品片剂、胶囊剂的包装。铝有良好的导电和导热性，电力工业上用来制造电线、电缆。铝可以跟镁、铜、锌、锡、锰、铬、锆、硅等元素形成多种合金，广泛用于制造飞机、汽车、船舶,也用于建筑业制造门窗。

铝是较活泼的金属,能与非金属、酸、碱及氧化物反应。

1. 与非金属反应　铝与空气接触很快失去光泽,表面生成一层致密而坚硬的氧化物薄膜,阻止内部的铝继续氧化,这种现象称为钝化。工业上常用铝的钝化原理来储运发烟硝酸。

2. 铝的两性　铝是两性金属,既能溶于稀盐酸和稀硫酸,也能溶于强碱。

$$2Al+6HCl = 2AlCl_3+3H_2\uparrow$$

$$2Al+2NaOH+6H_2O = 2Na[Al(OH)_4]+3H_2\uparrow$$

3. 与某些金属氧化物反应　铝能从许多金属氧化物中夺取氧,表现较强的亲氧性,可用来制取难熔的金属。

$$2Al+Fe_2O_3 = 2Fe+Al_2O_3$$

由于铝和金属氧化物的反应放出大量的热,温度很高,所以将铝粉和金属氧化物的混合物称为铝热剂,用于钢轨的无缝焊接。

二、铝的化合物

1. 氧化铝　是将铝矾土原料经过化学处理,除去硅、铁、钛的氧化物而制得,Al_2O_3有α和γ两种型体,α-Al_2O_3又称刚玉。

氧化铝是难溶于水的白色固体,无臭、无味、质极硬。氧化铝是典型的两性氧化物,能溶于酸和碱性溶液中,几乎不溶于水及非极性有机溶剂。

$$Al_2O_3+6HCl = 2AlCl_3+3H_2O$$

$$Al_2O_3+2NaOH+3H_2O = 2Na[Al(OH)_4]$$

2. 氢氧化铝　为不溶于水的白色胶状物质,它既能与酸反应又能与碱反应,因此是两性氢氧化物。

$$Al(OH)_3+3HCl = AlCl_3+3H_2O$$

$$Al(OH)_3+NaOH = Na[Al(OH)_4]$$

在医药上,氢氧化铝是良好的抗酸药,临床上用于治疗胃酸过多,抗酸作用持久,且有收敛作用、黏膜保护作用,常制成氢氧化铝凝胶剂或氢氧化铝片剂。

3. 明矾　又称白矾、钾矾、钾铝矾,是含有结晶水的硫酸钾和硫酸铝的复盐,一般称为十二水硫酸铝钾。

明矾是无色透明块状结晶或结晶性粉末,无臭,味微甜而酸涩,易溶于水,在干燥空气中风化失去结晶水,加热至 92.5℃ 失去 9 个结晶水,200℃ 时失去全部结晶水成为白色粉末。

明矾净水是过去常采用的方法,它的原理是明矾在水中可以电离出两种金属离子。

$$KAl(SO_4)_2 = K^+ + Al^{3+} + 2SO_4^{2-}$$

而 Al^{3+}很容易水解,生成氢氧化铝 $Al(OH)_3$胶体。

$$Al^{3+} + 3H_2O = Al(OH)_3 + 3H^+$$

氢氧化铝胶体的吸附能力很强,可以吸附水里悬浮的杂质,并形成沉淀,使水澄清。由于明矾中的铝对人体有害,现在已不用明矾作净水剂。

在医药上,明矾性寒味酸涩,具有较强的收敛作用。中医认为,明矾具有解毒杀虫、止血止泻、清热消痰的功效,一些中医用明矾来治疗高脂血症、十二指肠溃疡、肺结核咯血等疾病。

第5节　铁、铬、锰

铁是第Ⅷ族元素，价电子构型为$3d^64s^2$，铬是第ⅥB族元素，价电子构型为$3d^54s^1$、锰属于第ⅦB族，价电子构型为$3d^54s^2$，铁、铬、锰都容易失去外层电子，变为稳定结构。它们都属于过渡金属元素，在生产和生活中较为常见。

一、铁及其化合物

铁是地壳中含量较丰富的元素，含碳在2.11%以上的铁称生铁（或铸铁），含碳量少于0.02%的铁熔合体称为熟铁或锻铁，含碳量为0.02%～2.11%的铁合金称为钢。

（一）铁的物理性质和化学性质

纯铁具有银白色金属光泽，有良好的延展性、导电和导热性能，密度为$7.86g/cm^3$，熔点为1535℃，沸点为2750℃。

铁是中等活泼的金属元素，能与非金属、酸、水、盐等发生化学反应，常见的氧化数有+2和+3，其中+3氧化数的化合物较为稳定。

1. 与水、酸和盐反应　在湿度较大的环境中，铁很容易被腐蚀生成铁锈。铁能与酸作用生成亚铁盐或铁盐。在常温下，铁遇浓硫酸和浓硝酸产生钝化现象，所以可用铁制容器储运浓硫酸和浓硝酸。铁能与活泼性弱的金属盐溶液反应，置换出金属。

$$Fe + 2HCl \xlongequal{} FeCl_2 + H_2\uparrow$$

$$Fe + 4HNO_3 \xlongequal{} Fe(NO_3)_3 + NO\uparrow + 2H_2O$$

$$Fe + CuSO_4 \xlongequal{} Cu + FeSO_4$$

2. 氧化还原性　在碱性介质中，Fe^{2+}具有还原性。化合物中$Fe(OH)_2$的还原性最强，空气中的O_2就能将其氧化，所以实验中一般得不到白色的$Fe(OH)_2$沉淀，看到的是灰绿色沉淀，这是$Fe(OH)_2$和$Fe(OH)_3$的混合物，最后会变为红褐色的$Fe(OH)_3$沉淀，发生的反应如下：

$$4Fe(OH)_2+O_2+2H_2O \xlongequal{} 4Fe(OH)_3$$

在酸性介质中，Fe^{3+}为中等强度的氧化剂，能与I^-、Sn^{2+}等多种还原剂作用。在分析化学沉淀滴定法中测定I^-时，采取返滴法的原因就是防止Fe^{3+}氧化I^-。

$$2Fe^{3+}+2I^- \xlongequal{} 2Fe^{2+}+I_2$$

（二）铁的化合物

1. 氧化物　铁的氧化物主要是Fe_2O_3和Fe_3O_4。Fe_2O_3是棕红色，俗称铁红，熔点为1565℃，在自然界以赤铁矿形式存在，Fe_2O_3不溶于水，也不与水反应，常用作颜料、抛光剂、催化剂和红粉等。

Fe_3O_4（$FeO \cdot Fe_2O_3$）为黑色晶体，加热至熔点（1594±5℃）时分解，具有很好的磁性，故又称为“磁性氧化铁”。它是天然产磁铁矿的主要成分，不溶于水，溶于酸。磁性氧化铁能用于制造录音、录相磁带和电讯器材等。

2. 硫酸亚铁　一般带7个结晶水，也称为绿矾，是透明、淡蓝绿色的柱状结晶或颗粒、无臭、味咸。在干燥空气中易风化，易溶于水，不溶于乙醇。

在医药上，硫酸亚铁用于治疗缺铁性贫血症，一般药用都做成糖衣片或糖浆以防止氧化。还可以作为局部收敛剂及补血剂，可用于子宫肌瘤引起的慢性失血。

知识链接

铁的生理作用

铁是人体含量最大的微量元素，体重为 50kg 的人体含铁约 2g。人体中 60% ~ 70% 的铁分布在红细胞内，其余的分布在肝、脾、骨髓等。铁（Ⅱ）的主要生物功能是参与组成血红蛋白，铁缺乏时会引起缺铁性贫血，需要补充铁剂。

二、铬及其化合物

铬是银白色金属，质极硬，耐腐蚀，密度 7.20g/cm^3，熔点 1857℃，沸点 2672℃，不溶于水，可溶于强碱溶液。铬具有很高的耐腐蚀性，在空气中，即便是在赤热的状态下，氧化也很慢，镀在金属上可起保护作用。

（一）铬(Ⅲ)的化合物

1. Cr_2O_3 和 $Cr(OH)_3$ Cr_2O_3 是浅绿至深绿色细小的晶体，灼热时变棕色，冷却后仍变为绿色。结晶体极硬、稳定，即使在加热下通入氢气亦无变化。微溶于酸、碱，几乎不溶于水、乙醇和丙酮。熔点约 2435℃，沸点 4000℃。

Cr_2O_3 主要用于冶炼金属铬，用作搪瓷、陶瓷、人造革、建筑材料的着色剂、有机化学合成的催化剂、耐晒涂料、研磨材料、绿色抛光膏和印刷纸币的专用油墨，也可以用于生产高铬砖、铬刚玉砖等耐火材料。

$Cr(OH)_3$ 是绿色黏性沉淀，不溶于水，溶于酸和强碱溶液。

$Cr(OH)_3$ 用于制三价铬盐及三氧化二铬、化学试剂，也用于油漆颜料及羊毛处理等。

Cr_2O_3 和 $Cr(OH)_3$ 都属于两性物质，反应如下：

$$Cr_2O_3+3H_2SO_4 = Cr_2(SO_4)_3+3H_2O$$

$$Cr_2O_3+2NaOH = 2NaCrO_2+H_2O$$

$Cr(OH)_3$ 还能溶解在过量的氨水中，生成配合物。

$$Cr(OH)_3+6NH_3 = [Cr(NH_3)_6](OH)_3$$

2. 铬(Ⅲ)的还原性 铬(Ⅲ)在碱性介质中的还原性较强，碱性溶液中，CrO_2^- 能被双氧水、氯气等氧化剂氧化成 CrO_4^{2-}。

$$2CrO_2^-+3H_2O_2+2OH^- = 2CrO_4^{2-}+4H_2O$$

酸性介质中，铬(Ⅲ)的还原性较弱，只有高锰酸钾等少数强氧化剂才能将铬(Ⅲ)氧化为铬(Ⅵ)。

$$10Cr^{3+}+6MnO_4^-+11H_2O = 5Cr_2O_7^{2-}+6Mn^{2+}+22H^+$$

（二）铬(Ⅵ)的化合物

铬(Ⅵ)化合物中最重要的是重铬酸钾和铬酸钾。重铬酸钾是橙红色晶体，味苦，熔点 398℃，沸点 500℃，密度 2.676g/cm^3。水溶液呈弱酸性，不溶于乙醇，有毒。

铬酸钾是黄色固体，属于二级致癌物质，吸入或吞食会导致癌症。

1. 强氧化性 在酸性介质中，重铬酸盐和铬酸盐都是强氧化剂。

$$K_2Cr_2O_7+6KI+14HCl = 2CrCl_3+8KCl+3I_2+7H_2O$$

$$K_2Cr_2O_7+14HCl(浓) = 2CrCl_3+2KCl+3Cl_2\uparrow+7H_2O$$

$K_2Cr_2O_7$饱和溶液与浓硫酸的混合物，称为铬酸洗液，洗液中的深红色沉淀为 CrO_3。

$$K_2Cr_2O_7+H_2SO_4(浓) = 2CrO_3\downarrow+K_2SO_4+H_2O$$

过去实验室常用铬酸洗液洗涤玻璃器皿上的污物，但由于铬(Ⅵ)具有明显的毒性，已禁止使用。

2. 生成沉淀反应 当向铬酸盐或重铬酸盐溶液中加入其他重金属离子时，就会生成重铬酸盐沉淀。

$$Ba^{2+}+CrO_4^{2-} = BaCrO_4\downarrow(黄色)$$

铬酸盐沉淀不溶于弱酸，但溶于强酸，因为在铬酸盐和重铬酸盐溶液中有如下平衡：

$$\underset{橙红色}{Cr_2O_7^{2-}}+H_2O \rightleftharpoons \underset{黄色}{2CrO_4^{2-}}+2H^+$$

由平衡移动原理可知：加酸平衡向左移动，溶液中 $Cr_2O_7^{2-}$ 浓度升高，显橙红色；加碱平衡向右移动，溶液中 CrO_4^{2-}浓度升高，溶液显黄色。溶液中 $Cr_2O_7^{2-}$ 和 CrO_4^{2-} 的相对浓度取决于溶液的 pH。

三、锰及其化合物

锰是银白色金属，质坚而脆，密度 7.44g/cm³，熔点 1244℃，沸点 1962℃。冶金工业中用来制造特种钢，钢铁生产上用锰铁合金作为去硫剂和去氧剂。

锰的氧化数较多，但以+2、+4、+7 氧化数的化合物较为常见。锰属于比较活泼的金属，加热时能和氧气化合，易溶于稀酸生成二价锰盐。

1. 锰(Ⅱ)的化合物 常见的有 $MnSO_4$、$MnCl_2$和 $Mn(NO_3)_2$。Mn(Ⅱ)化合物在碱性介质中还原性较强，锰离子与氢氧根离子作用时，可生成氢氧化锰白色沉淀，放置片刻即被空气中的氧气氧化，生成棕色的 $MnO(OH)_2$。

$$Mn^{2+}+2OH^- = Mn(OH)_2\downarrow$$

$$2Mn(OH)_2+O_2 = 2MnO(OH)_2$$

2. 锰(Ⅳ)的化合物 MnO_2 在酸性介质中具有氧化性，可以和浓硫酸作用生成氧气，在强碱性介质中具有还原性，可以和氧化剂发生反应。

$$2MnO_2+2H_2SO_4 = 2MnSO_4+2H_2O+O_2\uparrow$$

$$3MnO_2+6KOH+KClO_3 = 3K_2MnO_4+3H_2O+KCl$$

3. 锰(Ⅵ)化合物 MnO_4^{2-} 在强碱性介质中稳定，在酸性介质中发生歧化反应。

$$3MnO_4^{2-}+4H^+ = 2MnO_4^-+2H_2O+MnO_2\downarrow$$

4. 锰(Ⅶ)的化合物 最重要的是高锰酸钾，它是一种黑紫色、细长的三棱形晶体，带蓝色的金属光泽，无臭，易溶于水，溶液呈紫红色。

(1) 分解反应：$KMnO_4$在常温下稳定，加热到 200℃时，分解放出氧气，在实验室中可以制备氧气。

$$2KMnO_4 = K_2MnO_4+MnO_2+O_2\uparrow$$

酸性 $KMnO_4$溶液不稳定，常温下会缓慢分解。

$$4MnO_4^-+4H^+ = 2H_2O+3O_2\uparrow+4MnO_2\downarrow$$

分解反应在光照下会加速，因此 $KMnO_4$溶液应保存在棕色试剂瓶中。

(2) 强氧化性：$KMnO_4$是强氧化剂，其还原产物与溶液的酸碱性有关。$KMnO_4$在酸性、中性和强碱性介质中与 Na_2SO_3的反应如下：

$$2MnO_4^- + 5SO_3^{2-} + 6H^+ \longrightarrow 2Mn^{2+} + 5SO_4^{2-} + 3H_2O$$

$$2MnO_4^- + 3SO_3^{2-} + H_2O \longrightarrow 2OH^- + 3SO_4^{2-} + 2MnO_2\downarrow$$

$$2MnO_4^- + SO_3^{2-} + 2OH^- \longrightarrow 2MnO_4^{2-} + SO_4^{2-} + H_2O$$

在分析化学氧化还原滴定法中利用高锰酸钾在酸性溶液中能与许多还原性物质发生定量反应的原理，来测定还原性物质的含量。

$KMnO_4$可用作消毒剂，如 0.05%～0.2%的 $KMnO_4$溶液外用冲洗黏膜、腔道等伤口，口服 $KMnO_4$溶液（1∶1000）可用于有机物中毒时洗胃。

第 6 节　铜、银、汞、锌

一、铜及其化合物

铜（Cu）属于第ⅠB 族，是过渡金属元素。铜是紫红色光泽的金属，密度 8.92g/cm^3，熔点 1083℃，沸点 2567℃，有很好的延展性，导热和导电性能较好。铜应用于电气、机械制造、建筑工业、国防工业等领域。

铜的价电子构型为 $3d^{10}4s^1$，铜是不太活泼的金属。

1. 氧化亚铜　是鲜红色粉末状固体，几乎不溶于水，在湿空气中逐渐氧化成黑色氧化铜。氧化亚铜主要用于制造船底防污漆、杀虫剂、铜盐、分析试剂和红色玻璃等。临床医学上用碱性酒石酸钾钠的铜（Ⅱ）盐溶液检查尿糖，利用生成 Cu_2O 沉淀的多少来判断尿糖含量。

2. 氧化铜　是铜的黑色氧化物，略显两性，稍有吸湿性，不溶于水和乙醇，溶于酸、氯化铵及氰化钾溶液，氨溶液中缓慢溶解，能与强碱反应。氧化铜主要用于制造人造丝、陶瓷、釉及搪瓷、电池、石油脱硫剂及杀虫剂。

3. 氢氧化铜　是蓝色絮状沉淀，难溶于水，受热分解，微显两性，溶于酸、氨水和氰化钠，易溶于碱性甘油溶液中，受热至 60～80℃变暗，继续升温分解为黑色氧化铜和水。氢氧化铜用于媒染剂、催化剂、杀菌剂和颜料。氢氧化铜与碱的反应为：

$$Cu(OH)_2 + 2OH^- \longrightarrow [Cu(OH)_4]^{2-}$$

$Cu(OH)_2$ 溶于氨水，生成深蓝色的 $[Cu(NH_3)_4]^{2+}$ 配离子。

$$Cu(OH)_2 + 4NH_3 \longrightarrow [Cu(NH_3)_4]^{2+} + 2OH^-$$

4. 硫酸铜（$CuSO_4$）　对黏膜有收敛、刺激和腐蚀作用，杀灭真菌作用强大，眼科用于腐蚀砂眼引起的眼结膜滤泡，外用可治疗真菌性皮肤病，内服有催吐作用。

二、银及其化合物

银属于第ⅠB 族元素，是过渡金属元素，银在自然界中少量以游离态单质存在，主要以含银化合物矿石存在。银的导热、导电性能很好，不易受化学药品腐蚀、质软、富延展性。银的价电子构型为 $4d^{10}5s^1$，所以常见氧化数为+1。

1. 氧化银　是棕褐色晶体或棕黑色粉末。氧化银加热到 250℃即开始分解，放出氧气，不溶于水，但在硝酸、氨水及氰化钾、硫代硫酸钠等溶液中极易溶解，是因为生成了配离子。此外，氧化银具有氧化性，能将一氧化碳氧化为二氧化碳。

$$Ag_2O + CO = 2Ag + CO_2$$

2. 硝酸银 是无色透明晶体，易溶于水和氨水，溶于乙醚和甘油，微溶于无水乙醇，几乎不溶于浓硝酸，其水溶液呈弱酸性。硝酸银溶液由于含有大量银离子，故氧化性较强，并有一定腐蚀性，医学上用于腐蚀增生的肉芽组织，稀溶液是用于眼部感染的杀菌剂。

$AgNO_3$遇光分解：

$$2AgNO_3 = 2Ag\downarrow + 2NO_2\uparrow + O_2\uparrow$$

因此 $AgNO_3$应保存在棕色试剂瓶中。

三、汞及其氧化物

汞俗称水银，是第ⅡB 族元素，是常温常压下唯一以液态存在的金属。汞是银白色闪亮的重质液体，汞常温下即可蒸发，汞蒸气和汞的化合物多有剧毒。

汞的价电子构型为 $5d^{10}6s^2$，化学性质稳定，不溶于酸也不溶于碱，常见氧化数为+1和+2。

1. 氧化汞 也称黄降汞，为黄色至橙黄色无定形的细粉，不溶于水，不溶于乙醇，能溶于稀盐酸和稀硝酸。黄降汞杀菌力强，做成眼药膏治疗深层角膜炎和巩膜炎等。黄降汞软膏不宜与铁、锌、铜等金属器皿接触，否则会析出游离的汞。

2. 硫化汞 为红色，所以也称朱砂。天然的硫化汞矿石呈大小不一的块状、薄片或细小颗粒状、有光泽、质重而脆、无臭无味、难溶于水和酸，能溶于王水中。人工合成的朱砂，是由汞与硫加热升华而成，朱砂有镇静催眠作用，可治疗惊厥、失眠、多梦等疾病，也可外用抑杀皮肤的细菌及寄生虫。

3. 氯化亚汞 是白色有光泽的结晶或粉末，无气味，质重，在日光下渐渐分解成氯化汞和汞。在 400~500℃时升华，无熔点。其溶于王水和硝酸汞溶液，微溶于稀硝酸和盐酸，不溶于水和有机溶剂。盐酸、碱类、碱土金属的氯化物能增加其水中的溶解度。

氯化亚汞用于制造甘汞电极、利尿剂和农用杀虫剂，也可制暗绿色烟火、轻泻剂、防腐剂，与金混合可作瓷器涂料。

4. 氯化汞 也称升汞，为无色或白色斜方形的块状结晶或针状结晶，无臭。氯化汞加热至 277℃熔化成无色液体，至 300℃时沸腾并产生白色蒸气。氯化汞具有强烈的毒性，可用于器械的消毒。

5. 氯化氨基汞 又称“白降汞”，为白色或类白色粉末，无臭，遇光易分解。氯化氨基汞在水或乙醇中不溶，在热盐酸、热硝酸或热乙酸中易溶。在医药上可制成软膏，用以治疗疥、癣等皮肤病。

四、锌及其化合物

锌是周期表中第ⅡB 族元素，是一种浅灰色的过渡金属，外观呈银白色。

锌的价电子构型为 $3d^{10}4s^2$，是活泼的两性金属，在空气中，锌表面会生成一层致密的氧化物或碱式碳酸盐的膜，使其不易被腐蚀，常见氧化数为+2。

1. 氧化锌 为白色粉末，不溶于水，是两性氧化物，既溶于酸又溶于碱。氧化锌具有收敛和杀菌作用，用于制软膏或橡皮膏，也用作白色颜料，用于印染、造纸、火柴及医药工业。

2. 硫酸锌 有收敛、腐蚀作用，眼科常用 0.3% ~ 0.5% 的 $ZnSO_4$ 溶液治疗结膜炎。$ZnSO_4$复方制剂外用可促进伤口愈合，葡萄糖酸锌和 $ZnSO_4$ 也可用于配制内服药剂，治疗锌缺乏引起的病症。

知识链接

锌的生理作用

锌是人体必需的微量元素，其含量仅次于铁，锌在体内最主要的生物功能是参与组成多种锌酶和锌激活酶。迄今为止从生物体内分离出的锌酶已超过 200 种，近年来发现锌酶对生物遗传物质的形成有重要的控制作用。儿童缺锌会影响味觉和食欲，影响身高、体重和智力。但体内锌过量也是有害的，会引起儿童顽固性贫血，所以不能盲目给孩子补锌。

目标检测

一、选择题

（一）单项选择题

1. 在酸性介质中氧化能力最强的是（ ）
   A. $KMnO_4$ B. K_2MnO_4
   C. K_2CrO_4 D. Fe^{3+}
   E. I_2
2. 金属钠在氧气中燃烧生成（ ）
   A. Na_2O_3 B. Na_2O
   C. Na_2O_2 D. NaO_2
   E. NaO
3. 向含有下列离子的溶液中加入酸碱均使其浓度降低的是（ ）
   A. Al^{3+} B. AlO_2^-
   C. CO_3^{2-} D. HCO_3^-
   E. HPO_4^{2-}
4. 具有漂白作用的是（ ）
   A. 氢氧化钠 B. 氧化钠
   C. 硫酸钠 D. 次氯酸钠
   E. 硫酸氢钠
5. 实验室常用来洗涤玻璃仪器的洗液组成是（ ）
   A. 浓盐酸和硝酸 B. 浓硫酸和重铬酸钾
   C. 硝酸和重铬酸钾 D. 硝酸和硫酸
   E. 硫酸和盐酸
6. 锰形成多种氧化态的化合物中，其中最稳定的是（ ）
   A. 酸性介质中的锰（Ⅱ）
   B. 酸性介质中的锰（Ⅶ）
   C. 中性介质中的锰（Ⅳ）
   D. 中性介质中的锰（Ⅵ）
   E. 中性介质中的锰（Ⅱ）
7. 下列物质能共存于同一溶液的是（ ）
   A. Fe^{3+}和 I^- B. Fe^{3+}和 Fe^{2+}
   C. MnO_4^{2-} 和 H^+ D. Fe^{3+}和 CO_3^{2-}
   E. $Cr_2O_7^{2-}$ 和 I^-
8. 在酸性 CrO_4^{2-} 溶液中，加入 H_2O_2，溶液变为（ ）
   A. 橙色 B. 黄色 C. 绿色
   D. 蓝色 E. 红色
9. 下列混合离子能用氨水分离的是（ ）
   A. Cr^{3+}和 Mg^{2+} B. Cu^{2+}和 Zn^{2+}
   C. Fe^{3+}和 Cr^{3+} D. Cr^{3+}和 Zn^{2+}
   E. Cu^{2+}和 Ag^+
10. 要配制 Fe^{2+}的标准溶液，较好的方法是（ ）
    A. $FeCl_2$溶于水 B. 亚铁铵矾溶于水
    C. $FeCl_3$溶液加铁屑还原 D. 铁屑溶于稀酸
    E. 铁屑溶于强酸
11. 下列不属于两性物质的是（ ）
    A. $Zn(OH)_2$ B. $Cd(OH)_2$
    C. $Cu(OH)_2$ D. AgOH
    E. $Al(OH)_3$
12. 下列溶于 $Na_2S_2O_3$溶液的是（ ）
    A. AgI B. AgBr C. Na_2SO_4
    D. NaOH E. KOH
13. 下列能和 NH_3形成配合物的是（ ）
    A. K^+ B. Li^+ C. Na^+
    D. Cu^{2+} E. Mg^{2+}
14. 要从含有少量 Cu^{2+}的 $ZnSO_4$溶液中除去 Cu^{2+}最好的试剂是（ ）
    A. Na_2CO_3 B. NaOH C. HCl
    D. Zn E. Mg^{2+}
15. 下列物质中，与过量的氨水反应后仍然有沉淀

存在的是（　　）

A. AgCl　　B. Hg_2Cl_2

C. $Cd(OH)_2$　　D. $Cu_2(OH)_2SO_4$

E. Mg^{2+}

（二）多项选择题

1. 在 NaCl 的饱和水溶液中加入 NH_3 及 CO_2 生成沉淀后进行下列操作，结果正确的是（　　）

A. 将此沉淀过滤，干燥得白色粉末为 Na_2CO_3

B. 将此白色粉末加热后，重量减轻，得白色粉末为 Na_2O

C. Na_2CO_3 和 Na_2O 皆可溶于酸，但前者产生 CO_2，后者产生 O_2

D. 溶于水时，Na_2CO_3 和 Na_2O 水溶液均呈碱性

E. Na_2CO_3 和 Na_2O 都是钠盐

2. 关于碱金属各元素，下列叙述正确的是（　　）

A. 金属性随原子序数增加而增加

B. 与水作用而放出氢气

C. 均易失去一个电子成为阳离子

D. 游离第一个电子比游离第二个电子容易

E. 均较其同周期任何元素有较大的原子半径

3. 下列物质加入盐酸可生成气体，且有黄色沉淀的是（　　）

A. Na_2SO_3　　B. $Na_2C_2O_4$

C. $Na_2S_2O_3$　　D. KIO_3

E. $K_2S_2O_3$

4. 关于硫代硫酸钠，叙述错误的是（　　）

A. 硫代硫酸钠被碘氧化成硫酸钠

B. 硫代硫酸钠作定影剂时，不涉及氧化还原反应

C. 硫代硫酸钠可与盐酸作用生成黄色沉淀

D. 硫代硫酸钠俗称海波

E. 硫平均氧化数为+3

5. 当碱金属原子序数增加时，下列正确的是（　　）

A. 熔点降低　　B. 电离能增大

C. 电负性降低　　D. 原子半径增大

E. 化学活泼性增大

二、简答题

1. 分别向酸性、碱性、中性高锰酸钾溶液中加亚硫酸钠溶液，各得到什么还原产物？写出有关反应方程式。说明高锰酸钾溶液在何种条件下氧化性最强。

2. 铝和铁均为较活泼金属，但工业生产中常使用铁制或铝制容器运输浓硫酸和浓硝酸，为什么？

（张淑凤）

实 践

实践 1 医用氯化钠的制备

一、实践目的

（1）掌握医用氯化钠制备的方法。

（2）掌握台秤、量筒、研钵、漏斗等仪器的正确使用方法。

（3）掌握溶液中不同杂质的去除方法。

二、实践用品

1. 仪器 台秤、100ml 烧杯、蒸发皿、酒精灯。

2. 试剂 粗食盐、1mol/L $BaCl_2$溶液、2mol/LNaOH 溶液、1mol/L Na_2CO_3溶液、2mol/L HCl 溶液、pH 试纸。

三、实践步骤

（1）用台秤称取粗食盐 10g，置于 100ml 小烧杯中，加入蒸馏水 40ml，加热并不断搅拌，使其全部溶解。

（2）趁热加入 1mol/L $BaCl_2$溶液 1.5～2.0ml，继续加热几分钟（使沉淀颗粒长大，易于过滤），冷却，过滤，除去 $BaSO_4$沉淀，保留滤液。

（3）将滤液加热至沸，加入 2mol/L NaOH 溶液 0.5ml，再滴加 1mol/L Na_2CO_3溶液约 2ml，至沉淀完全为止，过滤，弃去沉淀。

（4）在滤液中滴加 2mol/L HCl 溶液，加热，搅拌，赶尽 CO_2，用 pH 试纸检验，使溶液呈酸性（pH 为 2～3）。

（5）将中和后的溶液小心移入蒸发皿，用小火蒸发并不断搅拌，以防止溶液或晶体溅出，约蒸去原体积的 3/4 时去火。稍冷却，将所得晶体过滤，用少量蒸馏水（2～3ml）洗涤两次，晶体置烘箱中，在 105℃烘干即得纯食盐。

（6）称重，计算产率：

$$\omega_{NaCl} = \frac{m_{NaCl}}{m} \times 100\%$$

式中，m_{NaCl}为纯食盐的质量；m 为相食盐的质量。

四、实践注意

不溶性杂质可用溶解过滤的方法除去。可溶性杂质可选择适当试剂，使它们生成难溶化合物的沉淀而除去。

1. 泥沙等不溶物的除去 将粗食盐溶解于水,过滤除去。

2. SO_4^{2-} 的除去 加入稍微过量的 $BaCl_2$溶液,生成 $BaSO_4$沉淀而除去。

3. Ca^{2+}、Mg^{2+}、Ba^{2+}、Fe^{3+}的除去 加入适量的 NaOH 和 Na_2CO_3溶液,使其生成氢氧化物和碳酸盐沉淀除去。

溶液中过量的 CO_3^{2-} 可加入盐酸中和。

粗盐中 K^+和 NO_3^- 较少,由于 NaCl 的溶解度受温度影响不大,而 KNO_3、KCl 和 $NaNO_3$溶解度随温度降低而明显减小。故在加热蒸发浓缩时,NaCl 结晶出来,K^+、NO_3^- 则留在母液中,可过滤除去。

五、实践检测

(1) 选择哪些试剂使生成沉淀而除去?

(2) 在操作过程中如何能提高产率? 为什么?

(姜　斌)

实践 2　溶液的配制和稀释

一、实践目的

(1) 掌握溶液浓度组成标度的计算方法及溶液的配制方法。

(2) 掌握溶液稀释的基本操作。

二、实践用品

1. 仪器 10ml 量杯、50ml 烧杯、50ml 量筒、50ml 容量瓶、25ml 移液管、台秤。

2. 试剂 浓 H_2SO_4、浓 HCl、0.2000mol/L HAc 溶液、固体 NaCl、1mol/L NaOH 溶液、固体葡萄糖。

三、实践步骤

(一) 溶液的配制

1. 医用消毒酒精配制

(1) 计算:配制 100ml 75% 消毒酒精溶液所需 95% 乙醇的体积。

(2) 配制:用 100 ml 量筒量取所需 95% 乙醇,然后向筒量中加入纯化水至 100 ml 刻度,混匀即可。配制好的溶液倒入回收瓶。

2. 生理盐水的配制

(1) 计算:配制 100ml 生理盐水所需 NaCl 的质量。

(2) 配制:在台秤上称出所需 NaCl 的质量,置入 50ml 烧杯内,加水使其溶解,转移到 100ml 量筒中,用少量蒸馏水洗涤烧杯 2~3 次,将洗液并入量筒,加蒸馏水至刻度,混匀。配制好的溶液倒入回收瓶。

（二）溶液的稀释

1. 配制 0.1000mol/L HAc 标准溶液　用 25ml 移液管准确移取 25.00ml 0.2000mol/L HAc 溶液，置于 50ml 容量瓶中，加水稀释至刻度，混匀。配制好的溶液倒入回收瓶。

2. 配制 1mol/L HCl 溶液

（1）计算：先计算配制 50ml 1mol/L HCl 溶液所需浓盐酸（质量分数为 37%，密度为 1.19g/ml）的体积。

（2）配制：用 10ml 量筒量取所需浓盐酸的体积，倒入 50ml 烧杯内，加少量水稀释。将上述溶液转移到 50ml 量筒中，用少量蒸馏水洗涤烧杯 2～3 次，将洗液并入量筒，加蒸馏水至刻度，混匀。配制好的溶液倒入回收瓶。

3. 配制 0.1mol/L NaOH 溶液

（1）计算：先计算配制 50ml 0.1mol/L NaOH 溶液所需 1mol/L NaOH 溶液的体积。

（2）配制：用 10ml 量筒量取所需 1mol/L NaOH 溶液的体积，倒入 100ml 烧杯内，再加蒸馏水稀释，将上述溶液转移到 50ml 量筒中，将洗液并入，加蒸馏水至刻度，混匀。配制好的溶液倒入回收瓶。

4. 配制 50 g/L 的葡萄糖溶液

（1）计算：配制 50 g/L 葡萄糖溶液所需葡萄糖的质量。

（2）配制：在台秤上称出所需葡萄糖的质量，置入 50ml 烧杯内，加水使其溶解，转移到 50ml 量筒中，用少量蒸馏水洗涤烧杯 2～3 次，将洗液并入量筒，加蒸馏水至刻度，混匀。配制好的溶液倒入回收瓶。

四、实践注意

（1）在配制溶液时，首先应根据所需配制溶液的组成标度、体积，计算出溶质的用量。

（2）在用固体物质配制溶液时，如果物质含结晶水，则应将结晶水计算进去。稀释浓溶液时，应根据稀释前后溶质的质量不变的原则，计算出所需浓溶液的体积，然后加水稀释。稀释浓硫酸时，应将浓硫酸慢慢注入水中。

（3）在配制溶液时，应根据配制要求选择所用仪器。如果对溶液组成标度的准确度要求不高，可用台秤、量筒、量杯等仪器进行配制；若要求溶液的浓度比较准确，则应用分析天平、移液管、刻度吸管、容量瓶等仪器进行配制。

五、实践检测

（1）能否在量筒、容量瓶中直接溶解固体试剂？为什么？

（2）洗净的移液管还要用待取液润洗吗？为什么？容量瓶需要吗？

（姜　斌）

实践 3　胶体溶液胶和高分子化合物溶液

一、实践目的

（1）掌握胶体溶液的制备方法。

（2）验证胶体溶液的性质。

(3) 熟悉溶胶的聚沉作用和高分子化合物溶液对溶胶的保护作用。

二、实践用品

1. 仪器 U形管、电池、石墨电极、100ml烧杯、100ml锥形瓶。

2. 试剂 1mol/L $FeCl_3$溶液、0.01mol/L $AgNO_3$溶液、0.01mol/L KI溶液、0.01mol/L KNO_3溶液、0.2mol/L NaCl溶液、0.2mol/L Na_2SO_4溶液、0.1mol/L NaCl溶液、0.1mol/L $BaCl_2$溶液、0.1mol/L $AlCl_3$溶液、1%的白明胶、0.2mol/L Na_3PO_4溶液。

三、实践步骤

1. 溶胶的制备

(1) AgI溶胶：在锥形瓶中加入50ml 0.01mol/L KI溶液，然后用滴定管把20ml 0.01mol/L $AgNO_3$溶液慢慢地滴入锥形瓶中，即得AgI负溶胶(A)。

按同样方法将5ml 0.01mol/L KI溶液慢慢地滴入20ml 0.01mol/L $AgNO_3$溶液中，即得AgI正溶胶(B)。

(2) $Fe(OH)_3$溶胶：将40ml蒸馏水盛于100ml烧杯中煮沸，然后边搅拌边慢慢加入4ml 1mol/L $FeCl_3$溶液，继续搅拌1分钟，即生成红色的$Fe(OH)_3$溶胶。

2. 溶胶的性质

(1) 丁铎尔效应：取$Fe(OH)_3$溶胶于试管中，在黑暗的背景下用手电筒照射上面所制备溶胶。在与光束垂直方向上观察溶胶的光锥现象并作出解释。

(2) 电泳：取洁净干燥的U形管，注入一定量的$Fe(OH)_3$溶胶，然后用滴管在U形管两端慢慢注入0.01mol/L KNO_3溶液，使之与溶胶形成明显的界面。将两支石墨电极分别插入KNO_3液层中(切勿搅动界面)，并与直流电源的正、负极连接。接通直流电源并把电压调至200V，几分钟后，可以看到溶胶与水之间的界面向一极移动。判断$Fe(OH)_3$溶胶带什么电荷，并解释原因。

3. 溶胶的聚沉

(1) 电解质对溶胶的作用：取3支试管，各加入2ml $Fe(OH)_3$溶胶，然后分别加入1滴0.2mol/L NaCl溶液、0.2mol/L Na_2SO_4溶液和0.2mol/L Na_3PO_4溶液，振荡试管，观察并比较生成沉淀的量。解释为什么相同浓度的NaCl溶液、Na_2SO_4溶液、Na_3PO_4溶液对$Fe(OH)_3$溶胶的聚沉能力不同。

另取3支试管，各加入2ml AgI负溶胶(A)，然后分别边振荡边滴加0.1mol/L NaCl溶液、0.1mol/L $BaCl_2$溶液和0.1mol/L $AlCl_3$溶液，直到出现沉淀为止。准确记录滴加每种电解质溶液的体积，解释为什么NaCl溶液、$BaCl_2$溶液和$AlCl_3$溶液对AgI溶胶的聚沉能力不同。

(2) 正、负溶胶的相互作用：将上述实验制得的AgI负溶胶(A)和AgI正溶胶(B)按实践表3-1中所列比例混合，逐个观察混合后现象(溶胶颜色等)。说明各试管中溶胶的稳定程度及其原因。

实践表3-1 AgI负溶胶(A)和AgI正溶胶(B)混合现象观察

试管编号	(1)	(2)	(3)	(4)	(5)	(6)	(7)
溶胶(A)/ml	6	5	4	3	2	1	0
溶胶(B)/ml	0	1	2	3	4	5	6

(3) 加热对溶胶的作用:取1支试管,加入3ml $Fe(OH)_3$溶胶,慢慢加热至沸,可观察到什么现象?解释原因。

4. 高分子化合物溶液对溶胶的保护作用 取3支试管,各加入2ml $Fe(OH)_3$溶胶和4滴质量分数为1%的白明胶,摇匀。然后分别加入1滴0.2mol/L NaCl溶液、0.2mol/L Na_2SO_4溶液和0.2mol/L Na_3PO_4溶液,振荡试管。观察有无沉淀出现,与实践步骤的3中(1)的现象比较,并解释原因。

四、实践注意

1. 胶体分散系是分散质粒子直径为1~100nm的分散体系。

2. 溶胶的制备方法有分散法和凝聚法两类,本实训采用凝聚法,通过化学反应制备溶胶。例如,$Fe(OH)_3$溶胶和AgI溶胶的制备:

$$AgNO_3 + KI = AgI(\text{溶胶}) + KNO_3$$

当溶液中$AgNO_3$过量时,得正溶胶;当溶液中KI过量时,得负溶胶。

3. 溶胶不稳定,容易发生聚沉。聚沉是溶胶粒子聚集变大的结果。使溶胶聚沉的因素很多,如加入电解质、加入相反电荷的溶胶、加热及加大溶胶的浓度等。在各种因素中,加入电解质的作用最为重要,电解质反离子对溶胶聚沉起主要作用。并且,反离子的电荷数越高,电解质的聚沉能力越强。

4. 在溶胶中加入足量的高分子化合物溶液,能降低溶胶对电解质的敏感性而提高溶胶的稳定性,这种作用称为高分子化合物溶液对溶胶的保护作用。

五、实践检测

1. 把$FeCl_3$溶液加到冷水中,能否制得$Fe(OH)_3$溶胶?为什么?

2. 使溶胶聚沉的因素有哪些?它们是如何作用的?

(姜 斌)

实践 4 化学反应速率和化学平衡

一、实践目的

1. 掌握浓度、温度、催化剂对化学反应速率的影响。
2. 掌握浓度、温度对化学平衡的影响。
3. 熟悉平均化学反应速率的测定方法。

二、实践仪器与试剂

1. 仪器 试管、烧杯、量筒、二氧化氮平衡仪、温度计、酒精灯、铁架台、秒表。

2. 试剂 0.4mol/L $(NH_4)_2S_2O_8$溶液、0.4 mol/L KI溶液、0.02 mol/L $Na_2S_2O_3$溶液、0.2%淀粉溶液、0.4 mol/L KNO_3溶液、2 mol/L $FeCl_3$溶液、2 mol/L KSCN溶液、0.04 mol/L $Cu(NO_3)_2$溶液、固体KCl、冰块。

三、实践原理

（一）平均化学反应速率的测定

1. 反应原理 在水溶液中，过二硫酸铵和碘化钾发生如下反应：

$$S_2O_8^{2-} + 3I^- = 2SO_4^{2-} + I_3^-$$

该反应速率用 $S_2O_8^{2-}$ 浓度变化表示，则为：

$$\bar{v}_{S_2O_8^{2-}} = \left|\frac{\Delta c_{S_2O_8^{2-}}}{\Delta t}\right|$$

2. 测定反应时间 为测出在 Δt 时间内 $S_2O_8^{2-}$ 浓度的变化，可在过二硫酸铵和碘化钾溶液混合的同时，加入浓度已知的一定量的硫代硫酸钠和淀粉溶液。

则溶液中发生如下的反应：

$$S_2O_8^{2-} + 3I^- = 2SO_4^{2-} + I_3^- \quad (1)$$

$$2S_2O_3^{2-} + I_3^- = S_4O_6^{2-} + 3I^- \quad (2)$$

反应(2)的速率远远得大于反应(1)的速率，所以反应(1)生成的碘三离子立即与硫代硫酸钠反应，此时溶液为无色，经过一定时间后，硫代硫酸钠全部反应掉，则反应(1)生成的碘三离子会立即与淀粉作用，使溶液呈蓝色，记录此变化所用的时间(Δt)。

3. 计算平均速率 从反应方程式(1)和(2)的系数比可推出，在相同时间内，$S_2O_8^{2-}$ 浓度的变化是 $S_2O_3^{2-}$ 浓度变化的 1/2，用式子表示为：

$$\Delta c_{S_2O_8^{2-}} = \frac{\Delta c_{S_2O_3^{2-}}}{2}$$

式中，$\Delta c_{S_2O_3^{2-}}$ 等于 $Na_2S_2O_3$ 的起始浓度，因为溶液出现蓝色时，就说明 $S_2O_3^{2-}$ 基本已反应完全，这时 $S_2O_3^{2-}$ 的浓度为零。

因此，可以根据 $Na_2S_2O_3$ 的变化求平均速率：

$$\bar{v}_{S_2O_8^{2-}} = \left|\frac{\Delta c_{S_2O_8^{2-}}}{\Delta t}\right| = \left|\frac{\Delta c_{S_2O_3^{2-}}}{2\Delta t}\right|$$

（二）影响化学平衡的有关化学反应

1. $FeCl_3 + 6KSCN \rightleftharpoons K_3[Fe(SCN)_6] + 3KCl$

（血红色）

2. $2NO_2 \rightleftharpoons N_2O_4 \quad \Delta H<0$

（红棕色） （无色）

四、实践步骤

（一）测定平均化学反应速率

在室温下，分别量取 10ml 0.4 mol/L KI 溶液、4ml 0.02 mol/L $Na_2S_2O_3$ 溶液和 2ml 0.2% 淀粉溶液，然后倒入洁净干燥的烧杯中，搅拌均匀。再量取 10ml 0.4 mol/L $(NH_4)_2S_2O_8$ 溶液，倒入烧杯中，同时按动秒表，边搅拌边观察。当溶液刚出现蓝色时，立即按停秒表，记录反应时间，计算该反应的平均反应速率，填写实践表 4-1。

实践表 4-1　化学反应速率的测定

温度(℃)	$\Delta c_{S_2O_3^{2-}}$ (mol/L)	$\Delta c_{S_2O_8^{2-}}$ (mol/L)	Δt (s)	$\bar{v}_{S_2O_8^{2-}}$ [mol/(L·s)]

(二) 影响化学反应速率的因素

1. 浓度对化学反应速率的影响　在室温下，做两组实验，两组实验的区别在于 KI 溶液的浓度不同。完成实验后填写实践表 4-2。

第一组：量取 5ml 0.4 mol/L KI 溶液、4ml 0.02 mol/L $Na_2S_2O_3$溶液、2ml 0.2% 淀粉溶液、5ml 0.4 mol/L KNO_3溶液，然后都倒入洁净干燥的烧杯中，搅拌均匀。再量取 10ml 0.4 mol/L $(NH_4)_2S_2O_8$溶液，倒入烧杯中，同时按动秒表，边搅拌边观察。当溶液刚出现蓝色时，立即按停秒表，记录反应时间 Δt_1。

第二组：将第一组的 KI 溶液和 KNO_3溶液都换成 10ml，其他都与第一组相同，按照第一组的实验操作完成实验，记录反应时间 Δt_2。

实践表 4-2　浓度对化学反应速率的影响

组别	KI	反应
结论		

2. 温度对化学反应速率的影响　做两组实验，两组实验的区别在于温度不同。完成实验后填写实践表 4-3。

第一组：在大试管中加入 3ml 0.4 mol/L KI 溶液、2ml 0.02 mol/L $Na_2S_2O_3$溶液、2ml 0.2% 淀粉溶液、3ml 0.4 mol/L KNO_3溶液；另取一只大试管加入 5ml 0.4 mol/L $(NH_4)_2S_2O_8$溶液，在室温下将两者混合，同时按动秒表，边搅拌边观察。当溶液刚出现蓝色时，立即按停秒表，记录反应时间 Δt_1。

第二组：按照第一组准备实验，混合前将两支试管同时在水浴中加热，高于室温 20℃时再将两者混合，记录反应时间 Δt_2。

实践表 4-3　温度对化学反应速率的影响

组别	温度	反应时间
结论		

3. 催化剂对化学反应速率的影响　做两组实验，两组实验的区别在于有无催化剂。完

成实验后填写实践表 4-4。

第一组：室温下，在大试管中加入 3ml 0.4 mol/L KI 溶液、2ml 0.02 mol/L $Na_2S_2O_3$溶液、2ml 0.2% 淀粉溶液、3ml 0.4 mol/L KNO_3溶液；另取一只大试管加入 5ml 0.4 mol/L $(NH_4)_2S_2O_8$溶液，将两者混合，同时按动秒表，边搅拌边观察。当溶液刚出现蓝色时，立即按停秒表，记录反应时间 Δt_1。

第二组：按照第一组准备实验，混合前在第一个大试管中加入 1ml 0.04 mol/L $Cu(NO_3)_2$溶液作为催化剂，然后混合，记录反应时间 Δt_2。

实践表 4-4　催化剂对化学反应速率的影响

组别	$Cu(NO_3)_2$溶液	反应时间
结论		

(三) 影响化学平衡的因素

1. 浓度对化学平衡的影响　在小烧杯中加入蒸馏水 20ml，向其中滴入 1 滴 2 mol/L $FeCl_3$溶液和 1 滴 2 mol/L KSCN 溶液，混合均匀，溶液呈血红色。将该溶液平均分到 4 支试管中，其中 1 只试管作为对比溶液。按实践表 4-5 完成实验并将表填完。

实践表 4-5　浓度对化学平衡的影响

试管编号	2 mol/L $FeCl_3$	2 mol/L KSCN	固体 KCl	颜色变化	平衡移动方向
1	1 滴	0	0		
2	0	1 滴	0		
3	0	0	少量		
4	0	0	0		

2. 温度对化学平衡的影响　将二氧化氮平衡仪的两个烧瓶分别放进盛有冰水和热水的烧杯中，比较两个烧瓶中气体的颜色变化，完成实践表 4-6。

实践表 4-6　温度对化学平衡的影响

水温	颜色变化	平衡移动方向
结论		

五、实践注意

(1) 实践操作步骤较多，在实践中要注意实验小组成员间的分工、合作。

(2) 在实践步骤(三)中，要注意加入 $FeCl_3$溶液和 KSCN 溶液的量不能过多，否则颜色太深不利于观察实践现象。

六、实践检测

(1) 在实践步骤(二)中加入 KNO_3 溶液的主要作用是什么？能否用蒸馏水代替？

(2) 实践步骤(一)、(二)中 $Na_2S_2O_3$ 的用量过多或过少对实验结果有何影响？

(张淑凤)

实践 5 乙酸解离常数的测定

一、实践目的

(1) 测定乙酸的解离度和解离常数。

(2) 学习使用 pH 计。了解 pH 与 $[H^+]$ 的关系。

(3) 加深对弱电解质解离平衡基本概念的理解。

二、实践用品

1. 仪器　pH S-3C 型 pH 计、复合电极、烧杯(50ml，5 个)、吸量管(25ml，1 支)、容量瓶(50ml，5 只)。

2. 试剂　HAc 溶液(0.1000mol/L)。

三、实践步骤

1. 配制不同浓度的乙酸溶液　用吸量管分别取 5.00 ml、10.00 ml、15.00 ml、20.00 ml、25.00 ml 标准的 0.1000mol/L HAc 溶液，加入编成 1～5 号的 5 个 50ml 容量瓶中，再用蒸馏水稀释至刻度，摇匀。算出此 5 瓶 HAc 溶液的浓度。

2. 测定乙酸溶液的 pH　把以上配制好的 5 种不同浓度的溶液，分别放入编成 1～5 号的 5 个干燥的 50ml 烧杯中，按照从稀到浓的次序用 pH 计分别测定它们的 pH，记录数据和室温。计算解离度和解离常数。

四、实践注意

(1) 计算公式：$\alpha = \frac{[H^+]}{c}$；$K_a = \frac{c\alpha^2}{1-\alpha}$。

(2) 使用吸量管、容量瓶配制一定体积、一定浓度的溶液的步骤。

(3) 正确使用 pH 计。

五、实践检测

(1) 不同浓度的乙酸溶液的解离度是否相同？

(2) 若改变所测乙酸溶液的浓度，解离度和解离常数有无变化？

(3) 测定不同浓度乙酸溶液的 pH 时，为什么按照从稀到浓的次序？

六、实践记录

将实验数据填入实践表5-1。

实践表5-1 实践记录

烧杯编号	乙酸溶液的体积(ml)	配制溶液的浓度(mol/L)	测得的pH	$c(H^+)$ (mol/L)	$\alpha(HAc)$	$K_{\alpha}(HAc)$
1	5.00					
2	10.00					
3	15.00					
4	20.00					
5	25.00					
$K_{平}$ =						

附:pH计的正确使用方法和步骤

1. 开机前准备

(1) 电极梗旋入电极梗插座,调解电极夹到适当位置。

(2) 复合电极夹在电极夹上,拉下电极前端的电极套。

(3) 拉下橡皮套,露出复合电极上端小孔。

(4) 蒸馏水清洗电极。

2. 开机

(1) 电源线插入电源插座。

(2) 按下电源开关,电源接通后,预热30分钟,接着进行标定。

3. 标定

(1) 在测量电极插座处拔去短路插头。

(2) 在测量电极插座处插上复合电极。

(3) 把选择开关旋钮调到pH档。

(4) 调节温度补偿旋钮,使旋钮白线对准用于标定的缓冲溶液温度值。

(5) 把斜率旋钮顺时针旋到底。

(6) 把用蒸馏水清洗过的电极插入pH=6.86的缓冲溶液中。

(7) 调节定位旋钮,使仪器显示读数与该缓冲溶液当时温度下的pH相一致。

(8) 用蒸馏水清洗电极,用滤纸擦干,再插入pH=4.00(或pH=9.18)的标准缓冲溶液中,调节斜率旋钮使仪器显示读数与该缓冲溶液当时温度下的pH相一致。

(9) 重复3~4次,直至不用再调节定位或斜率两调节旋钮为止。

4. 测量pH

(1) 被测溶液与定位溶液温度不相同时,步骤如下。

1) 用蒸馏水清洗电极头部,用滤纸擦干;

2) 用温度计测出被测溶液的温度值;

3) 调节"温度"旋钮,使白线对准被测溶液的温度值;

4) 把电极插入被测溶液内,用玻璃棒搅拌溶液,使溶液均匀后读出溶液的pH;

(2) 被测溶液与定位溶液温度相同时,步骤如下。

1) 用蒸馏水清洗电极头部,用滤纸擦干;

2）把电极插入被测溶液内，用玻璃棒搅拌溶液，使溶液均匀后读出溶液的 pH。

注意事项：

（1）取下电极护套后，应避免电极的敏感玻璃泡与硬物接触，因为任何破损或摩擦都会使电极失效。

（2）电极不使用时，拉上橡皮套，防止补充液干涸。

（3）电极使用完毕后从测量电极插座处拔去，将短路插头插入。

（4）将使用后的电极置于 3mol/L 氯化钾溶液中浸泡。

（5）关闭电源，将仪器擦拭干净。

（刘 雅）

实践 6 解离平衡和沉淀反应

一、实践目的

（1）了解弱酸与弱碱的解离平衡及平衡移动原理。

（2）掌握缓冲溶液的性质及缓冲溶液的配制方法。

（3）掌握难溶电解质的沉淀-溶解平衡及溶度积规则的运用。

（4）学习液体及固体的分离，以及 pH 试纸的使用等基本操作。

二、实践用品

1. 仪器 离心机、离心试管、试管、烧杯、玻璃棒、量筒、试管架、滴管、药匙。

2. 试剂 NaAc 固体、0.10 mol/L NaAc 溶液、NH_4Cl 固体、NH_4Cl 饱和溶液、0.10mol/L HCl 溶液、6mol/L HCl 溶液、6mol/L HNO_3 溶液、0.10mol/L HAc 溶液、2mol/L HAc 溶液、0.10mol/L NaOH 溶液、2mol/L NaOH 溶液、0.10 mol/L $NH_3 \cdot H_2O$ 溶液、6mol/L $NH_3 \cdot H_2O$ 溶液、0.10mol/L $Pb(NO_3)_2$ 溶液、0.10mol/L KI 溶液、0.10mol/L $AgNO_3$ 溶液、0.10mol/L Na_2S 溶液、0.10mol/L NaCl 溶液、0.10 mol/L $CuSO_4$ 溶液、0.20mol/L Na_2HPO_4 溶液、0.20mol/L KH_2PO_4 溶液、2mol/L KH_2PO_4 溶液、0.10mol/L $BaCl_2$ 溶液、$(NH_4)C_2O_4$ 饱和溶液、0.10mol/L $MgCl_2$ 溶液、甲基橙、酚酞、广泛 pH 试纸、精密 pH 试纸（pH=3.8~5.4；pH=5.5~9.0）。

三、实践步骤

1. 测定溶液 pH 用广泛 pH 试纸测量 0.10mol/L HCl 溶液、0.10mol/L NaOH 溶液和 0.10mol/L $NH_3 \cdot H_2O$ 溶液的 pH。通过计算，理论值分别为 1.0、13.0、8.3。

2. 同离子效应

（1）取 2 支试管 A、B，各加入等量的 0.10 mol/L HAc 溶液和 1 滴甲基橙试液，摇匀后观察溶液颜色。然后向 A 管中加入少量 NaAc 固体，摇匀后观察，与 B 试管溶液颜色比较。

（2）取 2 支试管 A、B，各加入等量的 0.10mol/L $NH_3 \cdot H_2O$ 溶液和 1 滴酚酞试液，摇匀后观察溶液颜色。然后向 A 管中加入少量 NH_4Cl 固体，摇匀后观察，与 B 试管溶液颜色比较。

（3）取2支试管A、B，各加入等量的0.10 mol/L$MgCl_2$溶液。向A管中加入适量NH_4Cl饱和溶液，再向2支试管中各加入适量2 mol/L $NH_3 \cdot H_2O$溶液。摇匀后观察现象。

3. 缓冲溶液的配制

（1）配制20ml pH=4.60的HAc-NaAc缓冲溶液：通过计算得出所需0.10mol/LHAc溶液和0.10 mol/LNaAc溶液的体积。分别用量筒量取所需NaAc溶液和HAc溶液，加入烧杯中混合均匀。用精密pH试纸测混合溶液的pH，并用2 mol/L的NaOH溶液和2 mol/LHAc溶液调节溶液的pH=4.60。

（2）配制100ml pH=7.40的Na_2HPO_4-KH_2PO_4缓冲溶液：通过计算得出所需0.20 mol/LNa_2HPO_4溶液和0.20 mol/LKH_2PO_4溶液的体积。用量筒分别量取Na_2HPO_4溶液和KH_2PO_4溶液，加入烧杯中混合均匀。用精密pH试纸测混合溶液的pH，并用2 mol/LNaOH溶液和2 mol/LKH_2PO_4溶液调节溶液的pH=7.40。

4. 沉淀的生成

（1）取试管A，加1ml 0.10 mol/L $Pb(NO_3)_2$溶液和1ml 0.10 mol/L KI溶液，混合后观察现象。

（2）取试管B，加1ml 0.001 mol/L $Pb(NO_3)_2$溶液和1ml 0.001mol/L KI溶液，混合后观察现象。

5. 沉淀的溶解

（1）生成弱电解质：取离心试管，加入5滴0.10 mol/L $BaCl_2$溶液和3滴$(NH_4)C_2O_4$饱和溶液，摇匀观察颜色变化。离心分离，弃去溶液，在沉淀上滴加6 mol/L的HCl溶液，观察现象。

（2）生成配离子：取离心试管，加入10滴0.10 mol/L $AgNO_3$溶液和10滴0.10 mol/L NaCl溶液，摇匀观察现象。离心分离，弃去溶液，在沉淀上滴加6 mol/L $NH_3 \cdot H_2O$溶液，观察现象。

（3）发生氧化还原反应：取离心试管，加入5滴0.10 mol/L $CuSO_4$溶液和3滴0.10 mol/L Na_2S溶液，摇匀观察现象。离心分离，弃去溶液，在沉淀上滴加6 mol/L HNO_3溶液，60℃水浴加热，观察现象。

四、实践注意

1. 一元弱酸中 $[H^+]=\sqrt{K_a \cdot c}$；一元弱碱中$[OH^-]=\sqrt{K_b \cdot c}$。

2. HAc-NaAc缓冲溶液的pH计算公式

$$pH = pK_a + \lg \frac{n(\text{共轭碱})}{n(\text{共轭酸})}$$

$$pH = pK_a + \lg \frac{V(\text{共轭碱})}{V(\text{共轭酸})}$$

3. 难溶电解质溶度积规则

（1）$Q_i = K_{sp}$时，是饱和溶液，沉淀溶解达到动态平衡。

（2）$Q_i < K_{sp}$时，是不饱和溶液，无沉淀析出，还可以继续溶解少量电解质，直至平衡。

（3）$Q_i > K_{sp}$时，是过饱和溶液，可析出沉淀，直至平衡。

五、实践记录

将实验记录的数据及现象填入实践表6-1。

实践表 6-1 实践记录

实验项目		实验记录		
实验 1	溶液	HCl 溶液	NaOH 溶液	$NH_3 \cdot H_2O$ 溶液
pH 的测定	pH			
实验 2	实验	①	②	③
同离子效应	现象			
实验 3	实验①	$V(HAc)=$	$V(NaAc)=$	
缓冲溶液的配制	实验②	$V(Na_2HPO_4)=$	$V(KH_2PO_4)=$	
实验 4	实验	①	②	
沉淀的生成	现象			
实验 5	实验	①	②	③
沉淀的溶解	现象			

（刘　雅）

实践 7 氧化还原反应与电极电势

一、实践目的

（1）掌握电极电势与氧化还原反应的关系。

（2）了解氧化态和还原态浓度的变化对电极电势的影响。

二、实践原理

从 Nernst 方程可以看出，在 25℃时，影响电极电势的因素为电极的本性（氧化态的氧化能力和还原态的还原能力）和电极反应中氧化态及还原态的浓度。

在 25℃时，电极的反应：

$$Ox_1 + Red_2 \rightleftharpoons Ox_2 + Red_1$$

$$\varphi = \varphi^{\ominus} + \frac{RT}{nF}\ln\frac{c_{ox}}{c_{Red}}$$

一定温度下，φ值越大，则电对中氧化态的氧化能力越强；φ值越小，则表示还原态的还原能力越强。氧化还原反应自发进行的方向，总是由两电对中电极电势较高的氧化态氧化电极电势较低的还原态。

三、实践用品

1. 仪器 50ml 烧杯、5cm 表面皿、8cm 表面皿、伏特计、锌电极片、铜电极片、导线、试管、盐桥。

2. 试剂 锌粒、0.1mol/L $FeCl_3$溶液、0.1mol/L KI 溶液、0.1mol/L KBr 溶液、0.1mol/L $FeSO_4$溶液、0.5mol/L $CuSO_4$溶液、0.5mol/L $ZnSO_4$溶液、0.01mol/L $KMnO_4$溶液、3mol/L H_2SO_4溶液、6mol/L HAc 溶液、6mol/L NaOH 溶液、2mol/L HNO_3溶液、浓 HNO_3、浓$NH_3 \cdot H_2O$、CCl_4、

饱和碘水、饱和溴水、红色石蕊试纸、0.01mol/L 邻菲咯啉溶液、0.1mol/L $KClO_3$ 溶液、0.1mol/L Na_2SO_3溶液、40% NaOH 溶液。

四、实践步骤

1. 电极电势与氧化还原反应的关系

（1）取溶液 0.1mol/L KI 溶液 10 滴，加入 0.1mol/L $FeCl_3$溶液 2 滴，混匀，加入 15 滴 CCl_4，充分振摇，观察 CCl_4层的颜色变化。

（2）用 0.1mol/L KBr 溶液代替 0.1mol/L KI 溶液，进行上述实验，观察现象。根据以上实验结果，定性比较 Br_2/Br^-、I_2/I^-、Fe^{3+}/Fe^{2+}三组电对的电极电势相对大小。

（3）分别用饱和碘水和饱和溴水 2 滴与 0.1mol/L $FeSO_4$溶液 6 滴作用，观察现象。并说明电极电势与氧化还原反应的关系。

2. 酸度对氧化还原反应的影响

（1）两个各盛 10 滴 0.1mol/L KBr 溶液的试管中，分别加入 10 滴 3mol/L H_2SO_4溶液和 10 滴 6mol/L HAc 溶液，然后往两支试管中各滴加 1 滴 0.01mol/L $KMnO_4$溶液，振摇，观察比较两支试管中溶液颜色消退的快慢，写出反应式，并加以解释。

（2）取 0.1mol/L $FeSO_4$溶液 10 滴，加 0.01mol/L 邻菲咯啉溶液 10 滴，振荡，待溶液变为橘红色后，加入 0.1mol/L $KClO_3$溶液 4~5 滴，有无变化？再边振荡边滴加 3mol/L H_2SO_4，有何变化？在这一氧化还原反应中 H_2SO_4起何作用？

（3）取试管 3 支，各加 10 滴 0.1mol/L Na_2SO_3溶液，再分别加 10 滴 3mol/L H_2SO_4、蒸馏水和 40% NaOH 溶液，摇匀后，再各加 3 滴 0.01mol/L $KMnO_4$溶液，观察现象。$KMnO_4$在酸性、中性和碱性介质中的还原产物分别为 Mn^{2+}、MnO_2和 MnO_4^{2-}，写出反应式。

3. 浓度对氧化还原反应的影响

（1）往两个各盛有一细锌粒的试管中分别加入 10 滴浓 HNO_3和 2mol/L HNO_3溶液。观察反应现象，比较反应速度和反应产物是否相同。浓硝酸被还原后的产物可通过观察产生的气体的颜色来判断，稀硝酸还原后的产物用检验溶液中是否有 NH_4^+生成的方法来确定。

$$Zn + 4\,HNO_3(浓) = Zn(NO_3)_2 + 2NO_2\uparrow + 2H_2O$$

$$4Zn + 10\,HNO_3(稀) = 4\,Zn(NO_3)_2 + NH_4NO_3 + 3\,H_2O$$

NH_4^+的检验方法：将 5 滴待测溶液置于表面皿中心，再加 3 滴 6 mol/L NaOH 溶液碱化，混匀。在另一块较小的表面皿中心贴附一小块用水润湿的红色石蕊试纸，把它盖在大表面皿上构成气室，将此气室置于水浴上微热数分钟；若红色石蕊试纸变蓝，则表示有 NH_4^+存在。此法简称“气室法”。

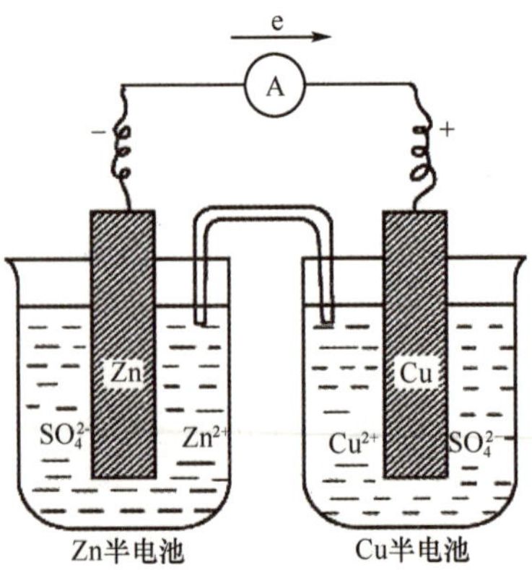

实践图 7-1　铜-锌原电池示意图

（2）浓度对电极电势及电池电动势的影响：在 50ml 烧杯中加 0.5mol/L $CuSO_4$溶液 20ml，并插入一铜片组成正电极，在另一 50ml 烧杯中加入 0.5mol/L $ZnSO_4$溶液 20ml，并插入一锌片组成负电极，用导线连接铜片和锌片，用盐桥将两烧杯中溶液连接起来，构成一原电池（实践图 7-1）。将伏特计按图下图所示连接并测量该原电池两极间的电动势 E_1。

在盛 $CuSO_4$ 的烧杯中边搅拌边滴加浓氨水，直至沉淀生成又溶解，记录此时的电动势 E_2。再在盛有 $ZnSO_4$ 的烧杯中边搅拌边滴加浓氨水，直至沉淀生成又溶解，记录此时的电动势 E_3。解释电动势改变的原因。

五、实践检测

（1）影响电极电势的因素有哪些？

（2）如何根据电极电势，确定氧化剂或还原剂的相对强弱？

（3）在 $CuSO_4$ 溶液中加入过量 $NH_3 \cdot H_2O$，其电极电势怎样改变？试解释。

（吴小琼）

实践 8 配合物的生成和性质

一、实践目的

（1）了解配合物的生成、组成及其与复盐的区别。

（2）了解配位平衡与溶液酸碱性、沉淀反应及氧化还原反应的关系。

（3）了解螯合物的生成和性质。

二、实践用品

1. 仪器 试管。

2. 试剂 6mol/L HCl 溶液、2mol/L HNO_3 溶液、2mol/L NaOH 溶液、2mol/L $NH_3 \cdot H_2O$ 溶液、0.1mol/L $CuSO_4$ 溶液、0.1mol/L $BaCl_2$ 溶液、0.1mol/L $FeCl_3$ 溶液、0.1mol/L NH_4SCN 溶液、0.1mol/L $K_3[Fe(CN)_6]$ 溶液、0.1mol/L $NH_4Fe(SO_4)_2$ 溶液、0.1mol/L $(NH_4)_2C_2O_4$ 溶液、0.1mol/L $AgNO_3$ 溶液、0.1mol/L NaCl 溶液 0.1mol/L KBr 溶液 0.1mol/L $Na_2S_2O_3$ 溶液、0.1mol/L KI 溶液 0.1mol/L $HgCl_2$ 溶液、0.1mol/L $SnCl_2$ 溶液、0.1mol/L $CaCl_2$ 溶液、0.1mol/L EDTA 溶液、0.1mol/L Na_2CO_3 溶液、0.1mol/L $NiCl_2$ 溶液、10g/L 丁二肟溶液、奈斯勒试剂。

三、实践步骤

1. 配离子的生成和配合物的组成

（1）在 2 支试管中各加入 5 滴 0.1mol/L $CuSO_4$ 溶液，再分别加入 2 滴 0.1mol/L $BaCl_2$ 溶液和 2 滴 2mol/L NaOH 溶液。观察现象，写出反应式。

（2）在 1 支试管中加入 10 滴 0.1mol/L $CuSO_4$ 溶液和 2 滴 2mol/L $NH_3 \cdot H_2O$ 溶液，观察现象。继续滴加过量 $NH_3 \cdot H_2O$ 至沉淀溶解呈深蓝色。将此溶液分为 2 份，一份中加入 2 滴 0.1mol/L $BaCl_2$ 溶液，另一份中加入 2 滴 2mol/L NaOH 溶液，观察现象并加以解释。

2. 配合物与复盐的区别

（1）在 2 支试管中分别加入 5 滴 0.1mol/L $FeCl_3$ 溶液和 0.1mol/L $K_3[Fe(CN)_6]$ 溶液，然后各加入 2 滴 0.1mol/L NH_4SCN 溶液，观察现象并解释原因。

（2）在 2 支试管中各加入 5 滴 0.1mol/L $NH_4Fe(SO_4)_2$ 溶液，分别检验溶液中是否存在 NH_4^+、Fe^{3+} 和 SO_4^{2-} 离子。用上面的实验相比较，有何结论？

3. 配位平衡的移动

(1) 在1支试管中加入2滴0.1mol/L $FeCl_3$溶液,然后滴加10滴0.1mol/L$(NH_4)_2C_2O_4$溶液,有何现象?向此溶液中加入1滴0.1mol/L NH_4SCN溶液,是否有现象发生?再向此溶液中滴加6mol/L HCl,又有何现象出现?写出有关反应式。

(2) 在1支试管中加入5滴0.1mol/L $AgNO_3$溶液和5滴0.1mol/L NaCl溶液,观察现象。然后逐滴加入2mol/L $NH_3 \cdot H_2O$溶液,观察沉淀是否溶解?继续加入2mol/L HNO_3溶液,又有何现象?加以解释。

(3) 在试管中加入5滴0.1mol/L $AgNO_3$溶液和5滴0.1mol/L KBr溶液,有何现象?然后逐滴加入0.1mol/L $Na_2S_2O_3$溶液,观察沉淀是否溶解?继续加入1滴0.1mol/L KI溶液,又有何现象?加以解释。

(4) 在2支试管中各加入5滴0.1mol/L $HgCl_2$溶液,在其中1支试管中逐滴加入0.1mol/L $SnCl_2$溶液,观察现象。在另一支试管中逐滴加入0.1mol/L KI溶液至红色沉淀消失,再逐滴加入0.1mol/L $SnCl_2$溶液。与上面的实验现象相比有何不同?为什么?

4. 螯合物的形成

(1) 在2支各盛有5滴0.1mol/L $CaCl_2$溶液的试管中,分别加入0.1mol/L EDTA溶液和蒸馏水各10滴,然后再各加入5滴0.1mol/L Na_2CO_3溶液,观察现象并解释之。

(2) 在1支试管中加入2滴0.1mol/L $NiCl_2$溶液、2滴2mol/L $NH_3 \cdot H_2O$溶液和5滴蒸馏水,然后向混合溶液中加入2滴10g/L丁二肟溶液,观察现象。

四、实践注意

(1) 配合物$K_3[Fe(CN)_6]$在水中可完全电离成K^+和$[Fe(CN)_6]^{3-}$,而$[Fe(CN)_6]^{3-}$只能部分离解成Fe^{3+}和CN^-。复盐$NH_4Fe(SO_4)_2$则完全电离成简单离子NH_4^+、Fe^{3+}和SO_4^{2-}。

$$K_3[Fe(CN)_6] \longrightarrow 3K^+ + [Fe(CN)_6]^{3-}$$

$$[Fe(CN)_6]^{3-} \rightleftharpoons Fe^{3+} + 6CN^-$$

$$NH_4Fe(SO_4)_2 \longrightarrow NH_4^+ + Fe^{3+} + 2SO_4^{2-}$$

(2) 可用奈斯勒试剂($K_2[HgI_4]$的NaOH溶液)检验NH_4^+的存在。往含NH_4^+的溶液中加入奈斯勒试剂,会产生红褐色沉淀(NH_4^+极少时生成黄色溶液)。

(3) 在配离子的生成和配合物的组成实践中,要将试管摇动才能观察到蓝色溶液中存在白色浑浊。

五、实践检测

(1) 配合物与复盐有何区别?

(2) 已知$[Ag(S_2O_3)_2]^{3-}$配离子比$[Ag(NH_3)_2]^+$配离子稳定,若把$Na_2S_2O_3$溶液加到$[Ag(NH_3)_2]^+$配离子溶液中,会发生什么变化?

(3) 总结本实验中所观察到的现象,说明影响配位平衡的因素有哪些?

(李炎武)

实践 9 硫酸亚铁铵的制备

一、实践目的

(1) 了解复盐的制备方法。

(2) 熟悉过滤、蒸发、结晶等基本操作。

二、实践用品

1. 仪器 托盘天平、锥形瓶(250ml)、烧杯、酒精灯、石棉网、量筒、漏斗、漏斗架、玻璃棒、布氏漏斗、吸滤瓶、蒸发皿、滤纸、水浴锅。

2. 试剂 铁屑、pH 试纸、10% Na_2CO_3溶液、3mol/L H_2SO_4溶液、HCl、95%乙醇。

三、实践原理

铁溶于稀 H_2SO_4生成 $FeSO_4$。$FeSO_4$与等摩尔的$(NH_4)_2SO_4$在水溶液中相互作用,生成溶解度较小的浅蓝绿色的硫酸亚铁铵 $FeSO_4 \cdot (NH_4)_2SO_4 \cdot 6H_2O$ 复盐晶体,反应方程式如下:

$$Fe + H_2SO_4 \xlongequal{\quad} FeSO_4 + H_2\uparrow$$

$$FeSO_4 + (NH_4)_2SO_4 + 6H_2O \xlongequal{\quad} FeSO_4 \cdot (NH_4)_2SO_4 \cdot 6H_2O$$

在空气中亚铁盐易被氧化,形成复盐后比较稳定,不易被氧化。此晶体称为摩尔(Mohr)盐,在定量分析中常作为用来配制亚铁离子的标准溶液。

四、实践步骤

1. 铁屑表面油污的除去 称取 4g 铁屑,放在小烧杯中,加入 20ml 10% Na_2CO_3溶液,小火加热煮沸 10 分钟,用倾析法除去碱液,用水把铁屑冲洗干净,备用。

2. 硫酸亚铁的制备 在盛有 4g 铁屑的小烧杯中倒入 30ml 3mol/L H_2SO_4溶液,盖上表面皿,放在石棉网上小火加热,使铁屑和 H_2SO_4反应直到不再有气泡产生为止(约 50 分钟)。在加热过程中应不时加入少量水,以补充蒸发掉的水分,这样做可以防止 $FeSO_4$结晶出来。趁热减压过滤,滤液立即转移至蒸发皿中,此时溶液的 pH 应在 1 左右。

3. 硫酸亚铁铵的制备 根据 $FeSO_4$的理论产量,按反应式计算所需固体硫酸铵的质量。在室温下将称出的$(NH_4)_2SO_4$配制成饱和溶液,加到 $FeSO_4$溶液中去,混合均匀并用3 mol/L H_2SO_4溶液调节 pH 为 1~2。用小火蒸发浓缩至表面出现晶体膜为止(蒸发过程中不宜搅动),放置使溶液慢慢冷却,硫酸亚铁铵即可结晶出来。用减压过滤法滤出晶体,用少量乙醇洗去晶体表面所吸附的水分,并用滤纸吸干晶体表面水分。持续观察晶体的颜色。称出质量并计算产率。

五、实践检测

(1) 铁屑表面的油污是怎样除去的?

（2）硫酸亚铁的制备加热过程中为何要注意补充水分？

（3）为什么要保持 $FeSO_4$ 和 $FeSO_4 \cdot (NH_4)_2SO_4$ 溶液有较强的酸性？

（吴小琼）

实践 10 非金属元素（氮族、硅、硼）

一、实践目的

（1）掌握不同氧化态氮的化合物的主要性质。

（2）掌握磷酸盐的酸碱性和溶解性。

（3）掌握硅酸盐、硼酸及硼砂的主要性质。练习硼砂珠的有关实验操作。

二、实践用品

1. 仪器 试管、试管架、洗瓶、表面皿等。

2. 试剂 固体 NH_4Cl、固体 $(NH_4)_2SO_4$、固体 $(NH_4)_2Cr_2O_7$、固体锌片、固体硫粉、固体氯化钙、固体硝酸钴、固体三氯化铬、固体硫酸铜、固体硫酸镍、固体硫酸锌、固体硫酸锰、固体硫酸亚铁、固体三氯化铁、固体硝酸钠、固体硝酸铜、固体硝酸银、固体硼砂，0.5mol/L HNO_3 溶液、浓 HNO_3 溶液、0.1mol/L Na_3PO_4 溶液、0.1mol/L Na_2HPO_4 溶液、0.1 mol/L NaH_2PO_4 溶液、0.1 mol/L $AgNO_3$ 溶液、0.5 mol/L $CaCl_2$ 溶液、2 mol/L 氨水、20% Na_2SiO_3 溶液、40% 浓碱、饱和硼酸溶液、甘油、95% 乙醇、浓硫酸、6 mol/L 盐酸、2 mol/L 盐酸、pH 试纸。

三、实践内容

（一）铵盐的热分解

在 1 支干燥的硬质试管中放入约 1g 氯化铵，将试管垂直固定、加热，并用润湿的 pH 试纸横放在管口，观察试纸颜色的变化。在试管壁上部有何现象发生？解释现象，写出反应方程式。

分别用硫酸铵和重铬酸铵代替氯化铵重复以上实验，观察并比较它们的热分解产物，写出反应方程式。

根据实验结果总结铵盐热分解产物与阴离子的关系。

（二）硝酸和硝酸盐

1. 硝酸的氧化性

（1）分别往 2 支各盛少量锌片的试管中加入 1ml 浓 HNO_3 和 1ml 0.5 mol/L HNO_3 溶液，观察两者反应速率和反应产物有何不同。将 2 滴锌与稀硝酸反应的溶液滴到一只表面皿上，再将润湿的红色石蕊试纸贴于另一只表面皿凹处。向装有溶液的表面皿中加 1 滴 40% 浓碱，迅速将贴有试纸的表面皿倒扣其上并且放在热水浴上加热。观察红色石蕊试纸是否变为蓝色。

（2）在试管中放入少许硫粉，加入 1ml 浓 HNO_3，水浴加热。观察有何气体产生。冷却，检验反应产物。

2. 硝酸盐的热分解 分别试验固体硝酸钠、硝酸铜、硝酸银的热分解，观察反应的情况和产物的颜色，检验反应生成的气体，写出反应方程式。

总结硝酸盐的热分解与阳离子的关系。

（三）磷酸盐的性质

1. 酸碱性

（1）用 pH 试纸测定浓度均为 0.1 mol/L Na_3PO_4、Na_2HPO_4和 NaH_2PO_4溶液的 pH。

（2）分别往 3 支试管中加入 0.5 ml 0.1 mol/L 的 Na_3PO_4、Na_2HPO_4和 NaH_2PO_4溶液，再各滴适量的 0.1 mol/L $AgNO_3$溶液，是否有沉淀产生？用 pH 试纸试验溶液的酸碱性有无变化？解释之。写出有关的反应方程式。

2. 溶解性 分别取浓度均为 0.1 mol/L 的 Na_3PO_4、Na_2HPO_4和 NaH_2PO_4溶液各0.5 ml，加入等量的 0.5 mol/L $CaCl_2$溶液，观察有何现象，用 pH 试纸测定它们的 pH。滴加 2 mol/L 氨水，各有何变化？再滴加 2 mol/L 盐酸，又有何变化？

比较磷酸钙、磷酸氢钙、磷酸二氢钙的溶解性，说明它们之间相互转化的条件，写出反应方程式。

（四）硅酸与硅酸盐

1. 硅酸水凝胶的生成 往 2 ml 20% 硅酸钠溶液中滴加 6 mol/L 盐酸，观察产物的颜色、状态。

2. 微溶性硅酸盐的生成 在 100 ml 的小烧杯中加入约 50 ml 20% 的硅酸钠溶液，然后把氯化钙、硝酸钴、硫酸铜、硫酸镍、硫酸锌、硫酸锰、硫酸亚铁、三氯化铁固体各一小粒投入杯内（注意各固体之间保持一定间隔），放置一段时间后观察有何现象发生。

（五）硼酸及硼酸的焰色鉴定反应

1. 硼酸的性质 取 1 ml 饱和硼酸溶液，用 pH 试纸测其 pH。在硼酸溶液中滴入 3~4 滴甘油，再测溶液的 pH。该实验说明硼酸具有什么性质？

2. 硼酸的鉴定反应 在蒸发皿中放入少量硼酸晶体、1 ml 乙醇和几滴浓硫酸。混合后点燃，观察火焰的颜色有何特征。

（六）硼砂珠试验

1. 硼砂珠的制备 用6 mol/L 盐酸清洗铂丝，然后将其置于氧化焰中灼烧片刻，取出再浸入酸中，如此重复数次直至铂丝在氧化焰中灼烧不产生离子特征的颜色，表示铂丝已经洗干净了。将这样处理过的铂丝蘸上一些硼砂固体，在氧化焰中灼烧并熔融成圆珠，观察硼砂珠的颜色、状态。

2. 用硼砂珠鉴定钴盐和铬盐 用烧热的硼砂珠分别沾上少量硝酸钴和三氯化铬固体，熔融之。冷却后观察硼砂珠的颜色，写出相应的反应方程式。

四、实 践 注 意

在进行非金属离子的鉴定时，要保证没有干扰离子的存在。

五、实 践 检 测

（1）为什么一般情况下不用硝酸作为酸性反应介质？硝酸与金属反应和稀硫酸或稀盐酸与金属有何不同？

(2) NaH_2PO_4显酸性,是否酸式盐溶液都呈酸性?为什么?举例说明?

(3) 用酸溶解磷酸银沉淀,在盐酸、硫酸、硝酸中选用哪一种最适宜?为什么?

(吴小琼)

实践 11 常见几种金属离子的分离与鉴定

一、实践目的

(1) 掌握常见几种阳离子的鉴定方法。

(2) 掌握离子检出的基本操作。

二、实践用品

1. 仪器 点滴板、试管、离心试管。

2. 试剂 饱和$(NH_4)_2C_2O_4$溶液、15mol/L 氨水、6mol/L NaOH 溶液、6mol/L HCl 溶液、6mol/L HAc 溶液、6mol/L 氨水、6mol/L HNO_3 溶液、2mol/L HAc 溶液、2mol/L NaOH 溶液、2mol/L HCl 溶液、0.1mol/L HCl 溶液、0.1mol/L $CaCl_2$溶液、0.1mol/L $AlCl_3$溶液、0.1mol/L $MgCl_2$溶液、0.1mol/L $BaCl_2$溶液、0.1mol/L $FeSO_4$溶液、0.1mol/L $CuSO_4$溶液、0.1mol/L $FeCl_3$溶液、0.1mol/L $ZnSO_4$溶液、0.1mol/L Na_2SO_4溶液、镁试剂(对硝基偶氮间苯二酚)、铝试剂、邻二氮菲试剂、$K_3[Fe(CN)_6]$溶液、$K_4[Fe(CN)_6]$溶液、NH_4SCN溶液、$(NH_4)_2Hg(SCN)_4$溶液、0.2g/L $CoCl_2$溶液、浓 H_2SO_4、H_2O_2、蒸馏水、0.1mol/L $AgNO_3$溶液。

三、实践步骤

1. Mg^{2+} 的鉴定 取 0.1mol/L $MgCl_2$ 试液 1 滴于点滴板上,加 6mol/L NaOH 溶液 1 滴,加镁试剂(对硝基偶氮间苯二酚)1~2 滴,即生成天蓝色沉淀。

2. Ca^{2+} 的鉴定

(1) 与$(NH_4)_2C_2O_4$的反应:取 0.1mol/L $CaCl_2$ 试液 1~2 滴滴于离心试管中,加饱和$(NH_4)_2C_2O_4$溶液 2 滴,生成白色的 CaC_2O_4 沉淀,离心分离。将沉淀分装在 2 支试管中,一支试管中加 6mol/L HAc 溶液数滴,沉淀不溶解;另一支试管中加 6mol/L HCl 溶液数滴,沉淀溶解。

(2) 焰色反应:Ca^{2+} 的焰色反应呈砖红色。

3. Ba^{2+} 的鉴定

(1) 与 H_2SO_4和 $KMnO_4$的反应:取 0.1mol/L $BaCl_2$ 试液 1~2 滴滴于离心试管中,加 $KMnO_4$溶液 1 滴,6mol/L H_2SO_4溶液 1 滴,生成紫色的 $nBaSO_4 \cdot mKMnO_4$混晶,加热 2~3 分钟后,再加 H_2O_2不褪色。

(2) 焰色反应:Ba^{2+} 的火焰呈黄绿色。

4. Al^{3+} 的鉴定 取 0.1mol/L $AlCl_3$ 试液 2~3 滴滴于离心试管中,加铝试剂 2 滴,加 6mol/L 氨水,呈碱性,在水浴上加热,生成红色絮状沉淀。

5. Fe^{2+} 的鉴定

（1）与铁氰化钾的反应：取 0.1mol/L $FeSO_4$ 试液 1 滴滴于点滴板上，加 $K_3[Fe(CN)_6]$ 试剂 2 滴，即生成深蓝色沉淀（滕氏蓝），反应需在酸性溶液中进行。

（2）与邻二氮菲的反应：取 0.1mol/L $FeSO_4$ 试液 1 滴滴于点滴板上，加 1～2 滴邻二氮菲试剂，溶液呈橘红色。反应需在酸性溶液中进行。

6. Fe^{3+} 的鉴定 取 0.1mol/L $FeCl_3$ 试液 1 滴滴于点滴板上，加 NH_4SCN 溶液 2 滴，溶液呈深红色。生成的配合物组成不同，配位数为 1～6，碱能破坏配合物，故应在酸性溶液中进行，同时做一空白试验对比。

7. Cu^{2+} 的鉴定

（1）亚铁氰化钾的反应：取 0.1mol/L $CuSO_4$ 试液 1 滴置于点滴板上，加 2mol/L HAc 溶液数滴酸化，加 $K_4[Fe(CN)_6]$ 溶液 1 滴，有红棕色沉淀产生。Fe^{3+} 干扰此反应。

（2）与浓氨水的反应：取 0.1mol/L $CuSO_4$ 试液 1 滴置于离心管中，加 15mol/L 氨水 2 滴，溶液立即成深蓝色。

8. Zn^{2+} 的鉴定 在点滴板上，放入 $(NH_4)_2Hg(SCN)_4$ 溶液 1 滴，0.2 g/L $CoCl_2$ 溶液 1 滴，并无沉淀生成。此时加入 0.1mol/L $ZnSO_4$ 试液 1 滴，迅速（半分钟）生成天蓝色沉淀。

9. Ag^+ 的鉴定 取 0.1mol/L $AgNO_3$ 试液 2 滴加入离心管中，加 6mol/LHCl 溶液 1 滴，生成白色凝乳状沉淀，离心分离，弃去离心液，在沉淀上加 6mol/L 氨水 2 滴，用玻璃棒搅拌，使沉淀溶解，再加 6mol/L HNO_3 溶液数滴，使溶液呈明显酸性，白色沉淀重新析出。注意一定加 HNO_3 溶液酸化，才会有白色沉淀析出。

四、实践注意

在进行金属离子的鉴定时，要保证没有干扰离子的存在。

五、实践检测

有哪些离子的鉴定反应没有干扰离子？

（姜 斌）

参 考 文 献

冯务群.2010. 无机化学. 第 2 版. 北京：人民卫生出版社
傅春华，黄月君.2013. 基础化学. 第 2 版. 北京：人民卫生出版社
刘斌.2006. 无机及分析化学. 北京：高等教育出版社
刘德育，刘有训.2009. 无机化学. 北京：科学出版社
牛秀明，吴瑛.2013. 无机化学. 第 2 版. 北京：人民卫生出版社
覃特营.2013. 无机化学. 北京：中国医药科技出版社
铁步荣.2012. 无机化学. 第 3 版. 北京：中国中医药出版社

附　　录

附录 1　相对原子质量与常见化合物的相对分子质量

附表 1-1　元素的相对原子质量(2005)[按照原子序数排列，以 $Ar(^{12}C)=12$ 为基准]

原子序数	元素 符号	名称	英文名	相对原子质量	原子序数	元素 符号	名称	英文名	相对原子质量
1	H	氢	Hydrogen	1.00794(7)	31	Ga	镓	Gallium	69.723(1)
2	He	氦	Helium	4.002602(2)	32	Ge	锗	Germanium	72.64(1)
3	Li	锂	Lithium	6.941(2)	33	As	砷	Arsenic	74.92160(2)
4	Be	铍	Beryllium	9.012182(3)	34	Se	硒	Selenium	78.96(3)
5	B	硼	Boron	10.811(7)	35	Br	溴	Bromine	79.904(1)
6	C	碳	Carbon	12.0107(8)	36	Kr	氪	Krypton	83.798(2)
7	N	氮	Nitrogen	14.0067(2)	37	Rb	铷	Rubidium	85.4678(3)
8	O	氧	Oxygen	15.9994(3)	38	Sr	锶	Strontium	87.62(1)
9	F	氟	Fluorine	18.9984032(5)	39	Y	钇	Yttrium	88.90585(2)
10	Ne	氖	Neon	20.1797(6)	40	Zr	锆	Zirconium	91.224(2)
11	Na	钠	Sodium	22.98976928(2)	41	Nb	铌	Niobium	92.90638(2)
12	Mg	镁	Magnesium	24.3050(6)	42	Mo	钼	Molybdenium	95.94(2)
13	Al	铝	Aluminum	26.9815386(8)	43	Tc	锝	Technetium	[98]
14	Si	硅	Silicon	28.0855(3)	44	Ru	钌	Ruthenium	101.07(2)
15	P	磷	Phosphorus	30.973762(2)	45	Rh	铑	Rhodium	102.90550(2)
16	S	硫	Sulphur	32.065(5)	46	Pd	钯	Palladium	106.42(1)
17	Cl	氯	Chlorine	35.453(2)	47	Ag	银	Silver	107.8682(2)
18	Ar	氩	Argon	39.948(1)	48	Cd	镉	Cadmium	112.411(8)
19	K	钾	Potassium	39.0983(1)	49	In	铟	Indium	114.818(3)
20	Ca	钙	Calcium	40.078(4)	50	Sn	锡	Tin	118.710(7)
21	Sc	钪	Scandium	44.955912(6)	51	Sb	锑	Antimony	121.760(1)
22	Ti	钛	Titanium	47.867(1)	52	Te	碲	Tellurium	127.60(3)
23	V	钒	Vanadium	50.9415(1)	53	I	碘	Iodine	126.90447(3)
24	Cr	铬	Chromium	51.9961(6)	54	Xe	氙	Xenon	131.293(6)
25	Mn	锰	Manganese	54.938045(5)	55	Cs	铯	Caesium	132.9054519(2)
26	Fe	铁	Iron	55.845(2)	56	Ba	钡	Barium	137.327(7)
27	Co	钴	Cobalt	58.933195(5)	57	La	镧	Lanthanum	138.90547(7)
28	Ni	镍	Nickel	58.6934(2)	58	Ce	铈	Cerium	140.116(1)
29	Cu	铜	Copper	63.546(3)	59	Pr	镨	Praseodynium	140.90765(2)
30	Zn	锌	Zinc	65.409(4)	60	Nd	钕	Neodymium	144.242(3)

续表

原子序数	元素 符号	元素 名称	元素 英文名	相对原子质量	原子序数	元素 符号	元素 名称	元素 英文名	相对原子质量
61	Pm	钷	Promethium	[145]	90	Th	钍	Thorium	232.03806(2)
62	Sm	钐	Samarium	150.36(2)	91	Pa	镤	Protactinium	231.03588(2)
63	Eu	铕	Europium	151.964(1)	92	U	铀	Uranium	238.02891(3)
64	Gd	钆	Gadolinium	157.25(3)	93	Np	镎	Neptunium	[237]
65	Tb	铽	Terbium	158.92535(2)	94	Pu	钚	Plutonium	[244]
66	Dy	镝	Dysprosium	162.500(1)	95	Am	镅	Americium	[243]
67	Ho	钬	Holmium	164.93032(2)	96	Cm	锔	Curium	[247]
68	Er	铒	Erbium	167.259(3)	97	Bk	锫	Berkelium	[247]
69	Tm	铥	Thulium	168.93421(2)	98	Cf	锎	Californium	[251]
70	Yb	镱	Ytterbium	173.04(3)	99	Es	锿	Einsteinium	[252]
71	Lu	镥	Lutetium	174.967(1)	100	Fm	镄	Fermium	[257]
72	Hf	铪	Hafnium	178.49(2)	101	Md	钔	Mendelevium	[258]
73	Ta	钽	Tantalum	180.94788(2)	102	No	锘	Nobelium	[259]
74	W	钨	Tungsten	183.84(1)	103	Lr	铹	Lawrencium	[262]
75	Re	铼	Rhenium	186.207(1)	104	Rf	铲	Rutherfordium	[267]
76	Os	锇	Osmium	190.23(3)	105	Db	钳	Dubnium	[268]
77	Ir	铱	Iridium	192.217(3)	106	Sg	镇	Seaborgium	[271]
78	Pt	铂	Platinum	195.084(9)	107	Bh	铍	Bohrium	[272]
79	Au	金	Gold	196.966569(4)	108	Hs	锞	Hassium	[270]
80	Hg	汞	Mercury	200.59(2)	109	Mt	铸	Meitnerium	[276]
81	Tl	铊	Thallium	204.3833(2)	110	Ds		Darmstadtium	[281]
82	Pb	铅	Lead	207.2(1)	111	Rg		Roentgenium	[280]
83	Bi	铋	Bismuth	208.98040(1)	112	Uub		Ununbium	[285]
84	Po	钋	Polonium	[209]	113	Uut		Ununtrium	[284]
85	At	砹	Astatine	[210]	114	Uuq		Ununquadium	[289]
86	Rn	氡	Radon	[222]	115	Uup		Ununpentium	[288]
87	Fr	钫	Fracium	[223]	116	Uuh		Ununhexium	[293]
88	Ra	镭	Radium	[226]	118	Uuo		Ununoctium	[294]
89	Ac	锕	Actinium	[227]					

注：录自 2005 年国际原子量表(IUPAC commission of Atomic Weights and Isotopic Abundances. Atomic Weights of the elements 2005. Pure Appl. Chem.,2006,78:2051-2066)。( )表示最后一位数字的不确定性，[ ]中的数值为没有稳定同位素元素的半衰期最长同位素的质量数。

附表 1-2　常见化合物的相对分子质量

化合物	相对分子质量	化合物	相对分子质量	化合物	相对分子质量
Ag_3AsO_4	462.52	$AlCl_3 \cdot 6H_2O$	241.43	As_2S_3	246.02
$AgBr$	187.77	$Al(NO_3)_3$	213	$BaCO_3$	197.34
$AgCl$	143.32	$Al(NO_3)_3 \cdot 9H_2O$	375.13	BaC_2O_4	225.35
$AgCN$	133.89	Al_2O_3	101.96	$BaCl_2$	208.24
$AgSCN$	165.95	$Al(OH)_3$	78	$BaCl_2 \cdot 2H_2O$	244.27
Ag_2CrO_4	331.73	$Al_2(SO_4)_3$	342.14	$BaCrO_4$	253.32
AgI	234.77	$Al_2(SO_4)_3 \cdot 18H_2O$	666.41	BaO	153.33
$AgNO_3$	169.87	As_2O_3	197.84	$Ba(OH)_2$	171.34
$AlCl_3$	133.34	As_2O_5	229.84	$H_2C_2O_4 \cdot 2H_2O$	126.07
$BaSO_4$	233.39	$CuSCN$	121.62	HCl	36.461
$BiCl_3$	315.34	CuI	190.45	HF	20.006
$BiOCl$	260.43	$Cu(NO_3)_2$	187.56	HI	127.91
CaO	56.08	$Cu(NO_3)_2 \cdot 3H_2O$	241.6	HIO_3	175.91
$CaCO_3$	100.09	CuO	79.545	HNO_3	63.013
CaC_2O_4	128.1	Cu_2O	143.09	HNO_2	47.013
$CaCl_2$	110.99	CuS	95.61	H_2O	18.015
$CaCl_2 \cdot 6H_2O$	219.08	$CuSO_4$	159.60	H_2O_2	34.015
$Ca(NO_3)_2 \cdot 4H_2O$	236.15	$CuSO_4 \cdot 5H_2O$	249.68	H_3PO_4	97.995
$Ca(OH)_2$	74.09	$FeCl_2$	126.75	H_2S	34.08
$Ca_3(PO_4)_2$	310.18	$FeCl_2 \cdot 4H_2O$	198.81	H_2SO_3	82.07
$CaSO_4$	136.14	$FeCl_3$	162.21	H_2SO_4	98.07
$CdCO_3$	172.42	$FeCl_3 \cdot 6H_2O$	270.3	$Hg(CN)_2$	252.63
$CdCl_2$	183.82	$FeNH_4(SO_4)_2 \cdot 12H_2O$	482.18	$HgCl_2$	271.5
CdS	144.47	$Fe(NO_3)_3$	241.86	Hg_2Cl_2	472.09
$Ce(SO_4)_2$	332.24	$Fe(NO_3)_3 \cdot 9H_2O$	404	HgI_2	454.4
$Ce(SO_4)_2 \cdot 4H_2O$	404.3	FeO	71.846	$Hg_2(NO_3)_2$	525.19
CH_3COOH	60.052	Fe_2O_3	159.69	$Hg_2(NO_3)_2 \cdot 2H_2O$	561.22
CO_2	44.01	Fe_3O_4	231.54	$Hg(NO_3)_2$	324.6
$CoCl_2$	129.84	$Fe(OH)_3$	106.87	HgO	216.59
$CoCl_2 \cdot 6H_2O$	237.93	FeS	87.91	HgS	232.65
$Co(NO_3)_2$	182.94	Fe_2S_3	207.87	$HgSO_4$	296.65
$Co(NO_3)_2 \cdot 6H_2O$	291.03	$FeSO_4$	151.9	Hg_2SO_4	497.24
CoS	90.99	$FeSO_4 \cdot 7H_2O$	278.01	$KAl(SO_4)_2 \cdot 12H_2O$	474.38

续表

化合物	相对分子质量	化合物	相对分子质量	化合物	相对分子质量
$CoSO_4$	154.99	$Fe(NH_4)_2(SO_4)_2 \cdot 6H_2O$	392.125	KBr	119
$CoSO_4 \cdot 7H_2O$	281.1	H_3AsO_3	125.94	$KBrO_3$	167
$CO(NH_2)_2$	60.06	H_3ASO_4	141.94	KCl	74.551
$CrCl_3$	158.35	H_3BO_3	61.88	$KClO_3$	122.55
$CrCl_3 \cdot 6H_2O$	266.45	HBr	80.912	$KClO_4$	138.55
$Cr(NO_3)_3$	238.01	HCN	27.026	KCN	65.116
Cr_2O_3	151.99	$HCOOH$	46.026	$KSCN$	97.18
$CuCl$	98.999	H_2CO_3	62.025	K_2CO_3	138.21
$CuCl_2$	134.45	$H_2C_2O_4$	90.035	K_2CrO_4	194.19
$CuCl_2 \cdot 2H_2O$	170.48	MnS	87	$Na_2H_2Y \cdot 2H_2O$	372.24
$K_2Cr_2O_7$	294.18	$MnSO_4$	151	$NaNO_2$	68.995
$K_3Fe(CN)_6$	329.25	$MnSO_4 \cdot 4H_2O$	223.06	$NaNO_3$	84.995
$K_4Fe(CN)_6$	368.35	NO	30.006	Na_2O	61.979
$KFe(SO_4)_2 \cdot 12H_2O$	503.24	NO_2	46.066	Na_2O_2	77.978
$KHC_2O_4 \cdot H_2O$	146.14	NH_3	17.03	$NaOH$	39.997
$KHC_2O_4 \cdot H_2C_2O_4 \cdot 2H_2O$	254.19	CH_3COONH_4	77.083	Na_3PO_4	163.94
$KHC_4H_4O_6$	188.18	NH_4Cl	53.491	Na_2S	78.04
$KHC_8H_4O_4$	204.22	$(NH_4)_2CO_3$	96.086	$Na_2S \cdot 9H_2O$	240.18
$KHSO_4$	136.16	$(NH_4)_2C_2O_4$	124.1	Na_2SO_3	126.04
KI	166	$(NH_4)_2C_2O_4 \cdot H_2O$	142.11	Na_2SO_4	142.04
KIO_3	214	NH_4SCN	76.12	$Na_2S_2O_3$	158.1
$KIO_3 \cdot HIO_3$	389.91	NH_4HCO_3	79.055	$Na_2S_2O_3 \cdot 5H_2O$	248.17
$KMnO_4$	158.03	$(NH_4)_2MoO_4$	196.01	$NiCl_2 \cdot 6H_2O$	237.69
$KNaC_4H_4O_6 \cdot 4H_2O$	282.22	NH_4NO_3	80.043	NiO	74.69
KNO_3	101.1	$(NH_4)_2HPO_4$	132.06	$Ni(NO_3)_2 \cdot 6H_2O$	290.79
KNO_2	85.104	$(NH_4)_2S$	68.14	NiS	90.75
K_2O	94.196	$(NH_4)_2SO_4$	132.13	$NiSO_4 \cdot 7H_2O$	280.85
KOH	56.106	NH_4VO_3	116.98	P_2O_5	141.94
K_2SO_4	172.25	Na_3AsO_3	191.89	$PbCO_3$	267.2
$MgCO_3$	84.314	$Na_2B_4O_7$	201.22	PbC_2O_4	295.22
$MgCl_2$	95.211	$Na_2B_4O_7 \cdot 10H_2O$	381.37	$PbCl_2$	278.1
$MgCl_2 \cdot 6H_2O$	203.3	$NaBiO_3$	279.97	$PbCrO_4$	323.2
MgC_2O_4	112.33	$NaCN$	49.007	$Pb(CH_3COO)_2$	325.3

续表

化合物	相对分子质量	化合物	相对分子质量	化合物	相对分子质量
$Mg(NO_3)_2 \cdot 6H_2O$	256.41	NaSCN	81.07	$Pb(CH_3COO)_2 \cdot 3H_2O$	379.3
$MgNH_4PO_4$	137.32	Na_2CO_3	105.99	PbI_2	461
MgO	40.304	$Na_2CO_3 \cdot 10H_2O$	286.14	$Pb(NO_3)_2$	331.2
$Mg(OH)_2$	58.32	$Na_2C_2O_4$	134	PbO	223.2
$Mg_2P_2O_7$	222.55	CH_3COONa	82.034	PbO_2	239.2
$MgSO_4 \cdot 7H_2O$	246.47	$CH_3COONa \cdot {}_3H_2O$	136.08	$Pb_3(PO_4)_2$	811.54
$MnCO_3$	114.95	NaCl	58.443	PbS	239.3
$MnCl_2 \cdot 4H_2O$	197.91	NaClO	74.442	$PbSO_4$	303.3
$Mn(NO_3)_2 \cdot 6H_2O$	287.04	$NaHCO_3$	84.007	SO_3	80.06
MnO	70.937	$Na_2HPO_4 \cdot 12H_2O$	358.14	$UO_2(CH_3COO)_2 \cdot 2H_2O$	424.15
MnO_2	86.937	$SnCl_4 \cdot 5H_2O$	350.58	ZnC_2O_4	153.4
SO_2	64.06	SnO_2	150.69	$ZnCl_2$	136.29
$SbCl_3$	228.11	SnS_2	150.75	$Zn(CH_3COO)_2$	183.47
$SbCl_5$	299.02	$SrCO_3$	147.63	$Zn(CH_3COO)_2 \cdot 2H_2O$	219.5
Sb_2O_3	291.5	SrC_2O_4	175.64	$Zn(NO_3)_2$	189.39
Sb_2S_3	339.68	$SrCrO_4$	203.61	$Zn(NO_3)_2 \cdot 6H_2O$	297.48
SiF_4	104.08	$Sr(NO_3)_2$	211.63	ZnO	81.38
SiO_2	60.084	$Sr(NO_3)_2 \cdot 4H_2O$	283.69	ZnS	97.44
$SnCl_2$	189.6	$SrSO_4$	183.69	$ZnSO_4 \cdot 7H_2O$	287.54
$SnCl_2 \cdot 2H_2O$	225.63	$ZnCO_3$	125.39	$SnCl_4$	260.5

附录 2 常见弱酸、弱碱的解离常数(298K)

附表 2-1 弱酸在水中的解离常数

化合物	化学式	解离常数 K	化合物	化学式	解离常数 K
亚砷酸	$HAsO_3$	6.0×10^{-10}	磷酸	H_3PO_4	$6.9\times10^{-3}(K_1)$
硼酸	H_3BO_3	5.8×10^{-10}			$6.2\times10^{-8}(K_2)$
碳酸	H_2CO_3	$4.2\times10^{-7}(K_1)$			$4.8\times10^{-13}(K_3)$
		$5.6\times10^{-11}(K_2)$	亚磷酸	H_3PO_3	$6.3\times10^{-2}(K_1)$
铝酸	H_3AlO_3	6.3×10^{-12}			$2.0\times10^{-7}(K_2)$
砷酸	H_3AsO_4	$6.3\times10^{-3}(K_1)$	氢硫酸	H_2S	$1.3\times10^{-7}(K_1)$
		$1.0\times10^{-7}(K_2)$			$7.1\times10^{-15}(K_2)$
		$3.2\times10^{-12}(K_3)$	偏硅酸	H_2SiO_3	$1.7\times10^{-10}(K_1)$
氢氰酸	HCN	6.2×10^{-10}			$1.6\times10^{-12}(K_2)$
铬酸	H_2CrO_4	$4.1(K_1)$	甲酸	HCOOH	1.77×10^{-4}
		$1.3\times10^{-6}(K_2)$	乙酸	CH_3COOH	1.75×10^{-5}
次氯酸	HClO	2.8×10^{-8}	草酸	$H_2C_2O_4$	$5.4\times10^{-2}(K_1)$
硫氰酸	HSCN	1.4×10^{-1}			$5.4\times10^{-5}(K_2)$
过氧化氢	H_2O_2	2.2×10^{-12}	苯甲酸	C_6H_5COOH	6.2×10^{-5}
氢氟酸	HF	6.6×10^{-4}	邻苯二甲酸	$C_6H_4(COOH)_2$	$1.1\times10^{-3}(K_1)$
次碘酸	HIO	2.3×10^{-11}			$3.9\times10^{-6}(K_2)$
碘酸	HIO_3	0.16	苯酚	C_6H_5OH	1.1×10^{-10}
亚硝酸	HNO_2	5.1×10^{-4}			
亚硫酸	H_2SO_3	$1.3\times10^{-2}(K_1)$			
		$6.3\times10^{-8}(K_2)$			

附表 2-2 弱碱在水中的解离常数

化合物	化学式	解离常数 K	化合物	化学式	解离常数 K
氨	NH_3	1.8×10^{-5}	乙醇胺	$HOCH_2CH_2NH_2$	3.2×10^{-5}
甲胺	CH_3NH_2	4.2×10^{-4}	三乙醇胺	$(HOCH_2CH_2)_3N$	5.8×10^{-7}
乙胺	$C_2H_5NH_2$	5.6×10^{-4}	联氨	H_2NNH_2	$3.0\times10^{-6}(K_1)$
二甲胺	$(CH_3)_2NH$	1.2×10^{-4}			$7.6\times10^{-15}(K_2)$
二乙胺	$(C_2H_5)_2NH$	1.3×10^{-3}	羟氨	NH_2OH	9.1×10^{-9}
乙二胺	$NH_2CH_2CH_2NH_2$	$8.3\times10^{-5}(K_1)$	苯胺	$C_6H_5NH_2$	4.3×10^{-10}
		$7.1\times10^{-8}(K_2)$	吡啶	C_5H_5N	1.7×10^{-9}

附录 3 一些难溶电解质的溶度积常数（298K）

化合物	$K_{sp}^{\ominus}$	化合物	$K_{sp}^{\ominus}$	化合物	$K_{sp}^{\ominus}$
$AgBr$	5.4×10^{-13}	$Co(OH)_2$	1.1×10^{-15}	MgF_2	7.4×10^{-11}
$AgCl$	1.8×10^{-10}	$Co_3(PO_4)_2$	2.1×10^{-35}	$Mg(OH)_2$	5.6×10^{-12}
Ag_2CO_3	8.5×10^{-12}	$Cr(OH)_3$	6.3×10^{-31}	$Mg_3(PO_4)_2$	9.9×10^{-25}
Ag_2CrO_4	1.1×10^{-12}	$CuBr$	6.3×10^{-9}	$NiCO_3$	1.4×10^{-7}
$Ag_2Cr_2O_7$	2.0×10^{-7}	$CuCl$	1.7×10^{-7}	$Ni(IO_3)_2$	4.7×10^{-5}
$AgCN$	5.9×10^{-17}	CuI	1.3×10^{-12}	$Ni(OH)_2$	5.5×10^{-16}
$Ag_2C_2O_4$	5.4×10^{-12}	$Cu(OH)_2$	2.2×10^{-20}	NiS	1.1×10^{-21}
$AgIO_3$	3.2×10^{-8}	$CuSCN$	1.8×10^{-13}	$Ni_3(PO_4)_2$	4.7×10^{-32}
AgI	8.5×10^{-17}	$Cu(IO_3)_2$	6.9×10^{-8}	$PbCO_3$	1.5×10^{-13}
$AgOH$	2.0×10^{-8}	CuS	1.3×10^{-36}	$PbCrO_4$	2.8×10^{-13}
Ag_3PO_4	8.9×10^{-17}	Cu_2S	2.3×10^{-48}	PbC_2O_4	8.5×10^{-10}
Ag_2S	6.3×10^{-50}	$Cu_3(PO_4)_2$	1.4×10^{-37}	$PbCl_2$	1.2×10^{-5}
$AgSCN$	1.0×10^{-12}	$FeCO_3$	3.1×10^{-11}	$PbBr_2$	6.6×10^{-6}
Ag_2SO_4	1.2×10^{-5}	FeF_2	2.4×10^{-6}	PbF_2	7.2×10^{-7}
Ag_2SO_3	1.5×10^{-14}	$Fe(OH)_2$	4.9×10^{-11}	PbI_2	8.5×10^{-9}
$Al(OH)_3$	1.1×10^{-33}	$Fe(OH)_3$	2.6×10^{-39}	$Pb(IO_3)_2$	3.7×10^{-13}
As_2S_3	2.1×10^{-22}	FeS	1.6×10^{-19}	$Pb(OH)_2$	1.4×10^{-20}
$BaCO_3$	2.6×10^{-9}	$HgBr_2$	6.2×10^{-12}	$Pb(OH)_4$	3.2×10^{-44}
$BaCrO_4$	1.2×10^{-10}	HgI_2	2.8×10^{-29}	PbS	9.1×10^{-29}
BaF_2	1.8×10^{-7}	HgS	6.4×10^{-53}	$PbSO_4$	1.8×10^{-8}
$Ba_3(PO_4)_2$	3.4×10^{-23}	$Hg(OH)_2$	3.2×10^{-26}	$Pb(SCN)_2$	2.1×10^{-5}
$BaSO_4$	1.1×10^{-10}	Hg_2Br_2	6.4×10^{-23}	PbS	2.0×10^{-58}
BaC_2O_4	1.6×10^{-7}	Hg_2CO_3	3.7×10^{-17}	$Pd(SCN)_2$	4.4×10^{-23}
$CaCO_3$	5.0×10^{-9}	$Hg_2C_2O_4$	1.8×10^{-13}	PtS	2.0×10^{-58}
CaF_2	1.5×10^{-10}	Hg_2Cl_2	1.5×10^{-18}	$Sn(OH)_2$	5.5×10^{-27}
$CaSO_4$	7.1×10^{-5}	Hg_2F_2	3.1×10^{-6}	$Sn(OH)_4$	1.0×10^{-56}
$Ca(OH)_2$	4.7×10^{-6}	Hg_2I_2	5.3×10^{-29}	SnS	3.3×10^{-28}
CaC_2O_4	2.3×10^{-9}	Hg_2S	1.0×10^{-47}	$SrCO_3$	5.6×10^{-10}
$Ca(IO_3)_2$	6.5×10^{-6}	Hg_2SO_4	8.0×10^{-7}	SrF_2	4.3×10^{-9}
$Ca_3(PO_4)_2$	2.1×10^{-33}	$Hg_2(SCN)_2$	3.12×10^{-20}	$Sr(IO_3)_2$	1.1×10^{-7}
CdF_2	6.4×10^{-3}	$KClO_4$	1.1×10^{-2}	$SrSO_4$	3.4×10^{-7}
$Cd(IO_3)_2$	2.5×10^{-8}	$K_2[PtCl_6]$	7.5×10^{-6}	$ZnCO_3$	1.2×10^{-10}
$Cd(OH)_2$	7.2×10^{-15}	$MnCO_3$	2.2×10^{-11}	ZnF_2	3.0×10^{-2}
CdS	8.0×10^{-27}	$Mn(IO_3)_2$	4.4×10^{-7}	$Zn(IO_3)_2$	4.3×10^{-6}
$Cd_3(PO_4)_2$	2.5×10^{-33}	MnS	4.7×10^{-14}	$Zn(OH)_2$	6.9×10^{-17}
$Co(IO_3)_2$	1.2×10^{-2}	$MgCO_3$	6.8×10^{-6}	ZnS	1.6×10^{-24}

附录 4 一些有机化合物的热力学数据(298K)

有机化合物	$\Delta_f H_m^\ominus$/(kJ/mol)	$\Delta_f G_m^\ominus$/(kJ/mol)	$S_m^\ominus$/[J/(K·mol)]	$\Delta_c H_m^\ominus$/(kJ/mol)
C (s)石墨	0	0	5.74	-393.51
C (s)金刚石	1.895	2.900	2.377	-395.40
CH_4(g) 甲烷	-74.81	-50.72	186.26	-890.31
C_2H_2(g) 乙炔	226.73	209.20	200.94	-1300
C_2H_4(g) 乙烯	52.26	68.15	219.56	-1410.97
C_2H_6(g) 乙烷	-84.68	-32.82	229.6	-1559.84
C_3H_6(g) 丙烯	20.42	62.78	267.05	-2058
C_3H_6(g) 环丙烷	53.30	104.45	237.55	-2091
C_3H_8(g) 丙烷	-103.85	-23.49	269.91	-2219.07
C_6H_6(l) 苯	49.0	124.3	173.3	-3268
C_6H_6(g) 苯	82.93	129.72	269.31	-3267.5
C_6H_{12}(l) 环己烷	-156	26.8	-	-3919.3
$C_6H_5CH_3$(g) 甲苯	50.0	122.0	320.7	-3953
$C_{10}H_8$(s) 萘	78.53	-	-	-5157
CH_3OH(l) 甲醇	-238.66	-166.27	126.8	-726.51
CH_3OH(g) 甲醇	-200.66	-161.96	239.81	-764
C_2H_5OH(l) 乙醇	-277.69	-174.78	160.7	-1366.95
C_2H_5OH(g) 乙醇	-235.10	-168.49	282.70	-1409
C_6H_5OH(s) 苯酚	-165.0	-50.9	146.0	-3054
HCOOH (l)甲酸	-424.72	-361.35	128.95	-255
CH_3COOH (l) 乙酸	-484.5	-389.9	159.8	-874.54
$(COOH)_2$(s) 草酸	-827.2	-	-	-245.6
C_6H_5COOH(s) 苯甲酸	-385.1	-245.3	167.6	-3226.7
$CH_3COOC_2H_5$(l) 乙酸乙酯	-479.0	-332.7	259.4	-2254.2
HCHO (g)甲醛	-108.57	-102.53	218.77	-571
CH_3CHO (g) 乙醛	-192.30	-128.12	160.2	-1166
$C_6H_{12}O_6$(s) 葡萄糖	-1274	-	-	-2820
$C_6H_{12}O_6$(s) 果糖	-1266	-	-	-2810
$C_{12}H_{22}O_{11}$(s) 蔗糖	-2222	-1543	360.2	-5640.9
$CO(NH_2)_2$(s) 尿素	-333.51	-197.33	104.60	-631.66
CH_3NH_2(g) 甲胺	-22.97	32.16	243.41	-1085
$C_6H_5NH_2$(l) 苯胺	31.1	-	-	-3393
NH_2CH_2COOH (s) 甘氨酸	-532.9	-373.4	103.5	-969

附录5 一些物质的热力学数据(298K)

物质	$\Delta_f H_m^\ominus$/(kJ/mol)	$\Delta_f G_m^\ominus$/(kJ/mol)	$S_m^\ominus$/[J/(K·mol)]
Ag(s)	0	0	42.6
AgCl (s)	-127.0	-109.8	96.3
AgBr (s)	-100.4	-96.9	107.1
AgI (s)	-61.84	-66.19	115.5
Ag_2O (s)	-31.0	-11.2	121
$AgNO_3$(s)	-124.4	-33.4	140.9
AgCN (s)	146.0	156.9	107.2
AgSCN (s)	87.9	101.4	131.0
Ag_2S (α-斜方)	-32.6	-40.7	144.0
Al (s)	0	0	28.3
$AlCl_3$(s)	-704.2	-628.8	109.3
Al_2O_3(刚玉)	-1675.7	-1582.3	50.9
As (s)	0	0	35.1
AsH_3(g)	66.4	68.9	222.8
AsF_3(l)	-821.3	-774.0	181.2
As_2S_3(s)	-169.0	-168.6	163.6
As_4O_6(g)	-1209	-1098	381
B (s)	0	0	5.86
B_2H_6(g)	35.6	86.6	232
B_2O_3(s)	-1272.8	-1193.7	54.0
H_3BO_3(s)	-1094.5	-969.0	88.8
Ba (s)	0	0	62.8
$BaCl_2$(s)	-858.6	-806.7	123.7
BaO (s)	-553.5	-525.1	70.4
$BaCO_3$(s)	-1216	-1138	112.1
$BaSO_4$(s)	-1473.2	-1362.2	132.2
Br_2(g)	30.9	3.14	245.5
Br_2(l)	0	0	152.2
HBr(g)	-36.4	-53.6	198.7
$HBrO_3$(aq)	-67.1	-18	161.5
C (s,金刚石)	1.89	2.9	2.38
C (s,石墨)	0	0	5.74
CO (g)	-110.5	-137.2	197.7

续表

物质	$\Delta_f H_m^\ominus$/(kJ/mol)	$\Delta_f G_m^\ominus$/(kJ/mol)	$S_m^\ominus$/[J/(K·mol)]
CO_2(g)	-393.5	-394.4	213.7
CS_2(l)	89.70	65.27	151.34
CH_4(g)	-74.6	-50.8	186.2
CH_3Cl (g)	-80.83	-57.37	234.58
$CHCl_3$(l)	-134.47	-73.66	201.7
CCl_4(g)	-102.9	-60.59	309.85
CCl_4(l)	-135.44	-65.21	216.40
C_2H_4(g)	52.3	68.2	219.4
C_2H_5OH (l)	-277.7	-174.9	160.7
Ca (s)	0	0	41.4
$CaCl_2$(s)	-795.8	-748.1	104.6
$CaCO_3$(s,方解石)	-1206.9	-1128.8	92.9
CaO (s)	-635.1	-604.2	39.7
CaF_2(s)	-1219.6	-1167.3	68.87
CaS (s)	-482.4	-477.4	56.5
$Ca(OH)_2$(s)	-986.09	-898.49	83.39
$CaSO_4$(s)	-1425.2	-1313.4	108.4
Cl_2(g)	0	0	223.07
Cl_2(l)	-23.4	6.94	121
HCl (g)	-92.5	-95.4	186.7
HClO (aq,非电离)	-121	-79.9	142
$HClO_3$(aq)	104.0	-8.03	162
$HClO_4$(aq)	-9.70	-	-
Co (s)	0	0	30.0
$CoCl_2$(s)	-312.5	-270	109.2
$CoCl_2 \cdot 2H_2O$ (s)	-923.0	-764.8	188.3
$CoCl_2 \cdot 6H_2O$ (s)	-2115	-1725	343
Cr (s)	0	0	23.77
Cr_2O_3(s)	-1140	-1058	81.2
CrO_3(s)	-589.5	-506.3	-
$(NH_4)_2Cr_2O_7$(s)	-1807	-	-
Cu (s)	0	0	33
CuCl (s)	-137.2	-119.9	86.2
CuBr (s)	-104.6	-100.8	96.11
CuI (s)	-67.8	-69.5	96.7

续表

物质	$\Delta_f H_m^{\ominus}$/(kJ/mol)	$\Delta_f G_m^{\ominus}$/(kJ/mol)	$S_m^{\ominus}$/[J/(K·mol)]
Cu_2O (s)	−168.6	−146.0	93.14
CuO (s)	−157.3	−129.7	42.63
CuS (s)	−53.1	−53.6	66.5
$CuSO_4$(s)	−771.4	−661.8	109
$CuSO_4 \cdot 5H_2O$ (s)	−2321	−1880	300
F_2(g)	0	0	202.78
HF (g)	−271	−273	174
Fe (s)	0	0	27.28
$FeCl_2$(s)	−341.8	−302.3	117.95
$FeCl_3$(s)	−399.5	−334.0	142.3
Fe_2O_3(赤铁矿)	−824.2	−742.2	87.4
Fe_3O_4(磁铁矿)	−1118.4	−1015.4	146.4
$Fe(OH)_2$(s)	−569.0	−486.5	88
$Fe(OH)_3$(s)	−823.0	−696.5	106.7
FeS_2(黄铁矿)	−178.2	−166.9	52.93
$FeSO_4 \cdot 7H_2O$ (s)	−3014.6	−2509.8	409.2
H_2(g)	0	0	130.68
H_2O (g)	−241.82	−228.57	188.83
H_2O (l)	−285.83	−237.2	69.91
H_2O_2(l)	−187.8	−120.4	109.6
H_2S (g)	−20.63	−33.56	205.79
Hg (l)	0	0	76.1
$HgCl_2$(s)	−224.3	−178.6	146
Hg_2Cl_2(s)	−265.22	−210.75	192.5
Hg_2SO_4(s)	−743.12	−625.82	200.66
HgO(s，红)	−90.83	−58.54	70.29
HgO(s，黄)	−90.4	−58.43	71.1
HgI_2(s，红)	−105	−102	180
HgS(s，红)	−58.1	−50.6	82.4
HgS(s，黑)	−53.6	−47.7	88.3
I_2(g)	62.44	19.33	260.69
I_2(s)	0	0	116.14
HI (g)	26.48	1.70	206.59
HIO_3(g)	−230	–	–
K (s)	0	0	64.6

续表

物质	$\Delta_f H_m^\ominus$/(kJ/mol)	$\Delta_f G_m^\ominus$/(kJ/mol)	$S_m^\ominus$/[J/(K·mol)]
KCl (s)	-436.75	-409.14	82.59
KBr (s)	-393.8	-380.66	95.9
K_2O (s)	-361	–	–
K_2O_2(s)	-494.1	-425.1	102
KCN (s)	-113.0	-101.86	128.5
K_2CO_3(s)	-1151.02	-1063.5	155.52
KNO_3(s)	-494.63	-394.86	133.05
KOH (s)	-424.76	-379.08	78.9
K_2SO_4(s)	-1437.8	-1321.4	175.56
$K_2Cr_2O_7$(s)	-2061.5	-1881.8	291.2
$KMnO_4$(s)	-837.2	-737.6	171.71
Li_2O(s)	-597.9	-561.1	37.6
Li_2O_2(s)	-634.3	–	–
Mg (s)	0	0	32.7
MgO (s,方镁石)	-606.7	-569.43	26.94
$MgCl_2$(s)	-641.32	-591.79	89.62
$MgCO_3$(s,菱镁矿)	-1095.8	-1012.1	65.7
$MgSO_4$(s)	-1284.9	-1170.6	91.6
$Mg(OH)_2$(s)	-924.54	-833.51	63.18
Mn (s)	0	0	32.0
MnO_2(s)	-520.03	-466.14	53.05
$MnCl_2$(s)	-481.29	-440.6	118.24
$MnSO_4$(s)	-1065.25	-957.36	112.1
N_2(g)	0	0	191.6
NH_3(g)	-46.11	-16.45	192.45
NO (g)	90.25	86.55	210.76
NO_2(g)	33.18	51.31	240.06
N_2O_4(s)	9.16	97.82	304
N_2O_4(l)	-19.5	97.5	209
HNO_3(l)	-174.10	-80.71	155.60
NH_4NO_3(s)	-366	-184	151
NH_4Cl (s)	-314.43	-202.87	94.6
NH_4HCO_3(s)	-849.4	-665.9	120.9
$(NH_4)_2CO_3$(s)	-333.51	-197.33	104.60
$(NH_4)_2SO_4$(s)	-1180.5	-901.67	220.1

续表

物质	$\Delta_f H_m^\ominus$/(kJ/mol)	$\Delta_f G_m^\ominus$/(kJ/mol)	$S_m^\ominus$/[J/(K·mol)]
Na (s)	0	0	51.2
NaCl (s)	-411.15	-384.14	72.13
Na_2O (s)	-414	-375.5	75.06
Na_2O_2(s)	-510.9	-447.7	93.3
NaOH(s)	-425.6	-379.5	64.46
Na_2CO_3(s)	-1130.7	-1044.5	135
$NaHCO_3$(s)	-950.81	-851.0	101.7
$NaNO_3$(s)	-467.9	-367.1	116.5
Na_2SO_4(s)	-1387.08	-1270.16	149.58
$Na_2B_4O_7$(s)	-3291	-3096	189.5
O_2(g)	0	0	205.14
O_3(g)	142.7	163.2	238.93
P (s,白)	0	0	41.1
P (s,红)	-17.6	-121.1	22.8
PH_3(g)	5.4	13.4	210.23
PCl_3(g)	-287	-268	311.7
PCl_5(g)	-398.9	-324.6	353
Pb (s)	0	0	64.9
$PbCl_2$(s)	-359.41	-314.10	136.0
$PbBr_2$(s)	-278.7	-216.92	161.5
PbI_2(s)	-175.48	-173.64	174.85
PbO (s,红)	-218.99	-188.93	66.5
PbO (s,黄)	-217.32	-187.9	68.70
PbO_2(s)	-277.4	-217.33	68.6
PbS (s)	-100	-98.7	91.2
$PbSO_4$(s)	-919.94	-813.14	148.57
S (s,斜方)	0	0	31.80
H_2S (g)	-20.6	-33.6	206
SO_2(g)	-296.83	-300.19	248.22
SO_3(g)	-395.72	-371.06	256.76
SiO_2(s,石英)	-910.49	-856.64	41.84
SiF_4(g)	-1614.9	-1572.7	282.4
Sn (s,白色)	0	0	51.55
Sn (s,灰色)	-2.1	0.13	44.14
$SnCl_2$(aq)	-329.7	-299.5	172
$SnCl_4$(l)	-511.3	-440.1	258.6

续表

物质	$\Delta_f H_m^\ominus$/(kJ/mol)	$\Delta_f G_m^\ominus$/(kJ/mol)	$S_m^\ominus$/[J/(K·mol)]
SnO (s)	-286	-257	56.5
SnO_2(s)	-580.7	-519.6	52.3
SnS (s)	-100	-98.3	77.0
SrO (s)	-592.0	-561.9	54.4
$SrCl_2$(s)	-828.9	-781.1	97.1
$SrCO_3$(s,菱锶矿)	-1220.1	-1140.1	97.1
Ti (s)	0	0	30.60
TiO_2(s,锐钛矿)	-939.7	-884.5	49.92
TiO_2(s,金红矿)	-944.7	-889.5	50.33
$TiCl_4$(l)	-804.2	-737.2	252.3
V_2O_5(s)	-1551	-1420	131
WO_3(s)	-842.9	-764.08	75.9
H_2WO_4(s)	-1131.8	-	-
Zn (s)	0	0	41.6
ZnO (s)	-348.3	-318.3	43.6
$ZnCl_2$(s)	-415.05	-396.40	111.46
ZnS (s)	-206.0	-210.3	57.7
$ZnSO_4$(s)	-982.8	-871.5	110.5

附录 6 标准电极电势(298.15K)

电极反应				$\varphi^{\ominus}$(V)
氧化态	电子数		还原态	
Li^{+}	+e	⇌	Li	-3.0401
Cs^{+}	+e	⇌	Cs	-3.026
Rb^{+}	+e	⇌	Rb	-2.98
K^{+}	+e	⇌	K	-2.931
Ba^{2+}	+2e	⇌	Ba	-2.912
Sr^{2+}	+2e	⇌	Sr	-2.89
Ca^{2+}	+2e	⇌	Ca	-2.868
Na^{+}	+e	⇌	Na	-2.71
La^{3+}	+3e	⇌	La	-2.379
Mg^{2+}	+2e	⇌	Mg	-2.372
Ce^{3+}	+3e	⇌	Ce	-2.336
$H_2(g)$	+2e	⇌	$2H^{-}$	-2.23
AlF_6^{3-}	+3e	⇌	Al + 6F	-2.069
Th^{4+}	+4e	⇌	Th	-1.899
Be^{2+}	+2e	⇌	Be	-1.847
U^{3+}	+3e	⇌	U	-1.798
Al^{3+}	+3e	⇌	Al	-1.662
Ti^{2+}	+2e	⇌	Ti	-1.630
$ZrO_2 + 4H^{+}$	+4e	⇌	$Zr + 2H_2O$	-1.553
$[SiF_6]^{2}$	+4e	⇌	$Si + 6F^{-}$	-1.24
Mn^{2+}	+2e	⇌	Mn	-1.185
Cr^{2+}	+2e	⇌	Cr	-0.913
Ti^{3+}	+e	⇌	Ti^{2+}	-0.9
$H_3BO_3 + 3H^{+}$	+3e	⇌	$B + 3H_2O$	-0.8698
$TiO_2 + 4H^{+}$	+4e	⇌	$Ti + 2H_2O$	-0.86
$Te + 2H^{+}$	+2e	⇌	H_2Te	-0.793
Zn^{2+}	+2e	⇌	Zn	-0.7618
$Ta_2O_5 + 10H^{+}$	+10e	⇌	$2Ta + 5H_2O$	-0.750
Cr^{3+}	+3e	⇌	Cr	-0.744
$Nb_2O_5 + 10H^{+}$	+10e	⇌	$2Nb + 5H_2O$	-0.644
$As + 3H^{+}$	+3e	⇌	AsH_3	-0.608
Ga^{3+}	+3e	⇌	Ga	-0.549
$H_3PO_2 + H^{+}$	+e	⇌	$P + 2H_2O$	-0.508
$H_3PO_3 + 2H^{+}$	+2e	⇌	$H_3PO_2 + H_2O$	-0.499
$2CO_2 + 2H^{+}$	+2e	⇌	$H_2C_2O_4$	-0.49
Fe^{2+}	+2e	⇌	Fe	-0.447
Cr^{3+}	+e	⇌	Cr^{2+}	-0.407
Cd^{2+}	+2e	⇌	Cd	-0.4030
$Se + 2H^{+}$	+2e	⇌	$H_2Se(aq)$	-0.399
PbI_2	+2e	⇌	$Pb + 2I^{-}$	-0.365
Eu^{3+}	+e	⇌	Eu^{2+}	-0.36

续表

电极反应				$\varphi^{\ominus}$(V)
氧化态	电子数		还原态	
$PbSO_4$	+2e	⇌	$Pb + SO_4^{2-}$	-0.3588
In^{3+}	+3e	⇌	In	-0.3382
Tl^{+}	+e	⇌	Tl	-0.336
Co^{2+}	+2e	⇌	Co	-0.28
$H_3PO_4 + 2H^+$	+2e	⇌	$H_3PO_3 + H_2O$	-0.276
$PbCl_2$	+2e	⇌	$Pb + 2Cl^-$	-0.2675
Ni^{2+}	+2e	⇌	Ni	-0.257
V^{3+}	+e	⇌	V^{2+}	-0.255
$H_2GeO_3 + 4H^+$	+4e	⇌	$Ge + 3H_2O$	-0.182
AgI	+e	⇌	$Ag + I^-$	-0.15224
Sn^{2+}	+2e	⇌	Sn	-0.1375
Pb^{2+}	+2e	⇌	Pb	-0.1262
$CO_2(g) + 2H^+$	+2e	⇌	$CO + H_2O$	-0.12
P(白) + $3H^+$	+3e	⇌	$PH_3(g)$	-0.063
Hg_2I_2	+2e	⇌	$2Hg + 2I^-$	-0.0405
Fe^{3+}	+3e	⇌	Fe	-0.037
$2H^+$	+2e	⇌	H_2	0.0000
AgBr	+e	⇌	$Ag + Br^-$	0.07133
$S_4O_6^{2-}$	+2e	⇌	$2S_2O_3^{2-}$	0.08
$TiO^{2+} + 2H^+$	+e	⇌	$Ti^{3+} + H_2O$	0.1
$S + 2H^+$	+2e	⇌	$H_2S(aq)$	0.142
Sn^{4+}	+2e	⇌	Sn^{2+}	0.151
$Sb_2O_3 + 6H^+$	+6e	⇌	$2Sb + 3H_2O$	0.152
Cu^{2+}	+e	⇌	Cu^+	0.153
$BiOCl + 2H^+$	+3e	⇌	$Bi + Cl^- + H_2O$	0.1583
$SO_4^{2-} + 4H^+$	+2e	⇌	$H_2SO_3 + H_2O$	0.172
$SbO^+ + 2H^+$	+3e	⇌	$Sb + H_2O$	0.212
AgCl	+e	⇌	$Ag + Cl^-$	0.22233
$HAsO_2 + 3H^+$	+3e	⇌	$As + 2H_2O$	0.248
Hg_2Cl_2	+2e	⇌	$2Hg + 2Cl^-$(饱和 KCl)	0.26808
$BiO^+ + 2H^+$	+3e	⇌	$Bi + H_2O$	0.320
$2HCNO + 2H^+$	+2e	⇌	$(CN)_2 + 2H_2O$	0.330
$VO^{2+} + 2H^+$	+e	⇌	$V^{3+} + H_2O$	0.337
Cu^{2+}	+2e	⇌	Cu	0.3419
$ReO_4^- + 8H^+$	+7e	⇌	$Re + 4H_2O$	0.368
Ag_2CrO_4	+2e	⇌	$2Ag + CrO_4^{2-}$	0.4470
$H_2SO_3 + 4H^+$	+4e	⇌	$S + 3H_2O$	0.449
Cu^+	+e	⇌	Cu	0.521
I_2	+2e	⇌	$2I^-$	0.5355
I_3^-	+2e	⇌	$3I^-$	0.536
$H_3AsO_4 + 2H^+$	+2e	⇌	$HAsO_2 + 2H_2O$	0.560
$Sb_2O_5 + 6H^+$	+4e	⇌	$2SbO^+ + 3H_2O$	0.581

续表

电极反应				$\varphi^{\ominus}$(V)
氧化态	电子数		还原态	
$TeO_2 + 4H^+$	+4e	⇌	$Te + 2H_2O$	0. 593
$O_2{}^+ + 4H^+$	+e	⇌	$U^{4+} + 2H_2O$	0. 612
$2HgCl_2$	+2e	⇌	$Hg_2Cl_2 + 2Cl^-$	0. 63
$[PtCl_6]^{2-}$	+2e	⇌	$[PtCl_4]^{2-} + 2Cl^-$	0. 68
$O_2 + 2H^+$	+2e	⇌	H_2O_2	0. 695
$[PtCl_4]^{2-}$	+2e	⇌	$Pt + 4Cl^-$	0. 755
$H_2SeO_3 + 4H^+$	+4e	⇌	$Se + 3H_2O$	0. 74
Fe^{3+}	+e	⇌	Fe^{2+}	0. 771
$Hg_2{}^{2+}$	+2e	⇌	2Hg	0. 7973
Ag^+	+e	⇌	Ag	0. 7996
$OsO_4 + 8H^+$	+8e	⇌	$Os + 4H_2O$	0. 8
$2NO_3{}^- + 4H^+$	+2e	⇌	$N_2O_4 + 2H_2O$	0. 803
Hg^{2+}	+2e	⇌	Hg	0. 851
(quartz)$SiO_2 + 4H^+$	+4e	⇌	$Si + 2H_2O$	0. 857
$Cu^{2+} + I^-$	+e	⇌	CuI	0. 86
$2HNO_2 + 4H^+$	+4e	⇌	$H_2N_2O_2 + 2H_2O$	0. 86
$2Hg^{2+}$	+2e	⇌	$Hg_2{}^{2+}$	0. 920
$NO_3^- + 3H^+$	+2e	⇌	$HNO_2 + H_2O$	0. 934
Pd^{2+}	+2e	⇌	Pd	0. 951
$NO_3^- + 4H^+$	+3e	⇌	$NO + 2H_2O$	0. 957
$HNO_2 + H^+$	+e	⇌	$NO + H_2O$	0. 983
$HIO + H^+$	+2e	⇌	$I^- + H_2O$	0. 987
$VO_2{}^+ + 2H^+$	+e	⇌	$VO^{2+} + H_2O$	0. 991
$V(OH)_4^+ + 2H^+$	+e	⇌	$VO^{2+} + 3H_2O$	1. 00
$[AuCl_4]^-$	+3e	⇌	$Au + 4Cl^-$	1. 002
$N_2O_4 + 4H^+$	+4e	⇌	$2NO + 2H_2O$	1. 035
$N_2O_4 + 2H^+$	+2e	⇌	$2HNO_2$	1. 065
$IO_3{}^- + 6H^+$	+6e	⇌	$I^- + 3H_2O$	1. 085
$Br_2(aq)$	+2e	⇌	$2Br^-$	1. 0873
$SeO_4^{2-} + 4H^+$	+2e	⇌	$H_2SeO_3 + H_2O$	1. 151
$ClO_3^- + 2H^+$	+e	⇌	$ClO_2 + H_2O$	1. 152
Pt^{2+}	+2e	⇌	Pt	1. 18
$ClO_4^- + 2H^+$	+2e	⇌	$ClO_3{}^- + H_2O$	1. 189
$2IO_3^- + 12H^+$	+10e	⇌	$I_2 + 6H_2O$	1. 195
$ClO_3^- + 3H^+$	+2e	⇌	$HClO_2 + H_2O$	1. 214
$MnO_2 + 4H^+$	+2e	⇌	$Mn^{2+} + 2H_2O$	1. 224
$O_2 + 4H^+$	+4e	⇌	$2H_2O$	1. 229
Tl^{3+}	+2e	⇌	Tl^+	1. 252
$ClO_2 + H^+$	+e	⇌	$HClO_2$	1. 277
$2HNO_2 + 4H^+$	+4e	⇌	$N_2O + 3H_2O$	1. 297
$Cr_2O + 14H^+$	+6e	⇌	$2Cr^{3+} + 7H_2O$	1. 33
$HBrO + H^+$	+2e	⇌	$Br^- + H_2O$	1. 331

续表

电极反应				$\varphi^{\ominus}$(V)
氧化态	电子数		还原态	
$HCrO_4^- + 7H^+$	+3e	⇌	$Cr^{3+} + 4H_2O$	1.350
$Cl_2(g)$	+2e	⇌	$2Cl^-$	1.35827
$ClO_4^- + 8H^+$	+8e	⇌	$Cl^- + 4H_2O$	1.389
$ClO_4^- + 8H^+$	+7e	⇌	$1/2Cl_2 + 4H_2O$	1.39
Au^{3+}	+2e	⇌	Au^+	1.401
$BrO_3^- + 6H^+$	+6e	⇌	$Br^- + 3H_2O$	1.423
$2HIO + 2H^+$	+2e	⇌	$I_2 + 2H_2O$	1.439
$ClO_3^- + 6H^+$	+6e	⇌	$Cl^- + 3H_2O$	1.451
$PbO_2 + 4H^+$	+2e	⇌	$Pb^{2+} + 2H_2O$	1.455
$ClO_3^- + 6H^+$	+5e	⇌	$1/2Cl_2 + 3H_2O$	1.47
$HClO + H^+$	+2e	⇌	$Cl^- + H_2O$	1.482
$BrO_3^- + 6H^+$	+5e	⇌	$1/2Br_2 + 3H_2O$	1.482
Au^{3+}	+3e	⇌	Au	1.498
$MnO_4^- + 8H^+$	+5e	⇌	$Mn^{2+} + 4H_2O$	1.507
Mn^{3+}	+e	⇌	Mn^{2+}	1.5415
$HClO_2 + 3H^+$	+4e	⇌	$Cl^- + 2H_2O$	1.570
$HBrO + H^+$	+e	⇌	$1/2Br_2(aq) + H_2O$	1.574
$2NO + 2H^+$	+2e	⇌	$N_2O + H_2O$	1.591
$H_5IO_6 + H^+$	+2e	⇌	$IO_3^- + 3H_2O$	1.601
$HClO + H^+$	+e	⇌	$1/2Cl_2 + H_2O$	1.611
$HClO_2 + 2H^+$	+2e	⇌	$HClO + H_2O$	1.645
$NiO_2 + 4H^+$	+2e	⇌	$Ni^{2+} + 2H_2O$	1.678
$MnO_4^- + 4H^+$	+3e	⇌	$MnO_2 + 2H_2O$	1.679
$PbO_2 + SO_4^{2-} + 4H^+$	+2e	⇌	$PbSO_4 + 2H_2O$	1.6913
Au^+	+e	⇌	Au	1.692
Ce^{4+}	+e	⇌	Ce^{3+}	1.72
$N_2O + 2H^+$	+2e	⇌	$N_2 + H_2O$	1.766
$H_2O_2 + 2H^+$	+2e	⇌	$2H_2O$	1.776
Co^{3+}	+e	⇌	Co^{2+}($2mol/L\ H_2SO_4$)	1.83
Ag^{2+}	+e	⇌	Ag^+	1.980
$S_2O_8^{2-}$	+2e	⇌	$2SO_4^{2-}$	2.010
$O_3 + 2H^+$	+2e	⇌	$O_2 + H_2O$	2.076
$F_2O + 2H^+$	+4e	⇌	$H_2O + 2F^-$	2.153
$O(g) + 2H^+$	+2e	⇌	H_2O	2.421
F_2	+2e	⇌	$2F^-$	2.866
$F_2 + 2H^+$	+2e	⇌	$2HF$	3.053

教学大纲

一、课程任务和性质

《无机化学》是高职高专卫生职业教育医学检验类专业一门重要的基础课程。内容丰富，涉及的化合物繁多。在医学检验等学科中有多方面的应用。课程包括理论讲授和实践操作两部分。主要学习原子和分子结构、化学平衡、溶液化学、电化学、化学热力学、化学动力学、配合物化学、元素化学等基本理论知识。本课程的任务是，通过理论教学，为学生学习后续课程生物化学、分析化学、生化检验技术、理化检验技术等，以及学习相关专业知识和职业技能奠定坚实基础，从而使学生具备从事医学检验、卫生检验与检疫技术和病理检验技术的学习和工作所必需的无机化学基本知识和基本技能，解决应用中的实际问题；通过实践教学，使学生掌握化学实践基本操作，培养学生实践基本操作技能和良好的科学研究思维方法及基本素质。通过理论和实践的综合教学，为学生今后学习相关专业知识和职业技能、增强继续学习和适应职业变化的能力奠定坚实基础。

二、课程教学目标

（一）知识教学目标

（1）掌握无机化学的基本概念、基本原理等基本知识。

（2）熟悉物质结构、元素周期律及化学反应的能量变化和反应速率等基础理论知识。熟悉无机化学研究问题和解决问题的方法和技能。

（3）了解无机化学的概念、基本理论及在检验等领域的应用。了解无机化学的主要内容和新知识、新进展等有关内容。

（4）学会认真观察、记录实验现象，分析实验结果，并正确书写实验报告。

（二）能力培养目标

（1）熟练掌握无机化学的基本操作技能，能制备简单的无机物。

（2）学会使用常见的仪器及设备，培养学生的动手能力和分析解决问题的能力。

（3）培养学生的自学能力。激发学生的求知渴望，增强学习的主动性和积极性。

（三）思想教育目标

（1）形成良好的职业素质，初步具备逻辑思维和分析问题、解决问题的能力。

（2）具有检验专业所应有的良好职业道德，实事求是的科学工作态度，严谨细致的专业学风。

三、教学内容与要求

教学内容	教学要求			教学活动参考
	了解	熟悉	掌握	
绪论				
(一)无机化学的研究内容和发展过程		√		
(二)化学与医学检验	√			理论讲授
(三)无机化学的学习方法		√		
一、溶液和胶体溶液				
(一)溶液			√	
1. 溶解				
2. 溶液组成标度的表示方法				
3. 溶液组成标度之间的换算				理论讲授 多媒体演示
4. 溶液的配制与稀释				
(二)稀溶液的依数性			√	
1. 溶液的蒸气压下降				
2. 溶液的沸点升高		√		
3. 溶液的凝固点下降				
4. 溶液的渗透压				
(三)胶体溶液		√		
1. 溶胶的性质和胶团结构				
2. 溶胶的稳定性和聚沉				
3. 高分子化合物溶液				
(四)表面现象		√		
1. 表面张力与表面能				
2. 表面吸附				
3. 表面活性物质				
二、原子结构				
(一)原子核外电子的运动状态		√		
1. 原子核外电子运动的特殊性				
2. 波函数			√	
3. 四个量子数			√	
4. 电子云		√		理论讲授
(二)原子核外电子排布			√	多媒体演示
1. 多电子原子轨道能级				
2. 原子核外电子排布规律				
(三)原子的电子层结构和元素周期律			√	
1. 原子结构与元素周期律的关系				
2. 元素某些性质的周期性			√	
三、分子结构				
(一)离子键			√	
1. 离子键的形成				
2. 离子键的特点				
3. 离子的特征				
4. 离子晶体		√		理论讲授
5. 离子的极化	√			多媒体演示
(二)共价键和共价化合物			√	
1. 价键理论				
2. 杂化轨道理论				
3. 键参数			√	
4. 分子轨道理论				
5. 原子晶体和分子晶体		√		
(三)分子间作用力和氢键			√	
1. 分子的极性				
2. 分子间作用力				
3. 氢键				
四、化学反应速率和化学平衡				
(一)化学反应速率	√			
1. 化学反应速率及表示方法				
2. 化学反应速率理论简介		√		
(1)有效碰撞理论	√			
(2)过渡状态理论	√			
(二)影响化学反应速率的因素			√	理论讲授
1. 速率方程——浓度对化学反应速率的影响				多媒体演示
2. 阿仑尼乌斯速率方程——温度对化学反应速率的影响				

续表

教学内容	教学要求			教学活动参考
	了解	熟悉	掌握	
3. 催化剂对化学反应速率的影响				
(三)化学平衡和平衡常数			√	
1. 可逆反应				
2. 化学平衡				
3. 平衡常数				
4. 多重平衡	√			
(四)影响化学平衡的因素			√	
1. 浓度对化学平衡的影响				
2. 压强对化学平衡的影响				
3. 温度对化学平衡的影响				
4. 生物系统中的平衡				
五、化学热力学基础				理论讲授 多媒体演示
(一) 热力学第一定律	√			
1. 基本概念				
2. 热力学第一定律				
(二) 化学反应的热效应		√		
1. 反应热与焓				
2. 热化学方程式				
3. 热效应计算				
(三) 热力学第二定律			√	
1. 自发过程				
2. 熵与熵变				
3. 吉布斯自由能与化学反应方向				
六、电解质溶液				理论讲授 多媒体演示
(一)强电解质理论			√	
1. 离子相互作用理论	√			
2. 活度、活度因子和离子强度				
(二)弱电解质的解离				
1. 解离平衡				
2. 解离平衡常数				
3. 解离度				
4. 解离平衡常数和解离度的关系				
5. 同离子效应和盐效应				
(三)酸碱质子理论			√	
1. 酸碱的概念和强度				
2. 酸碱反应的实质	√			
(四)水溶液中的酸碱解离平衡			√	
1. 水的质子自递反应和水溶液的酸碱性				
2. 水溶液中弱酸、弱碱的解离平衡				
(五)酸碱溶液 pH 的计算			√	理论讲授多媒体演示
1. 一元弱酸弱碱溶液的 pH 近似计算				
2. 多元弱酸弱碱溶液的 pH 近似计算				
3. 两性物质溶液的 pH 近似计算	√			
(六)缓冲溶液			√	
1. 缓冲溶液和缓冲机制				
2. 缓冲溶液 pH 的计算				
3. 缓冲容量和缓冲范围		√		
4. 缓冲溶液的选择和配制				
5. 血液中的缓冲对	√			
(七)难溶电解质的沉淀溶解平衡			√	
1. 沉淀溶解的平衡常数——溶度积常数				
2. 溶度积常数和溶解度的关系				
3. 溶度积规则				
4. 沉淀的生成与溶解				
5. 同离子效应和盐效应				
6. 沉淀的转化				
七、氧化还原反应与电极电势				

续表

教学内容	教学要求			教学活动参考
	了解	熟悉	掌握	
(一)氧化还原反应	√			理论讲授 多媒体演示
1. 氧化数				
2. 氧化还原反应				
3. 氧化还原反应方程式的配平			√	
(二)原电池与电极电势				
1. 原电池				
2. 电极电势			√	
(1)电极电势				
(2)标准电极电势				
3. 能斯特方程式			√	
(三)电极电势的应用		√		
1. 比较氧化剂和还原剂的相对强弱				
2. 判断氧化还原反应进行的方向和进行的程度				
3. 元素标准电极电势图及应用				
(四)电势法应用		√		
1. 离子选择性电极				
2. 电势法测定溶液的 pH				
八、配位化合物				理论讲授 多媒体演示
(一) 配位化合物			√	
1. 配合物的概念				
2. 配合物的组成				
3. 配合物的命名				
4. 配合物的顺反异构现象		√		
5. 螯合物	√			
(二) 配合物的价键理论		√		
1. 价健理论基本要点				
2. 内轨型配合物和外轨型配合物				
3. 配合物的磁性	√			
(三) 配位平衡			√	
1. 配位平衡和稳定常数				
2. 配位平衡的移动				
(1)溶液酸度的影响				理论讲授 多媒体演示
(2)沉淀平衡的影响				
(3)氧化还原平衡的影响				
(四) 配合物在医药中的应用	√			
1. 金属元素中毒的解毒剂	√			
2. 杀菌抗病毒药物	√			
3. 抗癌药物	√			
4. 临床生化检验	√			
九、常见非金属元素及其化合物				理论讲授 多媒体演示
(一)卤族元素			√	
1. 卤化氢和卤化物				
2. 含氧酸及其盐				
3. 拟卤素				
(二) 氧族元素				
1. 臭氧与过氧化氢		√		
2. 硫的化合物		√		
(三)氮族元素			√	
1. 氨和铵盐			√	
2. 硝酸及其盐			√	
3. 磷和砷	√			
(四)碳、硅、硼	√			
1. 碳和硅的化合物				
2. 硼的化合物				
十、常见金属元素及其化合物				理论讲授 多媒体演示
(一) 金属通论	√			
1. 概述				
2. 金属的物理性质和化学性质				
(二) 碱金属	√			
1. 钠、钾的物理性质和化学性质				
2. 钠和钾的重要化合物			√	
(三) 碱土金属	√			
1. 镁、钙的物理性质和化学性质				

续表

教学内容	教学要求			教学活动参考
	了解	熟悉	掌握	
2. 镁、钙的化合物				
3. 硬水及其软化			√	
(四) 铝			√	
1. 铝的物理性质和化学性质				
2. 铝的化合物				
(五) 铁、铬、锰	√			
1. 铁及其化合物				
2. 铬及其化合物				
3. 锰及其化合物				
(六) 铜、银、汞、锌		√		
1. 铜及其化合物				
2. 银及其化合物				
3. 汞及其化合物				
4. 锌及其化合物				
实践 1　医用氯化钠的制备			√	
实践 2　溶液的配制和稀释		√		
实践 3　胶体溶液和高分子化合物溶液		√		
实践 4　化学反应速率和化学平衡		√		
实践 5　乙酸解离常数的测定			√	技能实践
实践 6　解离平衡和沉淀反应			√	
实践 7　氧化还原反应与电板电势			√	
实践 8　配合物的生成和性质			√	
实践 9　硫酸亚铁铵的制备		√		
实践 10　非金属元素(氮族、硅、硼)		√		
实践 11　常见几种金属离子的分离与鉴定			√	

四、教学大纲说明

(一) 适用对象与参考学时

本教学大纲主要供高职高专卫生职业教育医学检验类专业教学使用,总学时为 72 学时,其中理论教学 56 学时,实践教学 16 学时。

(二) 教学要求

(1) 本课程对理论部分教学要求分为 3 个层次。

掌握:指学生对所学的基本知识、基本原理和技能能熟练应用,能综合分析和解决工作中实际问题。

熟悉:指学生对所学的知识基本掌握和会应用所学的技能。

了解:指对学过的知识点能记忆和理解。

(2) 在实践技能方面设计了 7 个实验,突出以能力为本位的教学理念。

熟练掌握:指学生能正确理解实验原理,独立、正确、规范地完成各项实验操作。

学会:指学生能根据实验原理,按照各种实验项目能进行正确操作。

(三) 教学建议

(1) 本大纲力求体现"以能力为本位、以服务后续课程为核心"的编写理念,理论知识以"必需、够用"为原则适当删减和引进新的内容,实践训练着重培养学生实际动手能力和理论与实践相结合的能力。从内容选材、教学方法、学习方法、实验和实践配套等方面突出高职高专教育的特点。在知识的实用性、综合性上多下工夫,做到理论联系实际,加强启发和引导，把学生应用能力培养融汇于教材之中。

（2）课堂教学时应突出高职高专的教育特点，弱化知识的抽象性、理论性，多采用实物、模型、多媒体等直观教学的形式，增加学生的感性认识，提高课堂教学效果，讲解时多用启发式教育，以培养学生能力为目标。

（3）实践教学应注重培养学生实际的基本操作技能，实践训练时多给学生动手的机会，引导学生理论与实践相结合，提高学生实际动手的能力和分析问题、解决问题及独立工作的能力。

（4）学生的知识水平和能力水平，应通过平时达标训练、作业（实验报告）、操作技能考核和考试等多种形式综合考评，使学生更好地适应后续课程学习的需要。作业和试题设计时要体现实用性、综合性、思考性的原则，要难易合适，减少死记硬背的题型，以训练学生的能力为中心，以考核学生能力为目标。

（5）教材配有相应的教学软件，以便更好地体现本大纲的要求。

五、学时分配建议（72 学时）

教学内容	学时数		
	理论	实践	合计
绪论	1	0	1
一、溶液和胶体溶液	7	4	11
二、原子结构	4	0	4
三、分子结构	4	0	4
四、化学反应速率和化学平衡	6	2	8
五、化学热力学基础	4	0	4
六、电解质溶液	10	4	14
七、氧化还原反应与电极电势	6	2	8
八、配位化合物	4	2	6
九、常见非金属元素及其化合物	4	2	6
十、常见金属元素及其化合物	4	0	4
机动	2	0	2
合计	56	16	72

目标检测参考答案

第1章

二、选择题

(一) 单项选择题

1. A　2. B　3. D　4. D　5. D　6. C　7. C
8. B　9. C 10. D　11. C　12. D　13. C　14. D
15. C　16. C　17. D　18. B　19. B　20. A

(二) 多项选择题

1. ABE　2. AD　3. BCDE　4. ABD　5. ABC
6. ABCDE　7. ACDE　8. ABCE　9. ABC　10. ABE

第2章

一、选择题

(一) 单项选择题

1. D　2. A　3. A　4. D　5. B　6. E　7. D
8. A　9. C　10. B　11. E　12. C　13. A　14. C
15. D

(二) 多项选择题

1. AE　2. ABD　3. BCE　4. ABD　5. BCD

第3章

一、选择题

1. B　2. A　3. C　4. A　5. D　6. D　7. D
8. A　9. D　10. C

第4章

(一) 单项选择题

1. B　2. A　3. A　4. D　5. B　6. D　7. A
8. D　9. C　10. D　11. D　12. B　13. D 14. D
15. D

(二) 多项选择题

1. AC　2. BD　3. CD　4. BE　5. DE

三、选择题

第5章

一、选择题

(一) 单项选择题

1. A　2. C　3. E　4. B　5. C　6. D　7. A
8. A　9. B　10. D

(二) 多项选择题

1. ABCD　2. AE　3. ABC　4. ACE　5. AB

第6章

一、选择题

(一) 单项选择题

1. C　2. E　3. D　4. B　5. A　6. D　7. C　8. C
9. A　10. B　11. C　12. A　13. B　14. E　15. A
16. D　17. D　18. E　19. C　20. E

(二) 多项选择题

1. ACE　2. BC　3. BC　4. CD　5. ABC
6. CDE　7. AD　8. ABD　9. ABC　10. ABD

第7章

一、选择题

(一) 单项选择题

1. E　2. C　3. A　4. B　5. A　6. C　7. D

(二) 多项选择题

1. ACDE　2. ABCE　3. ABDE　4. BC　5. BD

第8章

一、选择题

1. D　2. B　3. B　4. D　5. B　6. D　7. D
8. C　9. B　10. B

第9章

一、选择题

(一) 单项选择题

1. D　2. D　3. B　4. B　5. D

(二) 多项选择题

1. ACE　2. AC　3 . ABC　4. BD　5. ACE

第10章

一、选择题

(一) 单项选择题

1. A　2. C　3. A　4. D　5. B　6. A　7. B
8. A　9. A　10. D　11. D　12. B　13. D 14. D
15. D

(二) 多项选择题

1. DE　2. DE　3. CE　4. AE　5. CD